河南省"十四五"普通高等教育规划教材

机械结构有限元及工程应用

上官林建　主　编

李　冰　副主编

王　文　李金兴　周甲伟　参　编

电子工业出版社

Publishing House of Electronics Industry

北京·BEIJING

内 容 简 介

本书是读者全面系统学习有限元基础理论，应用 ANSYS Workbench 进行机械结构有限元分析的快速入门级教材。全书共 7 章，主要介绍机械结构有限元分析的知识体系、机械结构建模思想与方法，同时也介绍 ANSYS Workbench 网格划分、载荷、约束、结果后处理，以及机械结构线性静力学分析实例、非线性有限元分析和优化设计等方面的内容，旨在引导读者快速掌握机械结构有限元技术，解决机械、土木、水利等行业的有限元分析问题。本书各章都配有丰富的建模案例，内容由浅入深，把有限元理论知识和工程实践应用有机结合。

本书可作为机械类、力学类、土木、水利等工科专业本科生和研究生的教材，也可供相关专业工程设计和研究人员学习参考。

图书在版编目（CIP）数据

机械结构有限元及工程应用 / 上官林建主编. —北京：电子工业出版社，2022.8

ISBN 978-7-121-44188-2

Ⅰ. ①机… Ⅱ. ①上… Ⅲ. ①机械工程－结构分析－有限元法－应用软件－高等学校－教材 Ⅳ. ①TH112

中国版本图书馆 CIP 数据核字（2022）第 153736 号

责任编辑：郭穗娟
印　　刷：北京七彩京通数码快印有限公司
装　　订：北京七彩京通数码快印有限公司
出版发行：电子工业出版社
　　　　　北京市海淀区万寿路 173 信箱　　邮编　100036
开　　本：787×1092　1/16　印张：19.25　字数：492.8 千字
版　　次：2022 年 8 月第 1 版
印　　次：2024 年 6 月第 3 次印刷
定　　价：69.80 元

前　言

本书把有限元法基础理论知识和工程实践有机结合，是读者全面系统学习有限元法基础理论，应用 ANSYS Workbench 进行机械结构有限元分析的快速入门级教材。

本书的编写特色如下：

（1）选择目前广泛使用的 ANSYS Workbench 软件，由浅入深，通过丰富的工程案例，系统地介绍有限元法的基本概念、基础理论、力学模型、ANSYS Workbench 软件的主要功能及其使用技巧。选用企业生产或科研中的机械产品实例，针对学生学习需要和相关知识点教学要求，将产品研发中的结构计算关键点做成案例库，使理论知识与工程问题紧密结合，形成一套完整的知识体系，弥补有限元法基础理论和工程案例紧密结合的书籍空缺。

（2）注重"学以致用"和"理论联系实际"，不仅讲述了 ANSYS Workbench 软件如何使用和操作，而且还贯穿了相应的有限元原理内涵和理论知识，引导读者形成正确的有限元分析求解方法，通过大量实例来培养读者从事实际产品开发和设计的能力。

（3）本书编写团队由长期从事有限元教学和工程有限元分析计算的教授专家及一线教师组成，在编写本书时，能够将有限元法基础理论知识与工程有限元分析有机结合，突出机械结构建模及分析思想。

（4）结构清晰，易学易用。为节约篇幅，采用表格形式详细讲述软件操作步骤，便于初学者实践和练习；对复杂的模型，提供网络下载，提高读者的学习效率。有需要的读者可登录华信教育资源网下载本书素材，复杂模型文件下载网址：http://www.hxedu.com.cn。

本书是集体智慧的结晶，由华北水利水电大学的上官林建担任主编，李冰担任副主编，王文、李金兴和周甲伟参编。本书的编写得到了许闯、靳康和张光耀等老师的大力支持，也得到了水利部水工金属结构质量检验测试中心、郑州新大方重工科技有限公司、华电集团等单位提供的大量工程案例支持。本书的出版得到河南省高等学校教学名师项目、河南省高校科技创新团队项目（22IRTSTHN018）、河南省高等学校重点科研项目（20A450002）的资助，在此向相关部门表示由衷的感谢。本书参考和借鉴了许多国内外公开出版的图书和发表的文献，在此表示感谢。

由于编者水平有限，书中难免存在不妥或疏漏之处，恳请广大读者批评指正，以便再版时修正。

编　者

2022 年 4 月

目　　录

第 1 章 绪 论

1.1 有限元法与有限元分析

教学目标

了解有限元法的基本思想，掌握有限元分析的基本步骤及特点，了解常用机械结构有限元分析软件，熟悉 ANSYS Workbench 的工作界面，能够对简单机械结构问题进行仿真分析。

教学要求

能力目标	知识要点	权重	自测分数
了解有限元法的基本思想	了解有限元法化整为零、积零为整的基本分析思路	15%	
掌握有限元分析的基本步骤	掌握有限元分析的基本步骤	25%	
了解常用的机械结构有限元分析软件	了解常用有限元分析软件的特点，能够针对具体问题选择合适的分析软件	15%	
掌握利用 ANSYS Workbench 对简单机械结构问题进行仿真分析的基本步骤	以工字钢模型为例，熟悉 ANSYS Workbench 工作界面，能够进行简单机械结构问题的仿真分析	45%	

随着计算机科技的突飞猛进，计算机辅助工程（Computer Aided Engineering，CAE）技术得到了广泛应用。CAE 的技术种类很多，目前，在工程技术领域常用的数值模拟方法包括有限元法（Finite Element Method，FEM）、边界元法（Boundary Element Method，BEM）和有限差分法（Finite Differential Method，FDM）等。其中，有限元法应用得最广。有限元法经历了几十年的发展，其理论和算法都日趋完善，已成为解决复杂的工程分析计算问题的有效途径。现在从汽车到航天飞机，几乎所有的设计制造都离不开有限元分析计算，其在机械制造、材料加工、航空航天、汽车、土木建筑、电子电气、国防军工、船舶、铁道、石化、能源、科学研究等领域的广泛使用，已使设计水平发生了质的飞跃。

1.1　工程问题与有限元法

在某些领域的工程实际应用中，会遇到如下应用问题：

（1）作为我国国民经济建设的重要支柱产业之一，我国工程机械行业在"十三五"期间实现了快速发展，在世界工程机械产业格局中已经占据了重要地位。我国研发的 4000 吨级履带起重机、2000 吨级全地面起重机（见图 1-1）、LH3350-120 动臂塔机在大化工、核电、超高层建筑和超大型桥梁施工多个重大吊装领域得到广泛应用。起重机横梁、吊臂等部件的设计是起重机作业性能和安全的保证，如何保证整机及结构件的设计具有足够的强度、刚度和稳定性？采用什么样的方法能够对其进行加强？

（a）4000 吨级履带起重机　　（b）2000 吨级全地面起重机

图 1-1　超大吨位起重机

（2）近年来，中国大型基础建设及施工技术发展迅速，建成了许多结构复杂、难度极大的建筑设施，如极具特色的钢架结构体育场"鸟巢"［见图 1-2（a）］和距离长且跨度大的港珠澳大桥［见图 1-2（b）］等。这些大型工程对安全性要求极高。对于复杂钢架结构建筑，如何计算结构内各个位置的受力情况？极限工况下如何预测结构的薄弱位置？局部受到破坏后，整体结构是否还能保持稳定？对于桥梁结构，如何保证大跨度下的梁体稳定性？如何更精确地计算列车或汽车高速经过时桥体的振动特性？

70 多年来，经过几代航天人的接续奋斗，我国航天事业创造了以"两弹一星"、载人航天、月球探测、长征运载火箭为代表的辉煌成就，走出了一条自力更生、自主创新的发展道路，积淀了深厚博大的航天精神。航空航天领域对部分设备（见图 1-3）的自重有较高的要求，通常在满足结构强度的要求下，还要求结构部件的质量最小，即"轻量化"。对于已经设计好的零件，在满足强度要求后其质量能否再减轻？

（a）"鸟巢"　　　　　　　　　　　（b）港珠澳大桥

图 1-2　大型工程——"鸟巢"和港珠澳大桥

（3）自 1949 年以来，三峡水利枢纽工程、黄河小浪底水利枢纽工程、南水北调工程等一大批世界级水利水电工程相继开工并建成投入运行，成为世界水利建设史上的标杆，中国由水利大国迈向水利强国。水电站以及重要水利枢纽的闸门（见图 1-4）在使用一定时间后由于腐蚀或其他原因，部分结构件因出现蚀坑而导致厚度变薄，闸门在设计水位下的强度、刚度及稳定性还能否满足使用要求？

图 1-3　航天高温轴承　　　　　　　　　　　图 1-4　弧形闸门

上述问题只是无数工程问题中微小的一部分，它们大多涉及应力、应变及位移的分析计算，可以借助弹性力学研究各种工况下弹性体内应力与应变的分布规律。但在实际工程中，一般构件的形状、受力状态、边界条件都非常复杂，除了少数的典型问题，对于大多数工程实际问题，往往无法用弹性力学的基本方程直接进行解析和求解，只能通过数值计算方法求得其近似解。

1952 年，美国波音公司在研制某型号飞机时，在由 Jon Tunner 领导的一个项目小组分析三角形机翼强度的过程中发现，使用小的三角形拟合机翼，能够准确地计算出机翼在飞行中受到空气动力影响后的变形。Jon Tunner 称这种方法为直接刚度法，该方法就是有限元法的雏形。1960 年，美国的 R. W. Clough 教授在《平面应力分析的有限元法》一文中首次使用"有限元法"一词。此后，这一名称得到广泛的认可，简称为有限元。经过 70 多年的发展，有限元已扩展应用到所有工程领域，由变分法有限元扩展到加权残数法与能量平衡法有限元，由弹性力学平面问题扩展到空间问题与板壳问题，由静力平衡问题扩展到稳

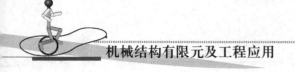

定性问题和动力学问题，由线性问题扩展到非线性问题；分析的对象从弹性材料扩展到塑性、黏弹性复合材料等，由结构分析扩展到结构优化，从固体力学扩展到流体力学、传热学、电磁学等领域。

有限元法的基本思想是结构离散化，将物体（如连续的求解域）离散成有限个且按一定方式相互联结在一起的单元组合，以此模拟或逼近原来的物体。该方法的实质是将一个连续的无限自由度问题简化为离散的有限自由度问题并进行求解的一种数值分析法。把物体离散后，通过对其中的各个单元进行分析，根据外载荷作用下受力平衡及变形条件进行综合求解，最终完成整个物体的分析。因此，有限元法的基本思路可以归结为"化整为零，积零为整"，把复杂的结构看成有限个单元组成的整体。结构离散化示意如图1-5所示。

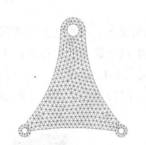 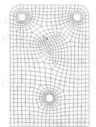  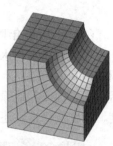

（a）平面问题的三角形单元　（b）平面问题的四边形单元　（c）三维实体的四面体单元　（d）三维实体的六面体单元

图1-5　结构离散化示意

1.2　有限元法的基本步骤

有限元法遵循如下基本步骤：

1. 针对工程问题确定解决方案

归根结底，各种工程问题是对涉及4种物理场（力场、热场、流体场、电磁场）数学模型的求解，每种物理场的数学模型都有各自的求解方法。因此，针对工程问题的有限元法第一步是确定工程问题的解决方案。例如，针对结构的受力问题和稳定性问题，采用力场求解方案；针对物体热传导、热辐射及热对流等问题，采用热场求解方案，或者用热场结合流场的解决方案；针对电磁传导、高频电磁信号传播及衰减等问题，采用电磁场求解方案。

2. 几何模型的建立

在确定解决方案后，要根据工程问题所涉及的对象特点，建立相应的简化几何模型，对不同的工程问题，可采用一维（如弹簧质量的动力特性分析）、二维（将问题简化为平面或平面对称模型）或三维的几何模型。一维模型构型简单，由点和线构成，通常在有限元分析系统中构建一维模型。对二维或三维模型，通常在有限元分析系统中用简单的几何体（长方形、圆形、三角形等）结合布尔运算构建出对象的几何特征，也可以用其他三维建模软件建立几何模型，通常用 Solidworks、Pro/ENGINEER、UG 或 CATIA 等。需要注意的是，在建立几何模型时要构建包含主要研究对象的特征，额外的几何特征不予考虑，这样做的目的是尽量减少不必要的网格，节省计算时间。例如，在对结构的受力或动力学进行分析时，应该优先建立结构的主要承力部件模型，对其他不涉及受力的几何要素（如圆角、倒角、连接螺栓、阻尼器等），不需要考虑。

3. 几何模型离散化

有限元的单元和节点定义了有限元法所模拟的物理结构的基本几何形状，模型中的每个单元都代表了物理结构的离散部分。也就是说，大量的结构单元依次组成了结构，单元之间通过公共节点和接触关系相互连接。构建的几何模型描述了所解决物理问题的基本轮廓，即连续体。把连续体人为地在内部和边界上划分节点，以微小单元体的形式逼近原来复杂的几何形状，此过程称为逼近性离散。离散后，模型中所有的单元和节点的集合称为网格。在有限元软件中，这一步骤也称为网格划分。通常，网格只是实际结构几何形状的近似表达。为了保证结果的精度，保持相邻几何体单元间节点的对应是非常重要的，即采用各种方法使相邻的节点形成公共节点。由于公共节点是人为增加的节点，因此需要考虑很多方面的问题，如节点的位置与数量、计算的规模和计算量、单元的类型、对几何模型的逼近程度等。必须处理好以下几对矛盾：计算量与离散误差、局部计算精度与整体计算精度、计算精度与求解时间、求解规模与计算机处理能力等。

在网格中所用的单元类型、形状、位置和总体数量都影响计算的结果。一般而言，网格的密度越大，结果的精度越高；当网格的密度增大时，分析的结果将收敛到唯一解。但是用于分析计算所需的代价和时间将大大增加，有时还会超过计算机的处理能力。在实际应用中，针对目标几何体的特征，需要选择不同类型的单元类型，如形状规则的几何体（几何要素由正方形、长方形或梯形组成），一般选择六面体单元对其进行离散。而对形状较为复杂或带有曲面轮廓的几何体，则采用形状适配性较好的四面体单元进行离散。这里需要说明的是，一些教材或相关书籍过分强调划分网格时需采用六面体单元，尽量少用四面体单元，这种观点不一定完全正确。在计算机处理能力不高、商用有限元软件中的单元种类较少的时期，因为四面体单元计算精度相对偏低，所以推荐使用六面体单元以保证计算精度。而随着计算机处理能力的飞速提高，商用有限元软件对四面体单元的反复优化，现在四面体单元也能达到很高的计算精度。因此，对复杂形状的几何体，也可以使用四面体单元。

4. 定义材料数据

使用有限元法求解出的原始结果是节点的位移，根据材料力学中应力的定义，节点的应变乘以材料弹性模量等于应力。因此，材料数据是有限元法中不可缺少的。不同求解方案所需的材料数据也各不相同，例如，在对力场进行分析时，需要材料的弹性模量、剪切模量、泊松比、密度；在对热场进行分析时，需要材料的热传导系数、比热容等。

5. 载荷边界条件和约束边界条件

载荷边界条件是指施加在有限元模型上，导致有限元模型发生节点变化的外界物理量。

进行有限元平衡方程求解时，作用在单元上的外载荷必须移到单元的节点上去。有限元平衡方程的外载荷通常有集中力、表面力、体积力等。在把这些外载荷移到单元的节点上去时，都必须遵循静力等效原则。所谓静力等效原则是指移置前的原载荷与移置后的节点载荷在任何虚位移上的虚功都相等。在有限元求解前，对载荷的施加往往还有额外的工作。例如，将分布载荷换算到结构的节点上，使之成为集中载荷；将分布载荷换算到细长构件上，使之成为分布线载荷；将体积力用质量和加速度等效转换。做这些工作时，也要遵循静力等效原则。因为如果不按静力等效原则换算，计算出来的结果将不是原载荷的等效结果，失去了结构分析的意义。进行有限元分析时，计算结果只对载荷边界条件负责。只要所选的载荷边界条件满足有限元平衡方程的求解要求，就能得到正确结果。例如，在施加载荷边界条件时，限制了结构的刚体移动和转动，满足了有限元平衡方程求解的必要条件，就可得到对应于该边界条件的正确结果。但是，作为工程结构分析这是不够的，还必须满足充分条件，即符合工程实际情况的载荷边界条件。

约束边界条件是指约束模型的某一部分，使之保持固定不变或移动规定量的位移。对非自由系各质点的位置和速度，所施加的几何或运动学的限制称为约束。无论哪种情况，约束边界条件都是直接施加到模型的节点上的。约束的要素可分为 4 个：约束的类型（哪几个自由度）、约束的方向（相对哪些坐标系）、约束的位置（在什么地方约束）、约束的区域（约束的面积多大），它们均深刻地决定着约束边界条件的影响价值。

关于约束的类型和方向，比较容易理解，但是关于约束的位置对整体刚度的影响就不那么容易判断了。约束边界条件的改变往往剧烈影响甚至从本质上改变结构的力的传递方式，进而改变结构的承载刚度。整个结构的刚度矩阵为全体单元刚度矩阵的叠加，此时，可以通过理论推理、推导公式和查询力学工程设计手册，预测某些约束边界条件位置的几何参数影响整体刚度的程度。对某个受外力作用的力学结构系统，如果增加约束边界条件，那么该系统的各个节点的刚度将会增加，即各点的位移量减小。在静态分析中，需要合理地设定约束边界条件，使结构具备足够的约束边界条件，避免模型在任意方向上的刚体无限移动；否则，没有约束的刚体或约束不合理导致节点出现单方向的自由度，出现预期之外的位移从而导致刚度矩阵产生奇异，使有限元平衡方程的求解失败。建议设置合理的约束边界条件，使用有限元法的工作人员不仅要具备一定的理论力学和结构力学的知识，判断出特定工程的承力与受力特点及位置，而且要完全熟悉各种商用有限元软件中的约束和载荷边界条件的类型和作用方式。这些内容将在后续章节中介绍。

6. 单元分析

单元分析主要指单元的力学分析。通过对单元的力学分析，建立单元刚度矩阵，实质就是在离散化的单元上寻找待解问题的近似解，建立各个单元的节点变量之间的关系式。

7. 整体分析

由单元分析得到局部近似解，由局部近似解得到待解问题的全局近似解，这个过程就是整体分析。

1.3 有限元法的特点

有限元法具有如下特点：

（1）把连续体划分成有限个单元，以单元的交界节点作为离散点，采用矩阵的表达形式，使问题描述变得非常简单，使求解问题的方法规范化。这样便于编制计算机程序，并且充分利用了计算机的高速运算能力和大量存储功能。

（2）不考虑微分方程，而从单元特点进行研究，物理概念浅显清晰，易于掌握。不仅可以通过非常直观的物理解释，而且可以通过数学理论严谨的分析掌握有限元法的本质。

（3）理论基础简明，物理概念清晰。当存在非常复杂的组合因素时，如不均匀的材料特性、任意的边界条件、复杂的几何形状等多因素组合，使用有限元法都能灵活地处理和求解工程问题。

（4）具有灵活性和适用性，适应性强。有限元法可以把形状不同、性质不同的单元组集合起来求解，因此该方法特别适用于求解由不同构件组合的结构，不仅能解决结构力学、弹性力学中的各种问题，而且随着其理论基础与方法的逐步成熟与改进，还可以广泛地用于求解热传导、流体力学及电磁场等其他领域的诸多问题。此外，在所有连续介质问题和场问题中，有限元法都得到了很好的应用。

1.4 常用机械结构有限元分析软件概况及使用方法

1.4.1 常用有限元分析软件

伴随着有限元法和计算机技术的出现与飞速发展，有限元分析程序的研制也逐渐成为一门独立的学科和产业，使得越来越多的有限元分析程序可以在个人计算机上解决各种复杂的工程问题。有限元法和有限元分析软件已成为许多高新科技研究的基本工具和有效手段，因而出现了各种商用有限元分析软件。目前，常用的有限元分析软件有 MSC.Marc、MSC.NASTRAN、ANSYS、ABAQUS，以及近年来逐渐崛起的 ADINA、ANSA、SolidWorks Simulation 等。

1. MSC.Marc

MSC.Marc 是美国 MSC 公司的产品，它是功能齐全的高级非线性有限元分析软件，具有先进的网格适应技术、强大的二次开发功能、优异的并行求解算法、稳定的求解技术、广泛的适用性、方便高效的用户界面、良好的接口技术、强大的分析功能、丰富的材料模型和单元类型。能够进行非线性结构分析（包括非线性静力分析、非线性瞬态分析、非线性动力分析、周期对称结构分析、刚塑性分析、黏塑性分析、弹塑性分析、黏弹性分析、超塑性分析、周期对称结构分析、灵敏度和优化分析、超单元分析、接触分析）、失效和破坏分析（包括断裂分析、裂纹萌生和扩展、复合材料的分层、韧性金属损伤和橡胶软化失

效分析、复合材料脱层分析、磨损分析）、传热过程分析（包括稳态/瞬态热传导分析、强迫对流传热分析、接触式传热的耦合分析）、多场耦合分析（包括静电场分析、静磁场分析、滑动轴承分析、流体分析、声场分析、热机耦合分析、流热固耦合分析、热电耦合分析、热电固耦合分析、磁热耦合分析、扩散应力耦合分析、压电分析、流体土壤耦合分析、电磁场耦合分析）、加工过程仿真（包括锻造、挤压、冲压、超塑、板材拉深、粉末成型、吹制、铸造、热处理、焊接、切削、复合材料固化等多种加工过程的仿真）和热烧蚀分析等。

2. MSC.NASTRAN

MSC.NASTRAN 也是美国 MSC 公司的产品。1966 年，美国国家航空航天局（NASA）为了满足当时航空航天工业对结构分析的迫切需求，主持开发了大型应用有限元程序。1971年，MSC 公司对原始的 NASTRAN 软件做了大量改进，推出了专利版 MSC.NASTRAN。该软件能够有效地解决各类大型复杂结构的强度、刚度、屈曲、模态、动力学、热力学、非线性、声学、流体结构耦合、气动弹性、超单元、惯性释放、设计敏度分析及结构优化等问题，是航空航天部门的法定结构分析软件。

3. ANSYS

ANSYS 是美国 ANSYS 公司的产品，该公司成立于 1970 年，创始人是美国匹兹堡大学力学系教授、著名的有限元领域权威 John Swanson 博士。ANSYS 产品包括结构分析（ANSYS Mechanical）系列、流体动力学（ANSYS CFD（FLUENT/CFX））系列、电子设计（ANSYS ANSOFT）系列、ANSYS Workbench 和 EKM 等，这些产品广泛应用于航空航天、电子、车辆、船舶、交通、通信、建筑、电子、医疗、国防、石油、化工等众多行业。从 ANSYS 7.0 开始，ANSYS 公司推出了 ANSYS 经典版（ANSYS APDL）和 ANSYS Workbench 版，还推出了 ANSYS 2021。

ANSYS Workbench 继承了 ANSYS Mechanical/APDL 在有限元仿真分析上的大部分强大功能，其提供的 CAD 双向参数链接互动、项目数据自动更新机制、全新的参数和无缝集成的优化设计工具等，使 ANSYS 在"仿真驱动产品设计"方面达到了前所未有的高度；提供的项目视图（Project Schematic）功能将整个仿真流程紧密地结合在一起，通过简单的拖曳操作，即可完成复杂的物理场分析流程，既降低了软件学习难度，又实现了集产品设计、仿真、优化功能于一身，可帮助设计人员在同一平台上完成产品研发过程的所有工作，从而大大缩短了产品研发周期，加快了上市步伐。

4. ABAQUS

ABAQUS 软件是由美国 SIMULIA 公司研究开发的、完全商品化的工程有限元分析软件。ABAQUS 软件可以用于解决金属、橡胶、高分子材料、复合材料、钢筋混凝土、可压缩超弹性泡沫材料、土壤和岩石等材料的线性及非线性问题，可以解决结构、热传导、质量扩散、热电耦合分析、声学分析、岩土力学分析（流体渗透/应力耦合分析）及压电介质分析等问题。电子领域是 ABAQUS 软件的一个重要应用领域，该软件主要用于模拟封装和电子器件的跌落。此外，ABAQUS 软件还是世界各大汽车厂商分析发动机中热固耦合和接触问题的标准软件。

5. ADINA

ADINA（Automatic Dynamic Incremental Nonlinear Analysis）软件是美国 ADINA R&D 公司的产品，该软件基于有限元技术的大型通用分析仿真平台，被广泛应用于工业领域、研究机构和教育机构。ADINA R&D 公司由世界著名的有限元技术专家 K.J.Bathe 博士及其同事于 1986 年创建，总部位于美国马萨诸塞州的 Watertown。该公司专门致力于开发能够对结构、热传导、流体及流构（固）耦合、热构（固）耦合问题进行综合性有限元分析的程序——ADINA，从而为用户提供一揽子解决方案。

6. ANSA

ANSA 是目前公认的全球最快捷的计算机辅助工程（CAE）前处理软件，它也是一个功能强大的通用 CAE 前处理软件。ANSA 具有很多独创的技术特点，因而它比其他同类软件具有非常高的效率和能力，在全球范围得到了非常广泛的应用，包括汽车、航天航空、电子、船舶、铁路、土木等领域。

7. SolidWorks Simulation

SolidWorks Simulation 是一个与 SolidWorks 完全集成的设计分析系统，它把仿真界面、仿真流程无缝融入 SolidWorks 的设计过程中，可进行应力分析、频率分析、扭曲分析、热分析和优化分析。SolidWorks Simulation 凭借着快速解算器的强有力支持，使得研发人员能够实现设计仿真一体化。

1.4.2 ANSYS Workbench 和 ANSYS APDL（经典版）对比

1. 工作界面

ANSYS Workbench：工作界面更加友好，工作采用了流程化的方式，接近于 SolidWorks、Pro/ENGINEER 等三维建模软件的工作界面，类似于 Windows 操作系统。

ANSYS APDL：主菜单一层一层地嵌套进行选择，界面操作复杂，类似于 DOS 操作系统。

2. 材料属性

ANSYS Workbench：可在材料库中进行选择，还可由用户自定义材料属性。

ANSYS APDL：只能用户自定义材料属性。

3. 建模

ANSYS Workbench：建模过程接近于 SolidWorks、Pro/ENGINEER 等三维建模软件，通过模型树状图，可以直观看到建模过程，修改参数和约束边界条件十分方便。

ANSYS APDL：建模过程十分复杂，操作流程不友好，不属于参数化建模。例如，必须先建立点，然后通过连接点才能建立线；发现模型尺寸错误后，只能通过删除原模型重新建模；坐标系的转化需要进行大量的操作和设置等。但 ANSYS APDL 具有命令流建模功能，不需要在工作界面通过鼠标的单击建立模型，可直接利用其命令流程序建立模型，适合专业的研究者或研发人员使用，因为它具有更高的建模效率和软件二次开发能力。

4. 网格划分

ANSYS Workbench：不需要用户在划分网格前选择单元类型，对复杂的结构进行网格划分变得更加容易，并且划分网格的效果更好。

ANSYS APDL：需要用户首先根据模型的类型，通过对研究内容和结构的判断，选择合适的单元类型（如板单元、梁单元、实体单元等），并且单元类型的选择对有限元仿真结果有很大影响。对复杂结构，ANSYS APDL 需要首先将结构分割为多个规则的结构体，才能得到效果较好的网格划分，操作过程复杂且效率低。大多数 ANSYS APDL 用户在进行网格划分时需要借助辅助工具，如 HyperMesh 等。

但编者认为，虽然 ANSYS Workbench 不需要选择单元类型，但在学习过程中，用户必须对单元类型进行深入的了解和学习，具备有限元法的基本理论知识，同时提高解决实际问题的能力。

5. 单位制

ANSYS Workbench：提供了多套单位制，同时为用户提供了自定义单位系统的功能，方便用户在不同单位制之间进行切换。

ANSYS APDL：不能设置单位制，输入的所有参数均没有单位，依靠用户自己确定和记忆，十分容易出现错误。

6. 求解和后处理

ANSYS Workbench：首先选择分析和求解类型，后处理功能直接显示在工作界面中，方便用户进行选择，无论是列表、绘图、动画都相当方便。

ANSYS APDL：先完成有限元建模过程，才可选择分析和求解类型，经典界面中的后处理功能也很丰富，但是不够直观和方便，需要进行大量的操作才能完成后处理。

> **特别提示**
>
> ANSYS Workbench 的易用性和易学性特点突出。另外，ANSYS 公司也主推 ANSYS Workbench，建议初学者使用 ANSYS Workbench，选择安装最新版本。

1.4.3　模型导入——ANSYS Workbench 有限元分析快速入门

因为本书的对象是商用有限元分析软件的初学者或初次接触有限元法的工程人员，所以这里以某个简单零件的静力学分析为案例，介绍 ANSYS Workbench 有限元计算的基本过程。具体步骤如下。

1. 建立零件的模型

用任意三维建模软件建立一个工字钢的模型。可根据用户的建模习惯，选用自己熟悉的建模软件，模型以 STEP 格式或其他格式导出。因为 SolidWorks 软件是先进的、主流的

三维 CAD 解决方案，具有功能强大、易学易用的优点，所为本书所用模型主要基于
SolidWorks 软件进行建模。图 1-6 所示为用建模软件完成的工字钢模型，制作好的模型以
STEP 格式或其他格式导出，如图 1-7 所示。

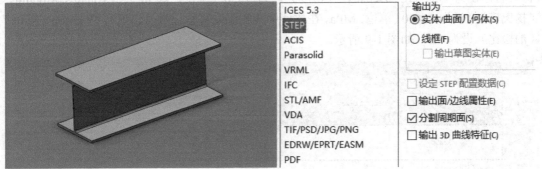

图 1-6 用建模软件完成的工字钢模型 图 1-7 模型以 STEP 格式或其他格式导出

特别提示

ANSYS Workbench 设置了两种 CAD 软件的数据交换接口的方法：

第一种方法是先在三维建模软件中将制作好的模型保存为 ANSYS Workbench 可
以导入的多种格式。以 SolidWorks 所建模型为例，可以是 IGES、STEP、SolidWorks、
Parasolid、STL 等多种格式，然后在 ANSYS Workbench 项目中导入该模型文件。

第二种方法是把三维建模软件和 ANSYS Workbench 软件连接起来，在三维建模软
件中直接启动 ANSYS Workbench 软件，具体操作方法可在网络上查询。

2. 确定分析类型

打开 ANSYS Workbench 软件，在其工作界面左边的"Toolbox"（工具箱）项目栏中，
单击"Static Structural"（结构静力学分析）模块，按住鼠标左键不放，用光标把选定项目
拖到"Project Schematic"窗口的空白处。这样，就可以建立结构静力学分析工作流了，如
图 1-8 所示。

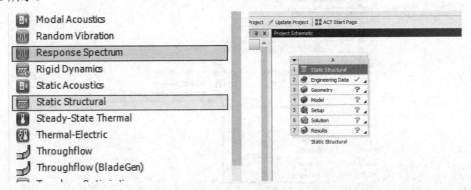

图 1-8 建立结构静力学分析工作流

3. 设置材料参数

在"Static Structural"模块中双击"Engineering Data"选项，打开材料参数设置表，把材料名称设为 Q235B、"Density"（密度）设为 7850（单位：kg/m^3）、"Young's Modulus"（杨氏模量）设为 20600（单位：MPa，在软件中该数值以科学记数法出现）、"Poisson's Ratio"（泊松比）设为 0.3，如图 1-9 所示。

Outline of Schematic A2: Engineering Data				
		A		
1		Contents of Engineering Data		
2		Material		
3		Q235B		
*		Click here to add a new material		

Properties of Outline Row 3: Q235B			
		A	B
1		Property	Value
2		Material Field Variables	Table
3		Density	7850
4		Isotropic Secant Coefficient of Thermal Expansion	
6		Isotropic Elasticity	
7		Derive from	Young's Modulus and Poisson...
8		Young's Modulus	2.06E+05
9		Poisson's Ratio	0.3

图 1-9　设置材料参数

特别提示

在熟悉 ANSYS Workbench 工作界面过程中，若不小心关掉工具箱、项目视图区、列表等，可通过菜单"view-Reset Window Layout"恢复。

4. 把模型导入"Static Structural"模块

在"Static Structural"模块中，用右键单击"Geometry"选项，在弹出的菜单中选择"Import Geometry"选项，在其下级菜单中选择"Browse"选项。然后，选择步骤 1 导出的模型文件，把模型导入"Static Structural"模块中，如图 1-10 所示。导入模型后，双击"Geometry"选项，即可在前处理环境"SpaceClaim"中打开模型，如图 1-11 所示。检查模型无误后进行下一步操作，或者对模型进行几何处理。

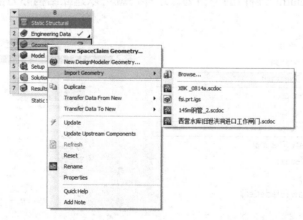

图 1-10　把模型导入"Static Structural"模块中

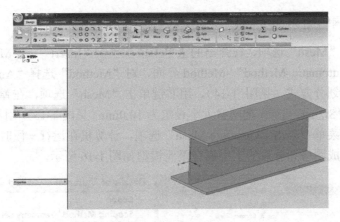

图 1-11 在前处理环境"SpaceClaim"中打开模型

5. 为模型赋予指定的材料

在"Static Structural"模块中双击"Model"选项,打开 ANSYS Workbench 的结构模块。依次单击"Model"→"Geometry"选项左边的加号,打开各自的层级菜单,选中所有的模型部件。打开 Details of "SYS___1"界面,在"Material"选项的下级菜单"Assignment"中选择"Q235"选项,为模型赋予指定的材料,如图 1-12 所示。操作完毕,模型材料被设为 Q235,如图 1-13 所示。

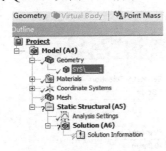

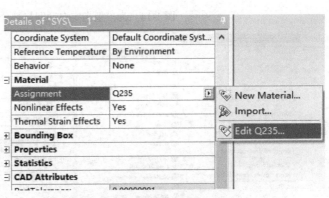

图 1-12 为模型赋予指定的材料

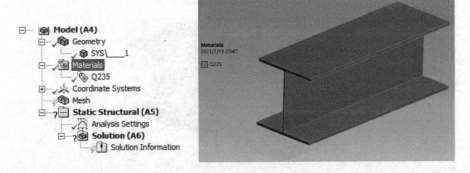

图 1-13 模型材料被设为 Q235

6. 几何体网格划分

用右键单击"Mesh"选项,在弹出的菜单中依次单击"Insert"→"Method"选项,打开 Details of "Automatic Method"-Method 界面,对"Method"选择"Automatic"选项,即选择自动网格划分方式(见图 1-14)。用右键单击"Mesh"选项,在弹出的菜单中依次单击"Insert"→"Sizing"选项,把网格大小设定为 10.0mm(见图 1-15)。用右键单击"Mesh"选项,在弹出的菜单中单击"Generate Mesh"选项,计算机在运行一段时间后,对模型进行网格划分。完成网格划分后的工字钢有限元模型如图 1-16 所示。

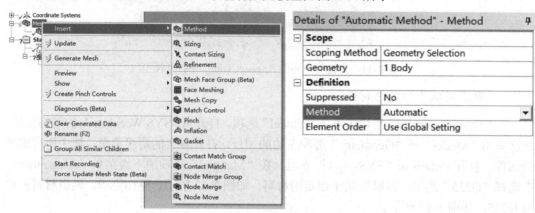

图 1-14　为模型指定自动网格划分方式

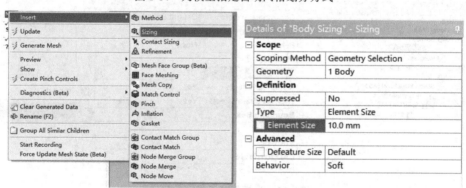

图 1-15　为模型指定网格大小

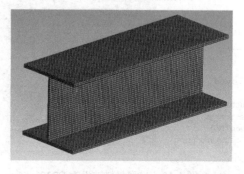

图 1-16　完成网格划分后的工字钢有限元模型

7. 载荷边界条件与约束边界条件的设定

依次单击工具条中的"Loads"→"Force"选项,在弹出的"Details of'Force'"界面中,按照图1-17(a)所示的数值和力的方向进行设置。设置完毕,双击"Geometry"选项,选中如图1-17(b)所示的工字钢的一个表面,完成载荷边界条件的设置。

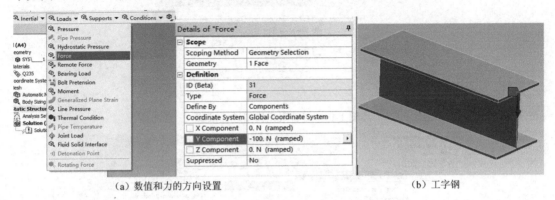

（a）数值和力的方向设置　　　　　　　　　　　　　（b）工字钢

图1-17　载荷边界条件的设置

约束边界条件的设定步骤如下:单击工具条中的"Supports"→"Fixed Support"选项,在弹出的"Details of'Fixed Support'"界面中按照如图1-18所示的数值和力的方向进行设置。设置完毕,双击"Geometry"选项,选中如图1-18所示的工字钢的一个表面,完成约束边界条件的设置。

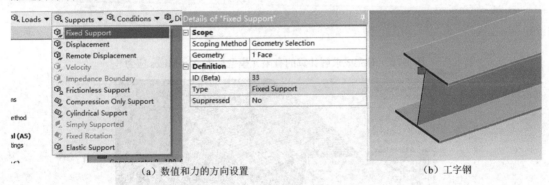

（a）数值和力的方向设置　　　　　　　　　　　　　（b）工字钢

图1-18　约束边界条件的设置

8. 求解

在所有边界条件设置完成后,用右键依次单击"Solution"→"Solve"选项,即可对有限元模型进行求解,如图1-19所示。

9. 后处理

求解计算完成后,在"Solution"选项左边出现一个绿色的钩形符号。用右键依次单击"Solution"→"Insert"→"Strain"→"Equivalent(von-Mises)"选项,即可插入von-Mises应力,如图1-20所示。提取得到的von-Mises应力云图如图1-21所示。

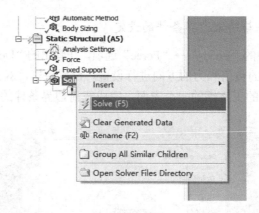

图 1-19　对有限元模型进行求解

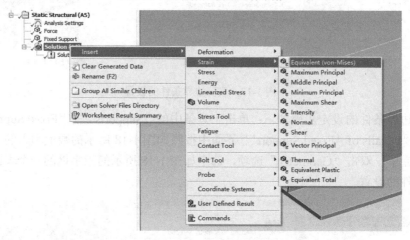

图 1-20　对完成求解计算的有限元模型插入 von-Mises 应力

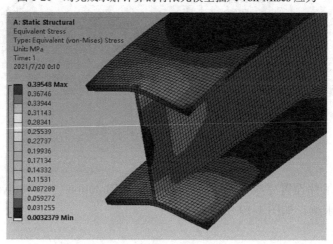

图 1-21　提取得到的 von-Mises 应力云图

　　需要注意的是，本节只是简要介绍了建立模型、把模型导入 ANSYS Workbench、设置材料属性、几何体网格划分、设置边界条件、求解以及后处理查看应力的基本操作流程，较深入的知识如模型清理、网格划分方式、有限元计算结果的提取等内容，将在后续章节中详细介绍。

特别提示

（1）ANSYS Workbench 17.0～21.0 各个版本在练习操作中的显示可能会略有不同。

（2）在刚开始熟悉界面、菜单和命令的过程中，不需要将每个功能和细节都完全理解，先掌握需要用到的常用功能，然后逐步拓展和体会。

（3）ANSYS Workbench 中的项目列表有多种操作形式，既可以拖曳也可以直接双击，既可以新建各自独立的项目列表，也可在一个工程项目中共享关联。建议初学者按照本书模式，在一个工程项目中进行分析。

基于内容的完整性，使用 ANSYS APDL 有限元分析的基本流程见附表 1-1。对初学者，不建议学习 ANSYS APDL（经典版），了解一下即可。

1.4.4　学习方法及分析基础

ANSYS Workbench 是 CAE 方面的主流分析软件，是一种数值求解工具。学习机械结构有限元时，既要掌握 ANSYS Workbench 软件操作，能够利用它进行产品和结构设计。同时，应该明白软件只是一个解决问题的工具，对软件的学习是次要的，而学会有限元分析技能比学会使用一种软件更重要。有限元法和有限元分析不同，有限元法是偏重理论的数学问题，是有限元分析软件的基础和后台支撑，其重点是单元的结构离散化、单元刚度矩阵、等效节点力与载荷、整体刚度矩阵、算法问题和收敛准则等；有限元分析侧重解决工程问题，以力学和物理学为基础对工程问题进行近似求解。因此，要学好机械结构有限元分析，必须具备一定的材料力学和弹性力学基础知识，能够对实际工程问题进行工况分析、载荷和约束的简化，对求解结果有一个基本判断；要熟练掌握商用有限元分析软件的操作和分析过程，如建模、网格划分、施加载荷和约束、提取结果等；最好能了解有限元分析软件后台计算过程，即单元刚度矩阵、整体刚度矩阵、位移、应变和应力的求解过程。

根据 CAE 行业大多数从业人员的使用经验，以及本书编写团队近 20 年在机械结构有限元分析工程方面的经验，总结有限元分析的学习方法，具体如下。

（1）初步了解有限元法理论基础，用最快的速度掌握材料力学的核心内容，掌握平衡微分方程、几何方程、变形协调方程、物理方程、边界条件、平面问题、轴对称问题、圣维南原理、虚功原理及力学问题的基本求解方法等。

（2）熟练掌握 ANSYS Workbench 软件操作流程和有限元分析方法。

（3）以需求带动学习，针对目前需要解决的问题详尽参考有关知识，根据问题的初始状态和最终目标，对解决该问题所用的方法、思路及所需要的各种知识进行系统学习，在实践中提升有限元分析技能。

ANSYS Workbench 软件的学习可参考 ANSYS Workbench 软件入门、操作教材或视频，

按照示例一步一步地进行操作，熟悉工作界面，掌握软件操作流程；勇于尝试，遇到问题可以查询网络，同时加入 ANSYS Workbench 软件学习交流群，在群里学习并解答大家提出的问题，相互提高。英语好的学员要学会使用自带的帮助系统，通常而言，帮助系统是商用有限元分析软件的"百科全书"，里面包含诸如单元类型的解释和参数说明，以及各种功能菜单的详细用法和注意事项。好好使用这本"百科全书"，加以长时间的实际应用，就能够熟练应用有限元法解决各种问题。对迫切需要解决实际工程问题的结构工程师，建议花两个星期粗略地翻看《材料力学》《结构力学》《工程力学》《弹性力学》等理论书籍，了解核心原理与概念。看这些书的速度越快越好，只看大概框架，不要记里面的任何一个公式和公式推导；然后翻阅《全国勘察设计注册一级结构工程师》的辅导书，了解典型结构。例如，一个单纯受到均布载荷的梁或单纯受到均布压缩载荷的柱的设计计算流程都是工程计算方法，比《材料力学》等理论书籍中的公式更为简化，易于理解；查阅《机械产品结构有限元力学分析通用规则》国家标准和《钢结构设计规范》的最新版，了解规范要求；遇到动力学、运动学问题，可参考《振动理论》《实验模态分析》等书籍。由于模态分析技术是所有动力学分析的基础知识，因此必须首先掌握它，然后参考更有针对性的专业书籍。

特别提示

目前，主流的三维设计软件内嵌有限元分析模块，供设计工程师在做结构设计时使用，如 SolidWorks 中的 Solidworks Simulation 插件。有限元分析流程基本一致，个别名词略有不同，读者可利用帮助文件进行学习。

课 后 练 习

1-1 某块不锈钢板尺寸为 300mm×50mm×20mm，其一端固定，另一端为自由状态，同时在其中的一个表面上均布载荷 0.15MPa，如图 1-22 所示。请用 ANSYS Workbench 求解该不锈钢板的变形云图和应力云图。

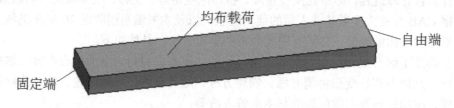

均布载荷

自由端

固定端

图 1-22 不锈钢板

1-2 一块正方形的 Q235 钢板尺寸为 100mm×100mm×5mm，其四边均固定，在其中心直径为 30mm 的圆上作用 1000N 的力，力的方向竖直向下，如图 1-23 所示。请用 ANSYS Workbench 求解该正方形的 Q235 钢板的变形云图和应力云图。

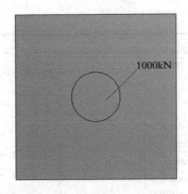

图 1-23 正方形的 Q235 钢板

附表 1-1 双向承载正方形大平板的四分之一块板建模及 ANSYS Workbench 有限元分析的基本流程

步骤	内容	主要方法和技巧	界面图
1	启动软件	先创建工作目录，把它命名为"plate"。然后以交互模式进入 ANSYS Workbench，把作业名设为"plate"	
2	生成一个正方形	其 GUI 命令操作步骤如下： 依次单击"GUI-MainMenu"→"Preprocessor"→"Modeling"→"Create"→"area"→"Rectangles"→"By Dimension"选项，在弹出的对话框中输入"X-coordinates"，其变化值为 0～200，"Y-coordinates"变化值为 0～200。单击"OK"按钮，在图形输出窗口显示一个正方形，如右图所示	

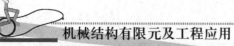

步骤	内容	主要方法和技巧	界面图
3	在正方形的左下角点处生成一个直径为40mm的圆	其 GUI 命令操作步骤如下： 依次单击"Main Menu"→"Preprocessor"→"Modeling"→"Create"→"Areas-Circle"→"SolidCircle"选项，在弹出的对话框中，在"WP X"文本框中输入"0"，在"WP Y"文本框中输入"0"，在"Radius"文本框中输入"20"。输入完毕，单击"OK"按钮	
4	进行减运算，从正方形中减去圆孔，生成有限元分析模型	其 GUI 操作命令操作步骤如下： 依次单击"Main Menu"→"Preprocessor"→"Modeling"→"Operate"→"Booleans"→"Subtract"→"Area"命令。 用鼠标在正方形的中心位置单击一次，正方形将变成另一种颜色，这表示正方形已被选中。单击拾取框上的"OK"按钮，然后用鼠标在圆的中心处单击一次，圆的颜色也会发生变化，表示圆也被选中。单击"OK"按钮，系统将关闭拾取框，表示减运算完成了	

第1章 绪 论

续表

步骤	内容	主要方法和技巧	界面图
5	定义单元类型	其 GUI 命令操作步骤如下： 依次单击"Main Menu"→"Preprocessor"→"Element Type"→"Add/Edit/Delete"命令，在弹出的【Element Types】对话框中，单击"Add…"按钮，弹出【Library of Element Types】对话框。在该对话框中选择"Structural Mass"选项下级菜单中的"Solid"选项，在其右边的窗口中选择"8 node 183"，即选择8节点等参单元。确定选中后，单击"OK"按钮，关闭【Library of Element Types】对话框。然后单击【Element Types】对话框中的"Close"按钮，关闭该对话框	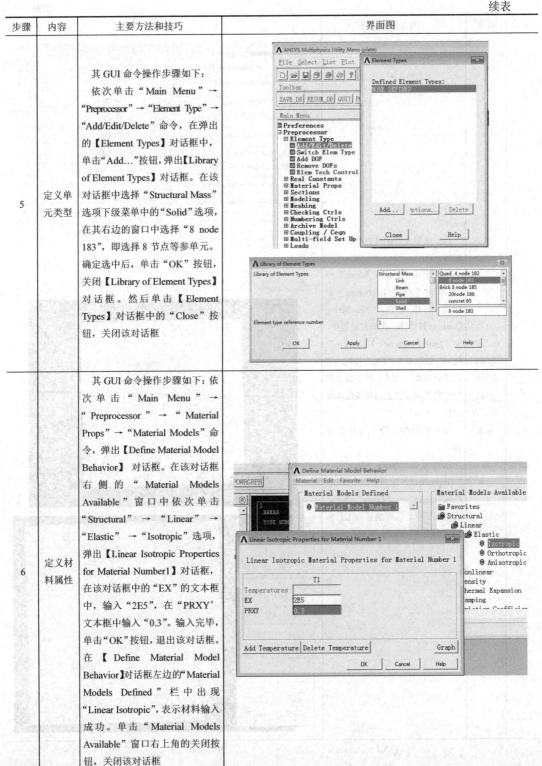
6	定义材料属性	其 GUI 命令操作步骤如下：依次单击"Main Menu"→"Preprocessor"→"Material Props"→"Material Models"命令，弹出【Define Material Model Behavior】对话框。在该对话框右侧的"Material Models Available"窗口中依次单击"Structural"→"Linear"→"Elastic"→"Isotropic"选项，弹出【Linear Isotropic Properties for Material Number1】对话框，在该对话框中的"EX"的文本框中，输入"2E5"，在"PRXY"文本框中输入"0.3"。输入完毕，单击"OK"按钮，退出该对话框。在【Define Material Model Behavior】对话框左边的"Material Models Defined"栏中出现"Linear Isotropic"，表示材料输入成功。单击"Material Models Available"窗口右上角的关闭按钮，关闭该对话框	

21

续表

步骤	内容	主要方法和技巧	界面图
7	在几何模型上显示线的编号、合并线	显示线编号的GUI命令操作步骤如下： 依次单击"Utility Menu"→"PlotCtrls"→"Numbering"命令，弹出【Plot Numbering Controls】对话框。在该对话框中，对"Line numbers"勾选"On"选项，然后单击"OK"按钮，关闭该对话框。这时，图形输出窗口中的几何模型上的每条线都显示出一个编号。 合并线的GUI命令操作步骤如下： 依次单击"Main Menu"→"Preprocessor"→"Meshing-Concatenate"→"Lines"命令，在拾取框中，选择编号为L2和L3的线，然后单击"OK"按钮	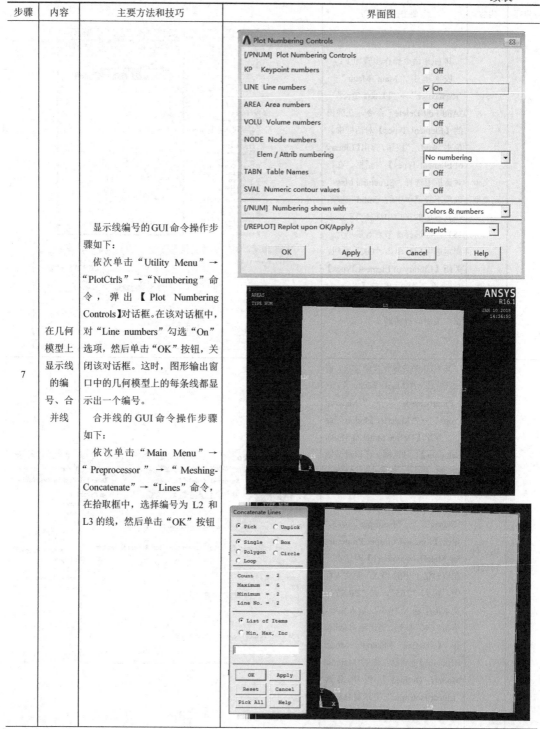

续表

步骤	内容	主要方法和技巧	界面图
8	对模型上的线定义划分等份	其 GUI 命令操作步骤如下： 依次单击"Main Menu"→"Preprocessor"→"Meshing"→"Size Cntrls"→"ManualSize→Lines"→"Picked Lines"命令，在弹出的拾取框中选择编号为 L2、L3、L9、L10 的线；单击"OK"按钮，弹出【Element Sizes on Picked Lines】对话框，在"No. of element divisions"的文本框中，输入"10"；单击"Apply"按钮，系统返回到拾取框，选择编号为 L5 的线，即圆弧段；单击拾取框中的"OK"按钮，弹出【Element Size On Picked Lines】对话框，在"No. of element divisions"的文本框中输入"20"，单击"OK"按钮，关闭该对话框	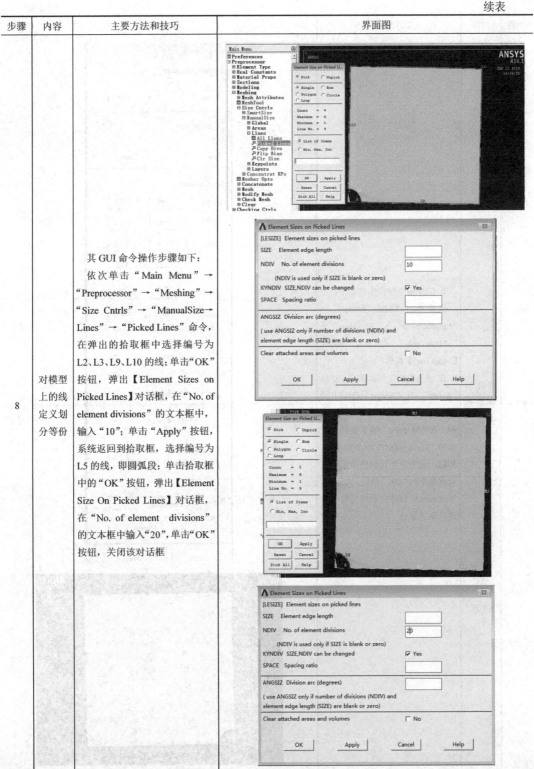

续表

步骤	内容	主要方法和技巧	界面图
9	对几何模型划分单元	其 GUI 命令操作步骤如下： 依次单击"Main Menu"→"Preprocessor"→"Meshing"→"MeshTool"命令，打开【MeshTool】面板。 在"Mesh"选项中选择"Areas"，在"Shape"选项中同时选中"Quad"和"Mapped"选项，在"Mapped"的下级菜单中选择"3 or 4 sided"。单击"Mesh"按钮，选中整个几何模型。单击拾取框中的"OK"按钮，ANSYS Workbench 软件自动对几何模型进行单元划分	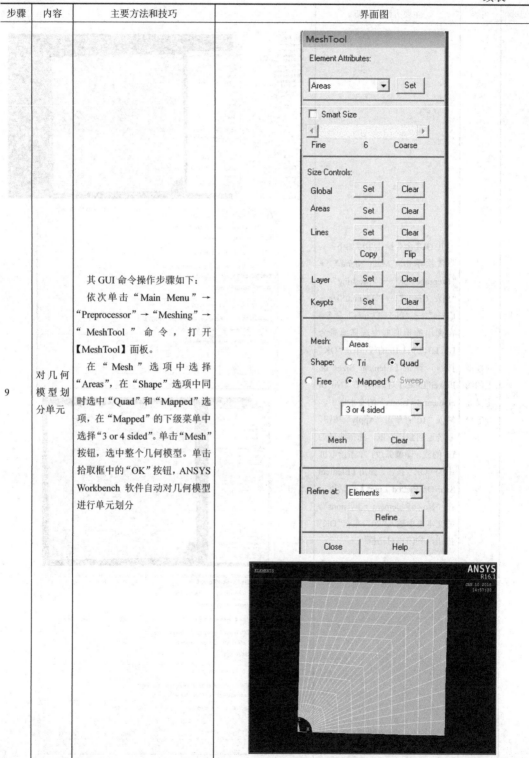

续表

步骤	内容	主要方法和技巧	界面图
10	施加约束条件	其GUI命令操作步骤如下： 依次单击"Main Menu"→"Solution"→"Define Loads"→"Apply"→"Structural"→"Displacement"→"On Lines"命令，弹出一个拾取框，选择其中编号为L9的线。单击该拾取框中的"Apply"按钮，弹出【Apply U，ROT on Lines】对话框，对"DOFs to be constrained"选择"UY"选项。单击"Apply"按钮，又弹出拾取框，选择编号为L10的线。单击该拾取框中的"OK"按钮，在弹出的【Apply U，ROT on Lines】对话框中，对"DOFs to be constrained"选择"UX"选项。选择完毕，单击"OK"按钮	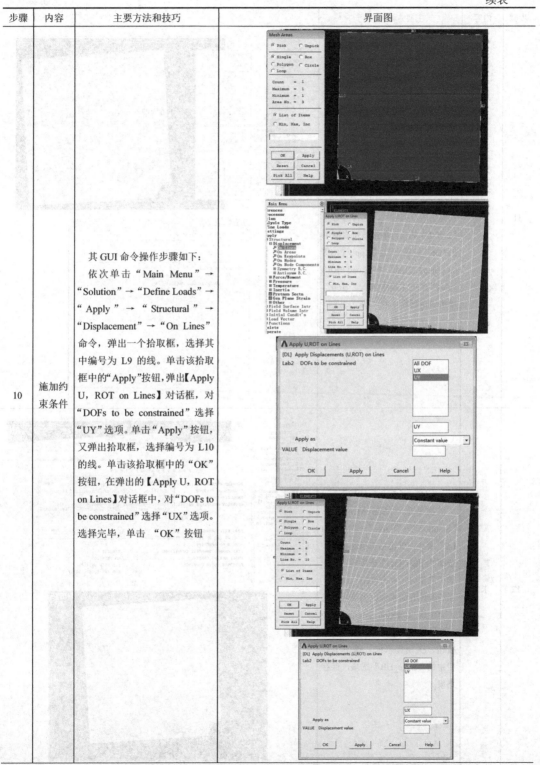

续表

步骤	内容	主要方法和技巧	界面图
11	施加载荷	其 GUI 命令操作步骤如下： 依次单击"Main Menu"→"Solution"→"Define Loads"→"Apply"→"Structural"→"Pressure"→"On Lines"命令，在弹出的拾取框中，选择编号为 L2 和 L3 的线。单击该拾取框中的"OK"按钮，弹出【Apply PRES on Lines】对话框，在"Load PRES value"的文本框中输入"-100"，单击该对话框中的"OK"按钮	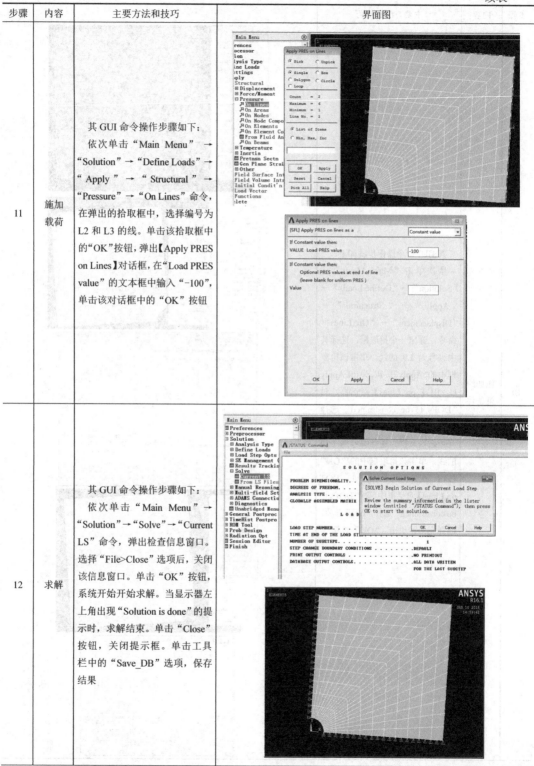
12	求解	其 GUI 命令操作步骤如下： 依次单击"Main Menu"→"Solution"→"Solve"→"Current LS"命令，弹出检查信息窗口。选择"File>Close"选项后，关闭该信息窗口。单击"OK"按钮，系统开始求解。当显示器左上角出现"Solution is done"的提示时，求解结束。单击"Close"按钮，关闭提示框。单击工具栏中的"Save_DB"选项，保存结果	

步骤	内容	主要方法和技巧	界面图
13	显示变形形状	其 GUI 命令操作步骤如下： 依次单击"Main Menu"→"General Postproc"→"Plot Results"→"Deformed shape"命令，在弹出的对话框中，对"Items to be plotted"选择"Def+Undeformed"选项。选择完毕，单击"OK"按钮	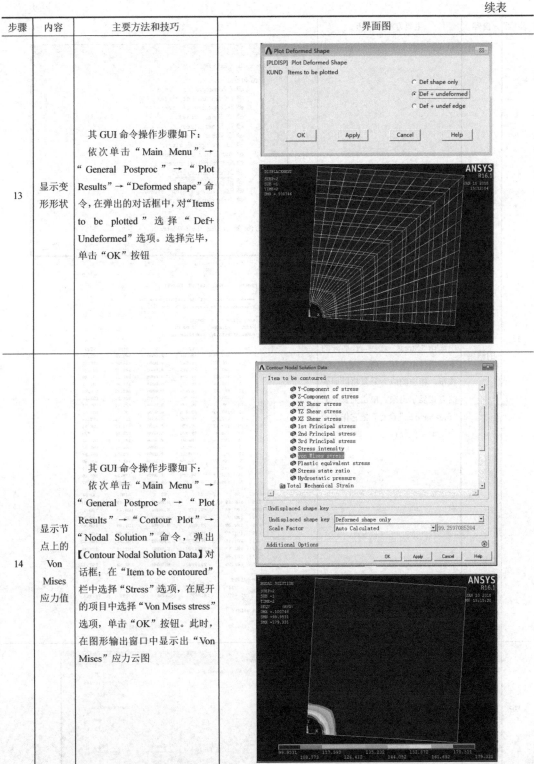
14	显示节点上的 Von Mises 应力值	其 GUI 命令操作步骤如下： 依次单击"Main Menu"→"General Postproc"→"Plot Results"→"Contour Plot"→"Nodal Solution"命令，弹出【Contour Nodal Solution Data】对话框；在"Item to be contoured"栏中选择"Stress"选项，在展开的项目中选择"Von Mises stress"选项，单击"OK"按钮。此时，在图形输出窗口中显示出"Von Mises"应力云图	

续表

步骤	内容	主要方法和技巧	界面图
15	列表显示节点的结果	其 GUI 命令操作步骤如下： 依次单击"MainMenu"→"General Postproc"→"List Results"→"Nodal Solution"命令，弹出【List Nodal Solution】对话框。在"Item to be listed"栏中选择"Stress"选项，在展开的下级项目中选择一项，单击"OK"按钮，相应的应力分量将以列表的方式显示出来。单击列表中的"file>Save as"命令，把它作为一个文本文件保存	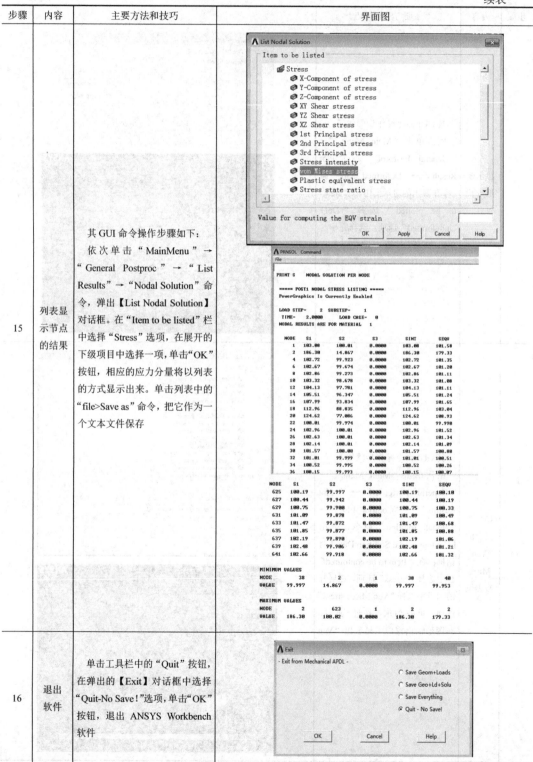
16	退出软件	单击工具栏中的"Quit"按钮，在弹出的【Exit】对话框中选择"Quit-No Save！"选项，单击"OK"按钮，退出 ANSYS Workbench 软件	

第 **2** 章　机械结构建模思想与方法

了解工程模型与数学模型的转化思想，了解 ANSYS Workbench 软件的单元类型及其适用范围。掌握模型简化准则，能够对三维实体模型进行简单修复。

教学要求

能力目标	知识要点	权重	自测分数
了解工程模型与数学模型的转化思想	了解工程模型与数学模型转化的两次映射	15%	
掌握工程结构分类及单元类型	掌握每种单元类型在选用时的应用原则	25%	
掌握几何建模准则及模型简化准则	掌握间接法绘制三维实体模型，能够将三维模型导入 ANSYS Workbench 软件	30%	
掌握模型修复的基本内容	能够利用 SCDM 简化和修复外形较为简单的三维实体模型	30%	

2.1 结构分析与建模思想

2.1.1 工程模型与数学模型的转化思想

在运用 ANSYS Workbench 软件进行结构分析时，分析人员通常需要经历一个"二次映射"的过程：首先将工程问题映射成力学问题，再将力学问题映射成待分析的数学模型。

第一次映射是把工程问题映射为物理或力学问题，这一映射过程与分析人员的力学知识及专业背景有关。通过这一映射过程，可以明确待分析的问题类型、确定求解域的范围及定解条件。至此，工程问题被划归为力学问题。在这一映射过程中需要思考以下几个问题：计算域的范围是否合适？范围边界是否容易确定？解决力学问题时需要应用哪些力学方程？

第二次映射是把力学问题映射为可通过 ANSYS Workbench 等软件计算的数学模型，这一映射过程与分析人员的程序应用知识和建模分析经验有关。这一映射过程的任务是在 ANSYS Workbench 软件中建立数学模型，加载并指定模型的边界条件和初始条件。需要思考以下几个问题：第一次映射确定的计算域怎样在软件中创建？需要哪几种单元类型组合构建求解域？怎样对边界条件施加约束？

下面以图 2-1 所示的半敞开式步行桥的上弦平面外稳定问题为例，说明二次映射思想在有限元分析建模中的应用。图 2-1（a）为半敞开式步行桥的桁架结构立面图，图 2-1（b）为该桥典型结构剖面图，支撑桁架的上下弦杆及腹杆均为正方形钢管，桥面横梁为"H"形角钢。如果为支撑桁架设置刚度较大的竖向腹杆，并与桥面横梁刚性连接，形成横向框架，那么桁架的竖向腹杆可对上弦杆形成有效的面外约束，上弦杆的受力状态类似于弹性支撑梁，其在桁架平面外的稳定问题可以映射为一系列弹性支撑上的压杆稳定问题。弹性支撑梁模型计算简图如图 2-2 所示。其中，k 为弹簧系数，EI 为抗弯刚度。

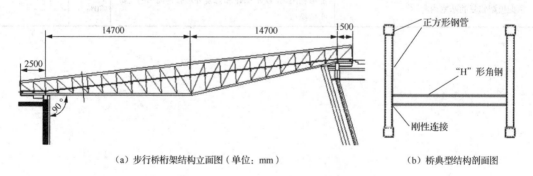

（a）步行桥桁架结构立面图（单位：mm）　　　（b）桥典型结构剖面图

图 2-1　半敞开式步行桥

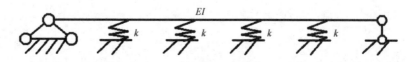

图 2-2　弹性支撑梁模型计算简图

计算简图确定之后，在 ANSYS Workbench 中选择合适的单元类型构建待分析的有限元模型了。可选择 ANSYS Workbench 的弹簧单元及梁单元进行构建，最后得到 ANSYS Workbench 计算模型。

> **特别提示**
>
> （1）有限元仿真的最终目的是还原一个实际工程系统的物理力学行为特征，因此，分析必须是基于一个物理原型且准确的数学模型。
>
> （2）不同行业的工程问题可能被映射为同一种类型的力学问题，进而可以采用相同的 ANSYS Workbench 单元类型以及相似的步骤来构建待分析的数学模型。

2.1.2 工程结构分类

按照各个构件的几何和受力特点，可以把工程结构分为桁架机构、索结构、梁结构、板壳结构、薄膜结构、连续体结构和这几种结构的组合结构。常见工程结构类型及其几何和受力特点见表 2-1。

表 2-1 常见工程结构类型及其几何和受力特点

结构类型	几何特点	受力特点
桁架结构	线状结构，轴线长度远大于截面尺寸	结构承受轴向应力
索结构	线状结构，轴线长度远大于截面尺寸	结构只能承受轴向拉应力
梁结构	线状结构，轴线长度远大于截面尺寸	结构可以承受弯矩、扭矩、轴向力、横向力的共同作用
板壳结构	面状结构，面尺寸远大于厚度尺寸	结构能够承受面内与面外的作用，横向载荷的作用能够使面发生弯曲变形
薄膜结构	面状结构，面尺寸远大于厚度尺寸	结构不能承受弯矩，厚度方向的张力与外载荷相平衡
连续体结构	结构在 3 个方向上的尺寸为同一个数量级	结构可以承受 3 个方向上的应力
组合结构	多种结构的组合形式	结构可以承受组合受力

2.1.3 单元类型及选取原则

ANSYS Workbench 提供了丰富的结构力学分析单元库，可用于模拟各种类型的工程结构。在这个庞大的单元库中，每种单元都有唯一的名称。单元的名称由单元类型及单元编号两部分组成。例如，Beam188 单元，其中的"Beam"表示单元类型，即梁单元，"188"为这种梁单元在 ANSYS Workbench 程序单元库中的编号。ANSYS Workbench 结构分析常用的单元类型有 Link（杆或索）、Beam（梁）、Shell（板壳单元）、Plane（平面问题或轴对称问题单元）、Solid（三维体单元）、Combin（连接单元）等。ANSYS Workbench 中的基本结构分析常用的单元类型、单元类型代表及其简单描述见表 2-2。

表 2-2　ANSYS Workbench 中的基本结构分析常用的单元类型、单元类型代表及其简单描述

单元类型	单元类型代表	简单描述
Link	Link180	二维杆件，用于模拟空间桁架的杆单元
Beam	Beam188	Timoshinco 梁单元，在轴线方向有 2 个节点，可定义实际截面形状
	Beam189	Timoshinco 梁单元，在轴线方向有 3 个节点，可定义实际截面形状
	Pipe288	轴线方向有 2 个节点的管单元，可指定截面及液体压力载荷
	Pipe289	轴线方向有 3 个节点的管单元，可指定截面及液体压力载荷
	Elbow290	轴线方向有 3 个节点的弯管单元，可指定截面及液体压力载荷
Shell	Shell181	4 个节点的有限应变壳元
	Shell281	8 个节点的有限应变壳元
Plane	Plane182	平面应力、平面应变、轴对称的线性单元
	Plane183	平面应力、平面应变、轴对称的二次单元
Solid	Solid65	三维连续体单元，用于混凝土分析
	Solid185	三维连续体单元，8 个节点的线性单元
	Solid186	三维连续体单元，六面体、四面体、金字塔、三棱柱形状
	Solid187	10 个节点的三维四面体连续体单元
	Solid285	4 个节点的三维连续体单元，节点具有静水压力自由度
Solsh	Solsh190	8 个节点的三维实体壳单元
Combin	Combin14	非线性连接单元，可用于模拟各种弹簧和阻尼器
	Combin39	非线性弹簧单元，可定义位移-载荷关系
Mass	Mass21	质量及集中惯性单元

除了表 2-2 中的基本结构分析常用的单元类型，ANSYS Workbench 中还会用到很多具有特殊功能的单元类型。例如，用于接触分析的接触单元（CONTA171～CONTA 178）及目标单元（TARGE 169～TARGE 170）、用于划分辅助网格但不参与求解的单元（MESH200）、用于辅助加载的表面效应单元（SURF15X）、用于施加螺栓预紧力的单元（PRETS179）、用于建立多点约束方程的多点约束单元（MPC184）、用户定义单元（USER300）、用于子结构分析的超级单元（MATRIX50）等。

单元类型的选择与待解决的问题密切相关。在选择单元类型前，首先要对问题本身有非常明确的认识，确定该问题能否简化。然后，考虑每种单元类型、每个节点有多少个自由度、它包含哪些特性、能够在哪些条件下使用，结合待解决问题选择恰当的单元类型。

1. 杆单元与梁单元的选用

杆单元的基本特点决定其只能承受杆长度方向上的拉力或压力，而不能够承受弯矩作用。梁单元不但具有杆单元的特点还能承受弯矩作用，因此，在进行静力学分析时，如果单元需要承受弯矩作用，就不能选用杆单元，而要选用梁单元。

对于梁单元，常用的有 Beam3、Beam4 和 Beam188，它们的区别如下：

（1）Beam3 是二维梁单元，只能解决二维的问题。

（2）Beam4 是三维梁单元，可以解决三维的空间梁问题。

（3）Beam188 是三维梁单元，可以根据需要，自定义梁的截面形状。

2．薄壁件单元的选用

对薄壁件，一般选用壳单元。若选取实体单元，则会增大计算机的计算量，并且在计算所承受的弯矩时，因厚度方向上的单元层数太少而造成计算结果误差比较大，反而不如选取壳单元的计算结果准确。实际工程中常用的 Shell 单元有 Shell63、Shell93。Shell63 是 4 个节点的 Shell 单元（可以退化为三角形），Shell93 是带中间节点的四边形 Shell 单元（可以退化为三角形），Shell93 由于带有中间节点，计算精度比 Shell63 更高，但是由于节点数目比 Shell63 多，计算量会增大。对一般的问题，选用 Shell63 就足够了。

3．实体单元的选用

实体单元类型也比较多，实体单元也是实际工程中使用最多的单元类型。常用的实体单元类型有 Solid45、Solid92、Solid185 和 Solid187。Solid45 和 Solid185 可以归为第一类单元，因为它们都是六面体单元，都可以退化为四面体和棱柱体，单元的主要功能基本相同（Solid185 还可以用于不可压缩超弹性材料）。Solid92 和 Solid187 可以归为第二类单元，因为它们都是带中间节点的四面体单元。

如果所分析的结构比较简单，就可以很方便地把它全部划分为六面体单元，或者绝大部分被划分为六面体，小部分被划分为四面体和棱柱体。此时，应该选用第一类单元，也就是选用六面体单元；如果所分析的结构比较复杂，难以划分出六面体，应该选用第二类单元，也就是带中间节点的四面体单元。

特别提示

（1）在进行实际问题分析时，ANSYS Workbench 程序可以根据分析类型、几何体类型和网格划分选项，选用相应的单元类型。

（2）在利用 ANSYS Workbench 建模过程中，单元类型的选用并不是一成不变的，对同一种类型问题，可以采用不同类型的单元进行模拟分析。

（3）在选择单元类型时，一般情况下，若厚度与截面的比值小于 1/15，则选用 Shell 单元。

（4）实体单元的选用分两种情况：对复杂结构，选用带中间节点的四面体单元，优选 Solid187；对简单结构，选用六面体单元，优选 Solid186。

2.2　几何建模准则

几何建模是指利用交互方式把现实中的物体模型输入计算机，计算机以一定的方式将其存储和显示。有限元模型的建立方法可以分为直接法和间接法。其中，直接法是直接根

据机械结构的外形特点建立其节点和单元。因此，直接法适用于外形相对简单的机械结构。间接法是根据机械结构的外形特点，先通过点、线、面、体建立实体模型，再通过对实体模型进行网格划分形成可计算的有限元模型。

间接法建模通常包括线框建模、表面建模以及实体建模。

（1）线框建模主要是指由图形的点、线以及曲线形成的模型。该建模方法所需信息最少，数据运算简单，所占存储空间较小，对计算机硬件的要求不高，计算机处理时间短。因此，它只能用于描述模型的大致轮廓。

（2）表面建模主要是指用顶点、边线和表面的有限集合建立几何模型的外表面，主要用于描述外形复杂的曲面体，难以进行物性计算，不存在各个表面之间相互关系的信息。若要同时考虑几个表面，就不能用表面建模。

（3）实体建模是指通过基本体素的集合运算或变形操作生成复杂形体的一种建模技术，其特点在于三维物体的表面与其实体同时生成，能够定义三维物体的内部结构形状。因此，该建模方法能完整地描述物体的所有几何信息和拓扑信息，包括物体的体、面、边和顶点的信息。

在 ANSYS Workbench 中，通常情况下都采用间接法建模，因此，ANSYS Workbench 工具箱的分析系统在默认条件下均包含一个 Geometry（几何结构）单元格，在组件系统中也有独立的 Geometry 组件。通过这些 Geometry 单元格可以启动 ANSYS Workbench 几何组件创建新的几何模型，如图 2-3 所示；也可以直接导入其他 CAD 软件所创建的几何模型，选择在 ANSYS Workbench 几何组件中编辑，如图 2-4 所示。目前，在 Geometry 单元格中可以选择用于创建和编辑几何模型的几何组件，包括 ANSYS SpaceClaim Direct Modeler（简称 ANSYS SCDM）及 ANSYS DesignModeler（简称 ANSYS DM）。

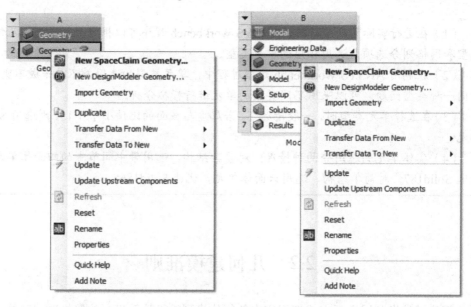

图 2-3　通过 Geometry 单元格（Cell）启动几何组件或导入几何模型

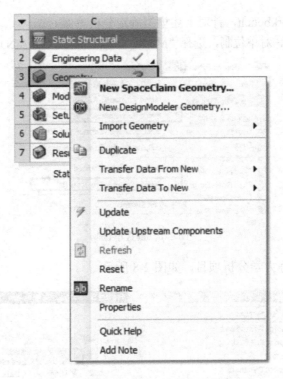

图 2-4　导入其他 CAD 软件创建的几何模型

2.2.1　无圆角"T"形角钢与圆角"T"形角钢的静力学分析结果对比

1. 无圆角"T"形角钢的静力学分析

无圆角"T"形角钢上端面固定，同时在其左右两个端面施加 1000N 的载荷，利用 ANSYS Workbench 对该"T"形角钢进行静力学分析。其载荷计算简图如图 2-5 所示。利用三维 CAD 软件绘制无圆角"T"形角钢的三维模型，如图 2-6 所示。在对无圆角"T"形角钢进行静力学分析时，初步判定该"T"形角钢的两个直角处最先发生断裂失效。

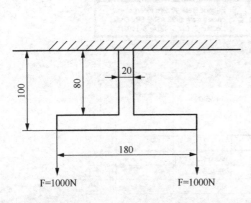

图 2-5　无圆角"T"形角钢载荷计算简图　　　　图 2-6　无圆角"T"形角钢的三维模型

启动 ANSYS Workbench，针对上述模型确定分析方案。

（1）设置单位制。对单位制，选择"Metric（tonne,mm,s,℃,mA,N,mV）"，如图2-7所示。

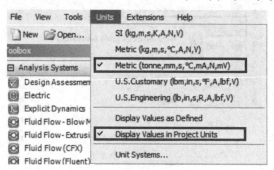

图2-7　设置单位制

（2）建立结构静力学分析项目，如图2-8所示。

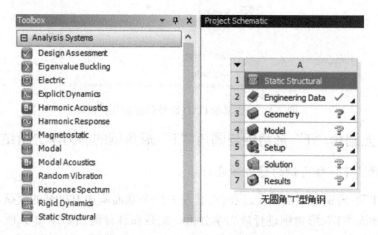

图2-8　建立结构静力学分析项目

（3）对材料属性，选择"Structural Steel"选项，如图2-9所示。

2		Material			
3		Structural Steel	☐ ⊜	Fatigue Data at zero mean stress comes from 1998 ASME BPV Code, Section 8, Div 2, Table 5-110.1	

Properties of Outline Row 3: Structural Steel

	A	B	C	D	E
1	Property	Value	Unit	☒	ⓙ
2	Density	7.85E-09	tonne mm^-3	☐	☐
3	⊞ Isotropic Secant Coefficient of Thermal Expansion			☐	
6	⊟ Isotropic Elasticity			☐	
7	Derive from	Young's... ▾			
8	Young's Modulus	2E+05	MPa		☐
9	Poisson's Ratio	0.3			☐

图2-9　设置材料属性

（4）导入无圆角"T"形角钢模型，操作步骤如图 2-10 所示。

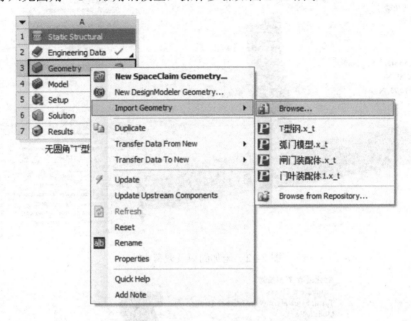

图 2-10　导入无圆角"T"形角钢模型的操作步骤

（5）进行网格划分，把单元尺寸设为 10mm。生成的无圆角"T"形角钢有限元模型如图 2-11 所示。

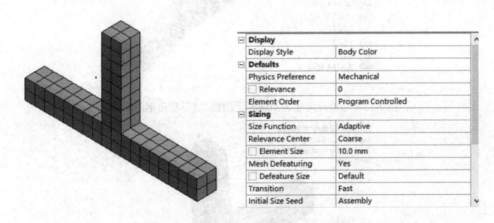

图 2-11　无圆角"T"形角钢有限元模型

（6）施加边界条件（约束和载荷）。在无圆角"T"形角钢顶部施加固定约束，在"T"形角钢的左右两个端面施加载荷 F=1000N，如图 2-12 所示。

（7）求解和后处理。最后得到的无圆角"T"形角钢应力云图如图 2-13 所示。

上述计算结果与预判结果出现差异，主要原因是在进行网格划分时网格数量不够，因此需要细化网格。当单元尺寸细化为 0.5mm 时无圆角"T"形角钢的应力云图如图 2-14 所示。可见，在细化单元尺寸后无圆角"T"形角钢的应力大幅度增加。

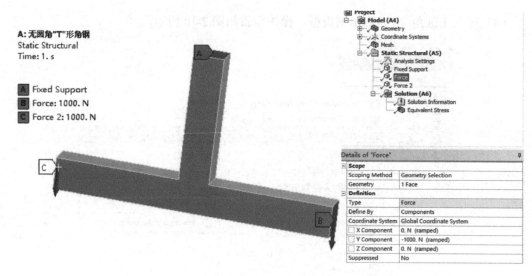

图 2-12　施加约束及载荷大小

图 2-13　当单元尺寸为 10mm 无圆角 "T" 形角钢的应力云图

图 2-14　当单元尺寸细化为 0.5mm 时无圆角 "T" 形角钢的应力云图

2. 圆角 "T" 形角钢的静力学分析

按照上述步骤对圆角 "T" 形角钢进行静力学分析，得到两种单元尺寸下的应力云图，分别如图 2-15（a）和图 2-15（b）所示。

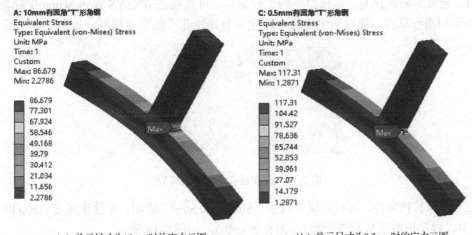

（a）单元尺寸为10mm时的应力云图　　　　（b）单元尺寸为0.3mm时的应力云图

图 2-15　圆角 "T" 形角钢的应力云图

对比上述无圆角 "T" 形角钢与圆角 "T" 形角钢的静力学分析结果可以看出，无圆角 "T" 形角钢在受力情况下会在直角处出现应力集中现象。应力集中是设计工程师在进行产品设计时不可避免的问题，受力构件由于外界因素或自身几何形状而引起应力值变化波动比较大。对 "T" 形角钢采用圆角过渡后，其应力值波动范围明显降低。因此，在模型结构突变处，采用圆角过渡，有利于避免应力集中现象的发生。

2.2.2　有螺栓孔平板与无螺栓孔平板的静力学分析结果对比

螺栓孔受力简图如图 2-16 所示，使用 ANSYS Workbench 分析有螺栓孔平板在均布载荷作用下的应力分布。已知条件：载荷 $F=10000\text{N}$，长度 $L=200\text{mm}$，宽度 $b=100\text{mm}$，螺栓孔直径 $\phi=40\text{mm}$，弹性模量 $E=200\text{GPa}$。该平板的左端固定。

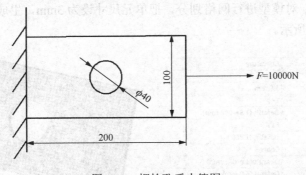

图 2-16　螺栓孔受力简图

利用 ANSYS Workbench 对有螺栓孔平板进行静力学分析,由于该平板只承受长度和宽度方向的载荷,厚度方向没有载荷,因此沿厚度方向的应力变化可不予考虑,即该问题可转化为平面应力问题。

(1)建立有限元模型。该模型结构比较简单,可直接在 ANSYS Workbench 中建模:先绘制矩形和圆形草图,通过面生成命令,建立有螺栓孔平板平面模型,如图 2-17 所示。

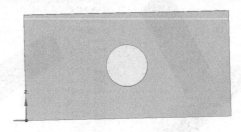

图 2-17 有螺栓孔平板平面模型

(2)选择材料属性。对材料属性选择"Structural Steel"选项,弹性模量 E=200000MPa(软件中以科学记数法显示该数据),泊松比 μ=0.3,如图 2-18 所示。

2		Material				
3		🏷 Structural Steel	☐	🔗	Fatigue Data at zero mean stress comes from 1998 ASME BPV Code, Section 8, Div 2, Table 5-110.1	✓

Properties of Outline Row 3: Structural Steel

	A	B	C	D	E
1	Property	Value	Unit	⊗	⌷
2	📈 Density	7.85E-09	tonne mm^-3	☐	☐
3	⊞ 📈 Isotropic Secant Coefficient of Thermal Expansion			☐	
6	⊟ 📈 Isotropic Elasticity			☐	
7	Derive from	Young's... ▾			
8	Young's Modulus	2E+05	MPa		☐
9	Poisson's Ratio	0.3			☐

图 2-18 选择材料属性

(3)网格划分。对模型进行网格划分,把单元尺寸设为 3mm,生成的有螺栓孔平板有限元模型如图 2-19 所示。

⊟ Sizing	
Size Function	Curvature
Relevance Center	Coarse
☐ Max Face Size	3.0 mm
Mesh Defeaturing	Yes
☐ Defeature Size	Default (1.5e-002 mm)
Transition	Fast
☐ Growth Rate	Default (1.850)
Span Angle Center	Coarse
☐ Min Size	Default (3.e-002 mm)
☐ Max Tet Size	Default (6.0 mm)
☐ Curvature Normal Angle	Default (70.3950 °)

图 2-19 有螺栓孔平板有限元模型

（4）施加边界条件（约束和载荷）。对模型施加约束和载荷，在有螺栓孔平板左端面施加固定约束，在其右端面施加载荷 $F=10000$N，如图 2-20 所示。

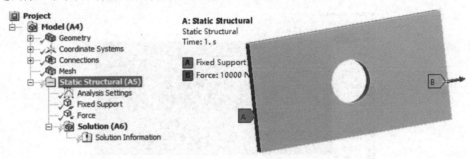

图 2-20 施加约束和载荷

（5）添加求解条件并求解。添加应力求解和位移求解条件，有螺栓孔平板应力云图及位移云图分别如图 2-21 和图 2-22 所示。图中的螺栓孔平板位移变化较大，是因为图形比例问题。利用 ANSYS Workbench 进行静力学分析时，计算结果会自动显示一个比例，使得该平板的变形看起来较大。可以把比例调整为 1∶1，显示有螺栓孔平板在变形的真实情况。

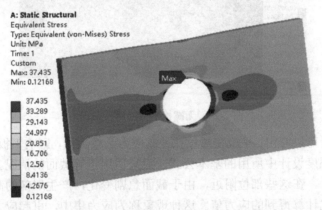

图 2-21 有螺栓孔平板的应力云图

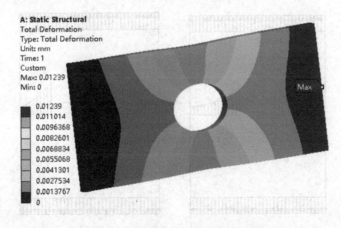

图 2-22 有螺栓孔平板的位移云图

按照上述步骤对无螺栓孔平板进行静力学分析，得到的应力云图及位移云图分别如图 2-23 和图 2-24 所示。

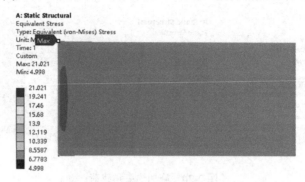

图 2-23　无螺栓平板的应力云图

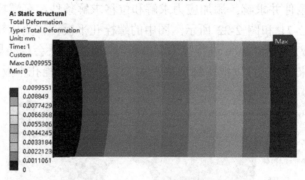

图 2-24　无螺栓平板的位移云图

通过上述分析可以看出，平板在螺栓孔处的应力是较大的，影响平板位移的分布情况，这是因为在构件强度设计中所用的基本公式一般只适用于等截面的情况。当构件有台阶、沟槽、孔或缺口时，在这些部位附近，由于截面急剧变化，产生局部的高应力，应力峰值远大于由基本公式计算得到的应力值。这种现象称为应力集中，引起应力集中的台阶、沟槽、孔和缺口等几何形状统称为应力集中因素。孔和沟槽附近应力集中示意如图 2-25 所示。

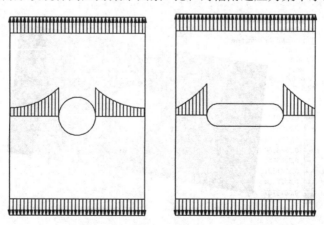

图 2-25　孔和沟槽附近应力集中示意

当构件有台阶、孔、沟槽或缺口时，构件在此处的变形梯度变化较大。在应力集中区域，应力的最大值（应力峰值）与物体的几何形状和加载方式等因素有关。局部增高的应力值随着与峰值应力点的间距的增加而迅速衰减。

产生应力集中的主要因素如下：

（1）集中力。例如，梁的支承点、火车车轮与钢轨的接触点、齿轮与轮齿之间的接触点等承受的力。

（2）材料的不连续性。钢材中的非金属杂质、混凝土中的气孔、木材中的树脂穴等会使构件产生高度的应力集中。例如，铸铁构件中的夹砂与气孔是产生应力集中的根源，对铸铁构件，常选取较大的安全系数。

（3）残余应力。例如，构件在制造或装配过程中，由于强拉伸或冷加工而引起的残余应力；由于热处理而引起的残余应力；铸铁与混凝土因收缩而造成的残余应力；焊接加工产生的残余应力。这些残余应力叠加上工作应力后，有可能出现较强的应力集中。

（4）构件由于装配、焊接、冷加工、磨削等原因而产生的裂纹。

（5）构件在加工或运输中因意外碰伤而留下划痕，这可能会使高强度钢因应力集中而破损。

2.2.3　模型简化准则

圣维南原理：分布于弹性体一小块面积（或体积）上的载荷所引起的物体中的应力，在离载荷作用区稍远的地方，基本上只与载荷的合力和合力矩有关；载荷的具体分布只影响载荷作用区附近的应力分布。若作用在弹性体某一小块面积（或体积）上的载荷的合力和合力矩都等于 0，则在远离载荷作用区的地方，应力就小得几乎等于 0。圣维南原理只针对应力产生的影响，而位移和变形量不能用来判定变形结果是否符合圣维南原理。

一般情况下，有限元分析读取的变形结果是多个零件的累加结果，并不是真正意义上的零件变形。因此，圣维南原理特别强调针对应力问题。于是，在简化模型时，就会出现以下 3 个问题：

（1）如果既要考虑变形累加结果又要考虑应力，那采不采用圣维南原理，实际意义并不大。多数情况下，要使累加变形的零件都参与分析计算，此时模型的复杂程度基本上超过了仅使用圣维南原理考察应力所使用模型的复杂程度。

（2）在实际工程中，对圣维南原理中"稍远""远离载荷"及"一小块面积（或体积）"这种无法定量的简化度量很难界定。因此，最好的方式是，把简化模型的分析结果和未简化模型的分析结果进行对比验证。

（3）在实际工程中，企业能够获取的实验数值大多是累加的变形量。因此，在处理多数装配体的结构变形问题时，只能将模型尽可能还原，还原的依据就是这些零件对变形结果的数据产生影响。

2.3 创建求解域的几何模型

2.3.1 间接法建模实例——轴承座建模

轴承座模型及其边界条件如图 2-26 所示。在建立轴承座三维实体模型时，考虑到该模型是对称结构，可以先建立 1/2 的轴承座模型，再通过镜像命令生成整个模型。

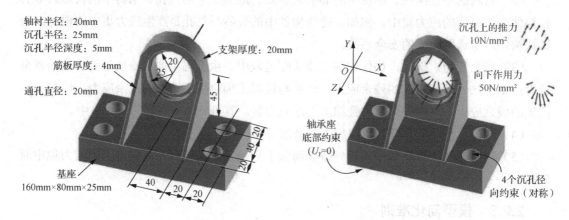

图 2-26 轴承座模型及其边界条件

针对此轴承座设计方案，进行如下操作。

（1）打开 ANSYS Workbench 软件，设置单位制，确定分析项目，如图 2-27 所示。

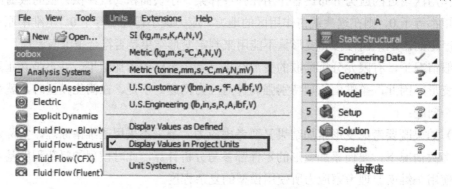

图 2-27 设置单位制和确定分析项目

（2）绘制基座的草图。进入几何建模界面，建立基准面并绘制轴承基座草图，如图 2-28 所示。

（3）拉伸轴承基座。把轴承基座厚度设为 10mm，把它拉伸成三维模型，如图 2-29 所示。

（4）绘制支架草图，如图 2-30 所示。

（5）拉伸支架，其三维模型如图 2-31 所示。

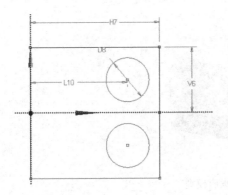

图 2-28　轴承基座草图

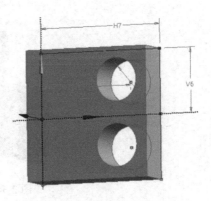

图 2-29　轴承基座的三维模型

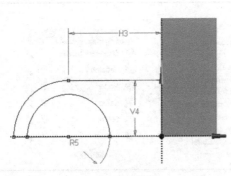

图 2-30　支架草图

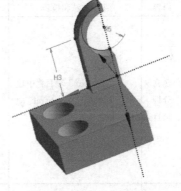

图 2-31　支架的三维模型

（6）绘制筋板草图，如图 2-32 所示。

（7）拉伸筋板，其三维模型如图 2-33 所示。

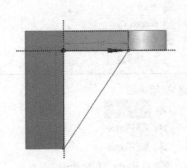

图 2-32　筋板草图

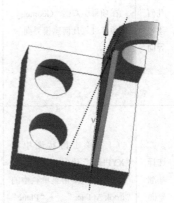

图 2-33　筋板的三维模型

（8）镜像轴承座模型，如图 2-34 所示。

以上轴承座建模的具体操作步骤见表 2-3。

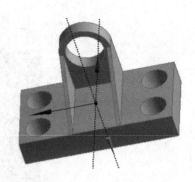

图 2-34 镜像轴承座模型

表 2-3 轴承座建模的具体操作步骤

步骤	内容	主要方法和技巧	界面图
1	建立分析项目	在"Toolbox"项目栏中建立一个"Static Structural"项目，把它命名为"轴承座"	
2	进入几何建模界面	在项目中双击"Geometry"选项，进入几何建模界面	
3	选择基准平面	（1）单击树状图中的"XYPlane"选项。 （2）依次单击菜单栏中的"Look At Face"→"Plane"→"Sketch"按钮	

步骤	内容	主要方法和技巧	界面图
4	进入草图绘制界面	单击树状图下的"Sketching"按钮，进入草图绘制界面	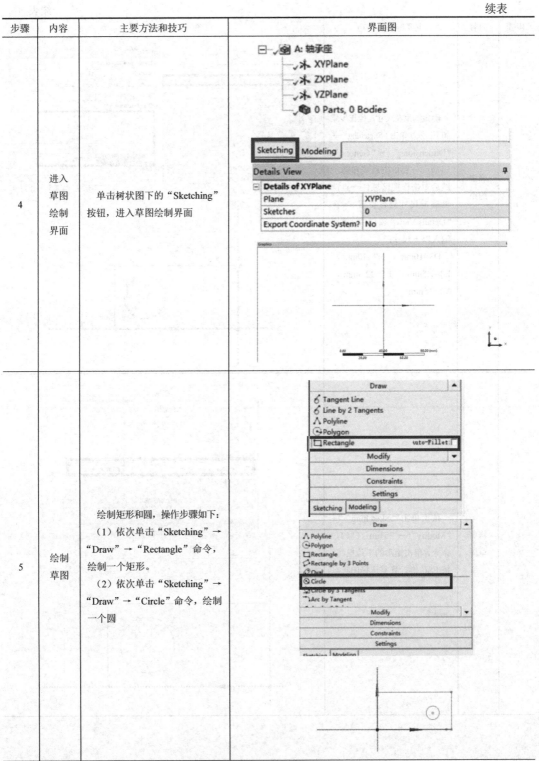
5	绘制草图	绘制矩形和圆，操作步骤如下： （1）依次单击"Sketching"→"Draw"→"Rectangle"命令，绘制一个矩形。 （2）依次单击"Sketching"→"Draw"→"Circle"命令，绘制一个圆	

续表

步骤	内容	主要方法和技巧	界面图
6	确定约束及尺寸	确定约束及尺寸，操作步骤如下：依次单击"Sketching"→"Dimensions"→"General"选项；分别单击直线和圆，然后单击作图区域任一点，以确定尺寸放置位置。 在"Details View"窗口中，依次输入以下尺寸： D3=10mm， H2=30mm，L4=7.5mm， L5=22.5mm，V1=15mm	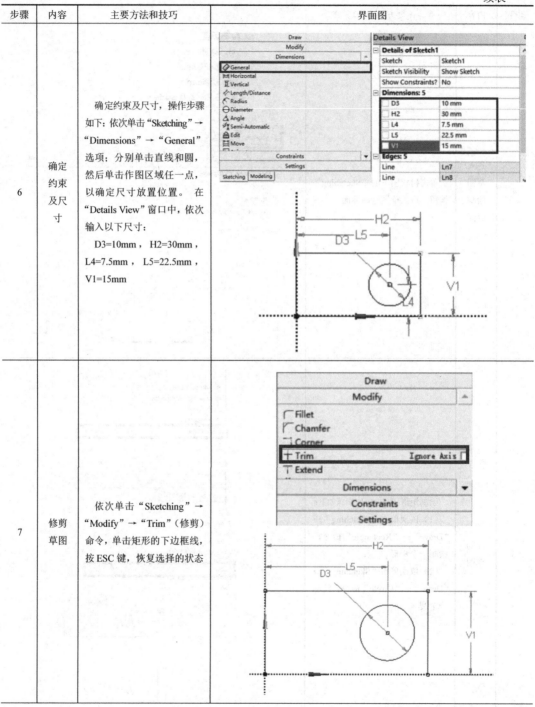
7	修剪草图	依次单击"Sketching"→"Modify"→"Trim"（修剪）命令，单击矩形的下边框线，按 ESC 键，恢复选择的状态	

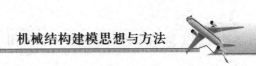

续表

步骤	内容	主要方法和技巧	界面图
8	复制粘贴	（1）依次单击"Sketching"→"Modify"→"Copy"（复制）命令，选择剩余的线（黄色表示已选中）。 （2）依次单击"Sketching"→"Modify"→"Paste"（粘贴）命令，然后单击右键，选择"Flip Vertical"（垂直翻转）选项	
9	拉伸草图	把草图拉伸成轴承基座三维模型，操作步骤如下： 依次单击"Modeling"→"Extrude"命令，修改拉伸长度，把"Depth"值设为10mm，单击"Generate"命令，生成轴承基座的三维模型	

步骤	内容	主要方法和技巧	界面图
10	绘制支架草图	（1）依次单击"Modeling"→"New Plane"→"Plane4"命令，在属性栏中，选择"ZXPlane"作为"Base Plane"（基准平面）。 （2）在"Transform1"中，选择"Offset Z"选项，把偏移值设为15。 （3）单击"Generate"命令，生成平面"Plane 4"。 （4）单击"New Sketch"命令，在平面"Plane 4"下面出现"Sketch2"菜单。 （5）单击"Look At"图标，显示当前视图。 （6）绘制草图，标注尺寸	Draw / Modify / Dimensions / General / Horizontal / Vertical / Length/Distance / Radius / Constraints / Settings / Sketching / Modeling Details View Details of Sketch2 Sketch — Sketch2 Sketch Visibility — Show Sketch Show Constraints? — No Dimensions: 3 H3 — 17 mm R5 — 7.5 mm V4 — 10 mm
11	绘制支架三维模型	依次单击"Modeling"→"Extrude"命令，修改拉伸长度，把"Depth"值设为5mm；单击"Generate"命令，生成支架的三维模型。 在拉伸过程中，要注意拉伸的方向。若拉伸的方向不对，则要修改"Direction"对应的选项，即选择"Reversed"选项	Details of Extrude2 Extrude — Extrude2 Geometry — Sketch2 Operation — Add Material Direction Vector — None (Normal) Direction — Reversed Extent Type — Fixed FD1, Depth (>0) — 5 mm As Thin/Surface? — No Merge Topology? — Yes Geometry Selection: 1 Sketch — Sketch2

续表

步骤	内容	主要方法和技巧	界面图
12	绘制筋板基准面	（1）单击"Modeling"→"New Plane"选项，在"Plane5"属性栏中，对"Type"选择"From Face"选项，在图形中选择支架侧面作为绘图平面。 （2）单击"Generate"命令，生成平面"Plane 6"。 （3）单击"New Sketch"命令，在平面"Plane 6"下面出现"Sketch4"菜单	
13	绘制筋板草图	依次单击"Sketch"→"Draw"→"Rectangle"选项，在工具栏单击"Look At"图标，绘制草图	
14	绘制筋板的三维模型	依次单击"Modeling"→"Extrude"命令，修改拉伸长度，把"Depth"值设为1.5mm，单击"Generate"命令，生成筋板的三维模型。 在拉伸过程中，要注意拉伸的方向。若拉伸的方向不对，则要修改"Direction"对应的选项，即选择"Reversed"选项	

步骤	内容	主要方法和技巧	界面图
15	镜像轴承座模型	（1）依次单击"Create"→"Body Transformation"→"Mirror"命令。 （2）选择所有图元，并指定"YZPlane"为镜像对称面。 （3）单击"Generate"命令，生成完整的轴基底座三维模型	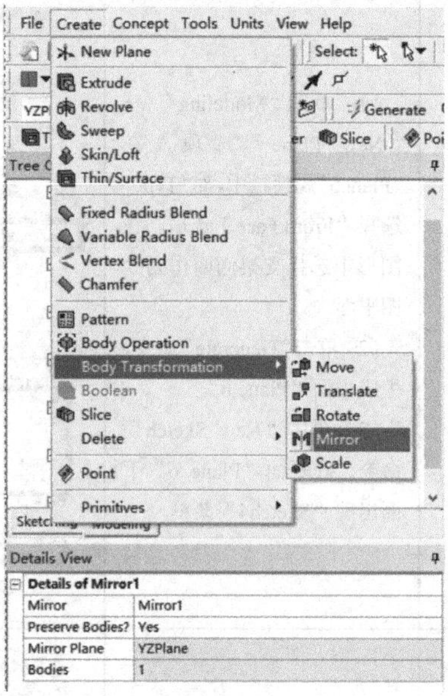 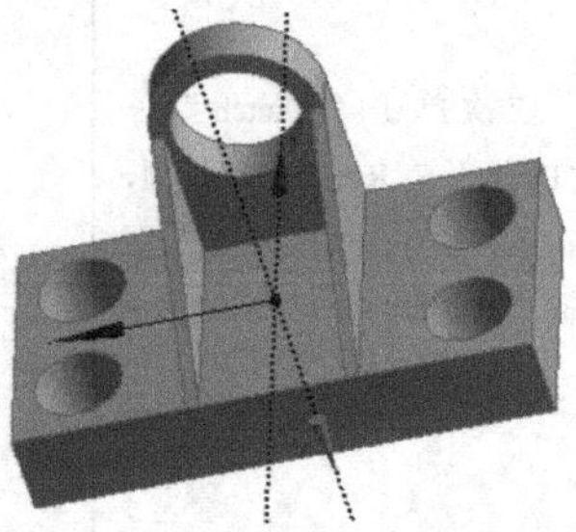

2.3.2 模型的导入与修复实例——利用 ANSYS SCDM 简化和修复涡轮外壳模型

有限元分析所需的几何模型并不是一般意义上的 CAD 三维模型，而是需要根据不同的结构类型进行相应的处理和准备工作。在完成 Geometry 单元格的属性设置后，一般需借助 ANSYS Workbench 提供的几何组件为仿真分析准备几何模型。

对于实体结构，可以直接将 CAD 系统中创建的几何模型，导入 Mechanical 组件中进行网格划分。但是，需要通过 ANSYS DM 或 ANSYS SCDM 对几何模型进行必要的修复、编辑、简化等操作，需要处理的几何模型问题大致有如下 5 种情况：

（1）模型在转换过程中丢失信息。在通过 CAD 系统的接口导入原始几何模型的过程中，或者在通过中转格式进行多次转换的过程中，可能造成几何模型信息的丢失，引起几何形状的不连续等问题。有时需要修补几何模型中缺失的表面，如图 2-35 所示。

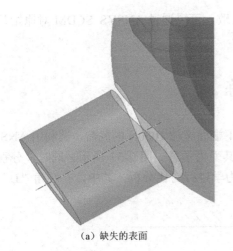
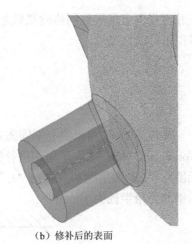

（a）缺失的表面　　　　　　　　　　　　　（b）修补后的表面

图 2-35　修补几何模型中缺失的表面

（2）几何模型的质量较差。原始三维几何模型的质量较差，如存在大量碎面、短线段等。对这些问题，建议在几何模型层面进行处理完成；否则，在 Mechanical 组件中，划分网格之前还需要通过创建虚拟拓扑等方式进行处理。如果不处理此类问题，会造成网格质量很差，甚至影响计算结果。修补几何模型中的碎面如图 2-36 所示。

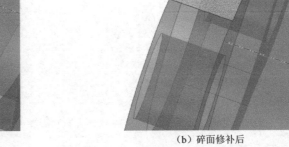

（a）碎面修补前　　　　　　　　　　　　　（b）碎面修补后

图 2-36　修补几何模型中的碎面

（3）几何模型细节过多。在原始几何模型中，可能存在分析中不需要的细节特征，如表面凸起、商标图案、非应力集中区域的圆角等。这些细节特征如果不清除，也同样会造成不良的网格质量，进而影响计算结果。

（4）几何模型里存在分析中不需要的部件。当原始几何模型中存在大量分析中不需要的部件时，可以通过 ANSYS DM 或 ANSYS SCDM 进行删除。

（5）几何模型需要简化。原始几何模型中存在扫描或拟合形成的复杂曲面等情况，这

些几何模型可能导致网格质量较差或网格划分失败，可以通过 ANSYS SCDM 对原始几何模型进行简化处理。

课 后 练 习

　　某块 "L" 形角钢的上端面固定，同时在其下端面施加 1000N 的载荷，试利用 ANSYS Workbench 对该 "L" 形角钢进行静力学分析，其受力示意如图 2-37 所示。同时，分别对无圆角 "L" 形角钢和有圆角 "L" 形角钢的静力学进行对比分析。其中，有圆角 "L" 形角钢的圆角半径为 10mm。

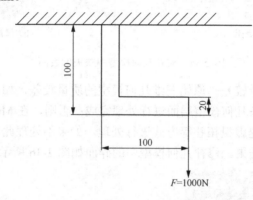

图 2-37　"L" 形角钢受力示意

第3章 几何模型离散化——网格划分

教学目标

了解模型离散化的过程，了解网格划分常用的单元类型及特点，熟悉 ANSYS Workbench 网格划分的功能和网格控制方法，掌握网格无关解和网格质量检查的相关知识点。

教学要求

能力目标	知识要点	权重	自测分数
了解网格划分常用的单元类型及特点	简述结构离散化的思想，讲解常用单元的种类、特征及其适用范围	10%	
熟悉网格划分的功能，学会对实体模型进行网格划分	通过对"T"形角钢实体结构的网格划分，使读者了解全局网格控制和局部网格控制的方法	40%	
理解网格无关解的判定条件，掌握实际工程问题的分析流程	通过"T"形角钢在不同单元尺寸下的计算结果对比，引入网格无关解的判定条件	30%	
理解单元类型对分析结果的影响，掌握网格质量检查的方法	使用四面体和六面体分别对"T"形角钢进行网格划分并对比结果，讲解单元类型对分析结果的影响；通过讲解网格质量评价指标，使读者了解网格质量检查方法	20%	

引例

本章节以"T"形角钢的网格划分为例，讲解 ANSYS Workbench 中的网格划分的操作方法，并且通过实例介绍常用的全局网格控制和局部网格控制的主要方法。在此基础上，针对初入行工程人员比较关注的几个问题，讨论"T"形角钢在不同单元尺寸下的计算结果并引入网格无关解的现象及判定条件；通过对比四面体和六面体单元的划分效果，讨论不同单元类型对计算结果的影响；通过讲解网格质量评价指标，说明网格质量检查的常用方法。本章内容侧重讲授网格划分思路，培养读者实际解决工程问题的能力。

3.1 结构离散化及单元类型

有限元法的基本思想是把一个连续域离散化为有限个单元，并且通过有限个节点连接成等效集合体。因此，有限元法的第一步就是结构的离散化。在结构离散化的过程中，单元的形状随所选模型的不同而不同。例如，在分析平面问题时，单元可以是三角形、矩形或四边形等；各个单元的大小可以不同，排列方式也没有严格的要求。但在着手分析具体问题时，必须根据模型的具体结构，选择适合的单元进行离散化，并且确定单元的数量、类型、大小和分布。

对一个给定的物体，往往需要依靠工程人员的判断力选择适合的单元进行离散化。一般情况下，单元类型的选择取决于物体的几何形状及描述系统所需的独立空间坐标轴数。通常按照描述单元所用空间坐标轴数的不同，将单元分为一维单元、二维单元和三维单元，三者分别对应 ANSYS Workbench 几何模型中的线体、面体和三维实体。

如果模型的几何形状、材料特性等仅需一个空间坐标轴就能描述，就可以选用图 3-1 所示的常用一维单元进行网格划分。虽然是一维单元，但是在 ANSYS Workbench 中，可以对一维线体模型进行横截面的定义。

1 —————————— 2

图 3-1 常用一维单元

如果在实际应用中需要两个空间坐标轴来描述模型，可选用二维单元进行网格划分。常用二维单元有三角形、矩形、不规则四边形、平行四边形等，如图 3-2 所示。其中，三角形为二维基本单元，虽然四边形可由三角形拼凑出来，但在很多情况下使用四边形单元仍有许多好处。

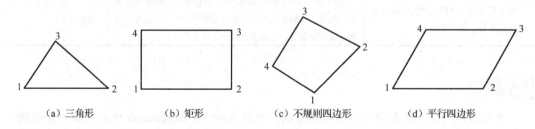

(a) 三角形　　　　(b) 矩形　　　　(c) 不规则四边形　　　　(d) 平行四边形

图 3-2 常用二维单元

如果要用三个空间坐标轴来描述模型，可选用三维单元进行网格划分。常用三维单元有四面体、棱锥、棱柱、六面体等，如图 3-3 所示。其中，四面体为三维基本单元，六面体单元的优点很多，而棱柱、棱锥是四面体和六面体之间的过渡单元。

在实际情况中，物体模型往往会存在曲边和曲面的情况，但从上述所介绍的单元形状看，所有单元的棱或边都为直线，这给仿真模拟带来了问题。例如，如果单元尺寸不够小，就会使有限元模型与实际模型产生较大偏差；如果单元尺寸小到满足精度要求，就会使单元数量陡增，造成计算量大大增加。因此，引入棱或边为曲线的单元，能更好地解决此类问题。

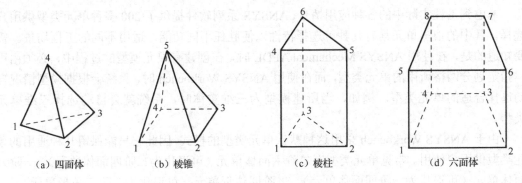

(a) 四面体　　　　(b) 棱锥　　　　(c) 棱柱　　　　(d) 六面体

图 3-3　常用三维单元

可以根据单元的形函数复杂程度，把单元分为线性单元（一阶单元）和高阶单元，所有直边单元都称为线性单元，相对应的曲边单元称为高阶单元。图 3-4 所示为常用高阶单元，可以直观地看出，相对线性单元而言，高阶单元在棱或边上都增加了中间节点。通过改变单元阶次，可以使单元拟合出适合模型的曲边，但过高的阶次也使得计算更为复杂。因此，在 ANSYS Workbench 的实际应用中，通常只能选择线性单元和二阶单元的选项。

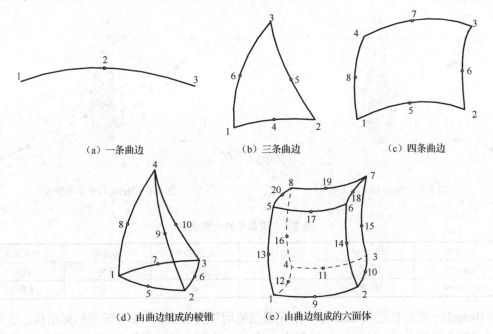

(a) 一条曲边　　　　(b) 三条曲边　　　　(c) 四条曲边

(d) 由曲边组成的棱锥　　　　(e) 由曲边组成的六面体

图 3-4　常用高阶单元

3.2　单元特征及其应用范围

考虑到工程实际中的各种应用情景,ANSYS 系列软件提供了 200 多种单元类型供用户选择。其中的很多单元具有几种可选择特性以便胜任不同功能,适用不同的工程场景。需要知道的是,在使用 ANSYS Mechanical APDL 时,在创建有限元模型的过程中,必须由用户指定划分网格所用的单元类型,而在使用 ANSYS Workbench 时,系统会根据模型情况自动选择合适的单元类型。例如,当所建模型为三维实体时,系统就会自动选择三维单元类型。

由于 ANSYS Workbench 采用这种默认单元类型的模式,因此它只能保留几种通用的单元类型供用户使用。常见单元类型有二阶六面体单元(可退化为二阶四面体单元)、一阶六面体单元(可退化为一阶四面体单元)、二阶四边形单元(可退化为二阶三角形单元)、一阶四边形单元(可退化为一阶三角形单元)、二阶梁单元和一阶梁单元。下面对系统默认的单元类型做简要介绍,帮助用户更好地理解 ANSYS Workbench 的有限元计算过程。

3.2.1　梁单元

Beam188 单元模型和 Beam189 的单元模型分别如图 3-5 和图 3-6 所示,梁单元的主要信息见表 3-1。

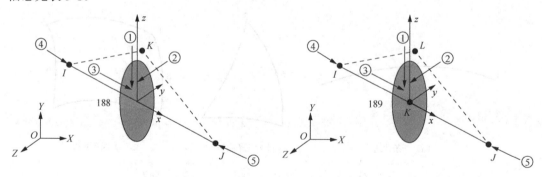

图 3-5　Beam188 单元模型　　　　　　　　　图 3-6　Beam189 单元模型

表 3-1　梁单元的主要信息

单元类型	单元形状	节点数目/个	自由度/个	形函数	单元状态
Beam188	3D 梁	2	6	线性	默认
Beam189	3D 梁	3	6	二阶	非默认

Beam188 单元模型和 Beam189 单元模型适用于分析细长、中等长度的梁结构。这类单元基于铁木辛柯(Timoshenko)梁理论,其中包括剪切变形效应,考虑剪切变形对挠度的影响。这类单元为横截面的无限制翘曲和约束翘曲提供了选项。

Beam188 单元模型和 Beam189 单元模型在使用默认设置时,每个节点都会出现 6 个自由度,其中包括沿 X,Y 和 Z 轴方向的平移以及围绕 x,y 和 z 轴方向的旋转。第 7 个自由度（翘曲幅度）为可选状态。Beam188 单元模型和 Beam189 单元模型非常适合线性、大旋转或大应变非线性应用。

3.2.2 壳单元

Shell181 单元模型和 Shell281 单元模型分别如图 3-7 和图 3-8 所示，壳单元的主要信息见表 3-2。

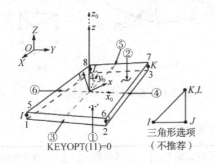

图 3-7 Shell181 单元模型

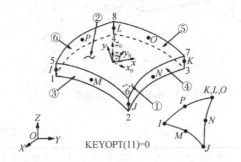

图 3-8 Shell281 单元模型

表 3-2 壳单元的主要信息

单元类型	单元形状	节点数目/个	自由度/个	形函数	单元状态
Shell181	壳单元	4	6	线性	默认
Shell281	壳单元	8	6	二阶	非默认

Shell181 单元模型和 Shell281 单元模型适用于分析较薄和中等厚度的壳结构。每个节点都具有 6 个自由度：沿 X，Y 和 Z 轴方向的平移以及围绕 X，Y 和 Z 轴的旋转。若使用 "Membrane Option"（膜选项），则元素仅具有平移自由度。退化三角形选项只能用于网格生成中的单元填充。

Shell181 单元模型和 Shell281 单元模型非常适合线性、大旋转或大应变非线性应用。在非线性分析中考虑了壳厚度的变化。

Shell181 单元模型和 Shell281 单元模型还可用于分层应用程序，以便对复合材料壳或"三明治"结构进行建模。复合材料壳的建模精度受一阶剪切变形理论（通常称为 Mindlin-Reissner 壳理论）支配。

3.2.3 实体单元

Solid185 单元模型和 Solid186 的单元模型分别如图 3-9 和图 3-10 所示，实体单元的主要信息见表 3-3。

Solid185 单元模型和 Solid186 单元模型的每个节点上都具有三个自由度：节点沿 X，Y 和 Z 轴方向的平移。这类单元具有可塑性、超弹性、应力刚度、蠕变、大挠度和大应变能力，可以用于模拟近乎不可压缩的弹/塑性材料变形和完全不可压缩的超弹性材料的变形。

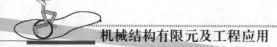
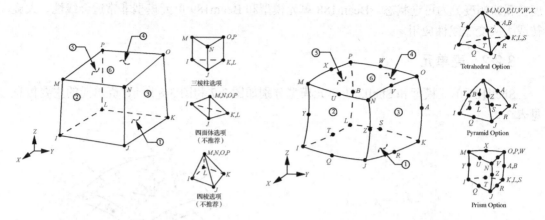

图 3-9　Solid185 单元模型　　　　　图 3-10　Solid186 单元模型

表 3-3　实体单元的主要信息

单元类型	单元形状	节点数目/个	节点自由度/个	形函数	单元状态
Solid185	实体单元	8	3	线性	非默认
Solid186	实体单元	20	3	二阶	默认

　　Solid185 单元模型适用于对通用三维实体结构进行建模。在不规则区域使用时，它会导致棱柱、四面体和棱锥退化。Solid186 单元模型非常适用于对不规则网格进行建模（如由各种 CAD/CAM 系统生成的模型）。相对而言，由 Solid185 单元模型、Solid186 单元模型退化成的棱柱、棱锥属于精度最差的一类网格。因此，除非必要，在系统进行网格划分时基本不会出现此类网格。

> **特别提示**
>
> 　　在解决实际工程问题时，往往会出现研究对象为薄壁结构的情况。在这种情况下进行有限元分析，究竟应该选用壳单元还是实体单元？事实上，行业内普遍的看法是优先选用壳单元。壳单元和梁单元本质上是实体单元的简化，因此使用壳单元可以减少计算量。而在使用实体单元计算时，计算量会大大增加。当薄壁结构承受弯矩时，其在厚度上的单元层数如果太少，便会使计算结果的误差增大。因此，得出了对薄壁结构优先使用壳单元的结论。
>
> 　　以上观点是没问题的。但是必须明确一点，在处理薄壁结构时壳单元并不是优于实体单元的。如果采用实体划分的网格质量很好，在排除计算量大小影响的前提下，实体单元的精度其实是优于壳单元的。相对以前而言，现在计算机的处理能力已经大幅度增加，实体建模有时会更加方便省时，并且更接近实际结构。如果工程人员在建模阶段采用实体建模比采用面体建模节省了大量时间，同时所用计算机也能在计划时间完成计算过程，那么完全能够选用实体单元进行分析计算。因此，工程人员要培养针对具体问题灵活采用合适方法的能力。

3.3 网格划分控制

网格划分是利用有限元分析具体问题的重要环节，网格质量的好坏直接影响有限元模型的质量，进而影响分析结果的精确度。本节以具体问题为例，介绍在结构分析时常用的网格划分方法及网格质量的控制技巧。

问题描述：如图 3-11 所示，把"T"形角钢中间的端面固定，在其左右两个端面分别施加 3000N 的载荷。"T"形角钢实体模型如 3-12 所示，其中倒圆角的半径为 2.54mm。根据上述条件，分析"T"形角钢的应力状态。

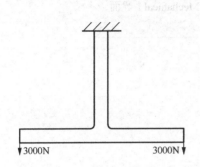

图 3-11 "T"形角钢截面图

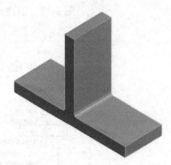

图 3-12 "T"形角钢实体模型

问题分析：从上述问题的描述可知，此例为静力学分析，因此选择 ANSYS Workbench 分析系统（Analysis Systems）类型中的结构静力学分析（Static Structural）进行计算。为了在计算时保留模型的一些特征，同时也为了方便后续章节进一步深入讨论网格划分问题，此次分析采用实体建模，因此在进行网格划分时所使用的单元类型是实体单元。

3.3.1 全局网格划分控制

在 ANSYS Workbench 中进行网格划分时所使用的组件是"Mesh"，结构静力学分析（Static Structural）项目中已经集成"Mesh"组件。打开网格划分界面的具体操作步骤如下：打开 ANSYS Workbench 软件，在"Toolbox"项目栏的"Analysis Systems"分支下，双击"Static Structural"选项（或按住鼠标左键拖动），在右侧"Project Schematic"区域就会生成"Static Structural"分析项目，如图 3-13 所示。在分析项目中用右键单击"Geometry"选项，导入实体模型；双击"Model"选项，或者用右键单击"Model"选项，在弹出的快捷菜单中选择"Edit"选项，即可打开【Mechanical】界面。

进入【Mechanical】界面后，在其左侧的"Outline"区域显示分析项目的目录，如图 3-14 中的上部分所示。单击"Mesh"目录，在其下方弹出【Details of "Mesh"】界面，其中包含用于控制网格划分的一系列参数设置选项，如 Display（网格显示）、Defaults（默认设置）、Sizing（尺寸控制）、Quality（网格质量）、Inflation（膨胀控制）、Advanced（高级控制）、Statistics（网格信息）等，如图 3-14 中的上部分所示。下面对各主要参数做简要介绍。

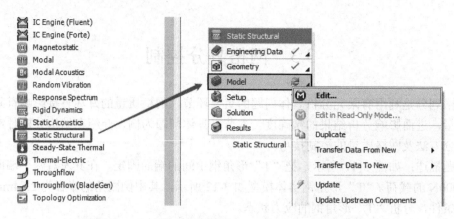

图 3-13 创建分析项目和打开【Mechanical】界面

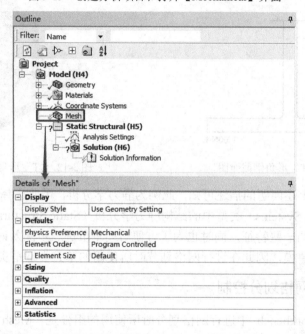

图 3-14 "Outline"区域显示的分析项目的目录和【Details of "Mesh"】界面

1. "Display"（网格显示）参数选项

该选项下有"Display Style"（网格显示样式）参数子选项，其下拉菜单如图 3-15 所示。此属性允许用户根据不同的理论准则，在图形显示窗口中更改网格的显示模式。在选中一项后，系统会按照选中准则计算出每个有限元网格在此准则下的指标数值，并且以相应的图例颜色在每个单元上进行显示。"Display Style"的下拉菜单包括以下内容。

（1）"Use Geometry Setting"：默认设置，网格的显示基于几何模型的属性设置。

（2）"Element Quality"：单元质量。

（3）"Aspect Ratio"：纵横比。

（4）"Jacobian Ratio"：雅可比比率。

（5）"Warping Factor"：翘曲因子。

（6）"Parallel Deviation"：平行偏差。

（7）"Maximum Corner Angle"：最大顶角。

（8）"Skewness"：倾斜度。

（9）"Orthogonal Quality"：正交质量。

（10）"Characteristic Length"：特征长度。

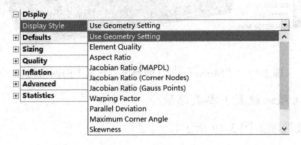

图 3-15 "Display Style"（网格显示样式）的下拉菜单

图 3-16 是一个有孔板的实体模型，以此为例说明"Display Style"的功能。在导入模型后，双击打开【Mechanical】界面。保持所有参数的默认设置，用右键单击"Mesh"目录下的"Generate Mesh"选项，开始划分并生成网格，如图 3-17 所示。然后，在【Details of "Mesh"】界面中，对"Display Style"选择"Skewness"（倾斜度）选项，得到如图 3-18 所示的网格指标。

图 3-16 有孔板的实体模型

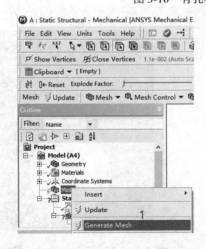

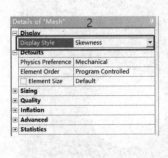

图 3-17 网格划分

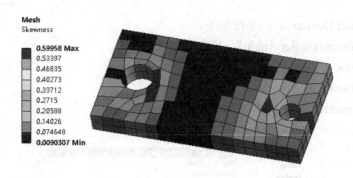

图 3-18　"Skewness"（倾斜度）选项下的网格指标

2. "Defaults"（默认设置）参数选项

"Defaults"参数选项如图 3-19 所示。

Defaults	
Physics Preference	Mechanical
Element Order	Program Controlled
☐ Element Size	Default

图 3-19　"Defaults"参数选项

（1）"Physics Preference"：物理场设置选项，用户可根据分析需求选择下述学科领域：Mechanical（力学）、Nonlinear Mechanical （非线性力学）、Electromagnetics（电磁学）、CFD（计算流体动力学）、Explicit（显示求解）、Hydrodynamics（流体动力学）。

（2）"Element Order"：单元阶次，可选项有 Program Controlled（程序控制）、Linear（线性单元）或 Quadratic（二次单元）。在相同单元尺寸下，二次单元比线性单元能够更好地适应模型的曲边或曲面。图 3-20 和图 3-21 分别为有孔板的线性单元组成的网格和二次单元组成的网格，可以看出圆孔附近网格的对比结果。需要注意的是，高阶次单元相对线性单元的计算量大大增加。若非特殊要求，可以选择程序默认的"Program Controlled"选项，由系统决定单元阶次的选择。

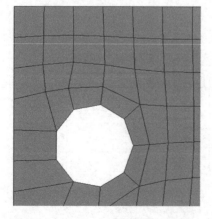

图 3-20　有孔板的线性单元组成的网格

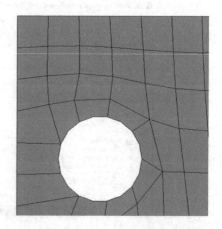

图 3-21　有孔板的二次单元组成的网格

（3）"Element Size"：单元尺寸。可在其后的文本框中输入单元的具体尺寸，输入数据时，注意当前所选择的单位制。若不进行设置，则系统将自动确定单元尺寸。

3. "Sizing"（尺寸控制）参数选项

"Sizing"参数选项如图 3-22 所示，主要参数的意义及用法简述如下。

Sizing	
Use Adaptive Sizi...	Yes
Resolution	2
Mesh Defeaturing	Yes
☐ Defeature Size	Default
Transition	Fast
Span Angle Center	Coarse
Initial Size Seed	Assembly
Bounding Box Di...	149.67 mm
Average Surface ...	1643.2 mm²
Minimum Edge L...	0.49873 mm

图 3-22 "Sizing"参数选项

（1）"Use Adaptive Sizing"（使用自适应尺寸）：自适应尺寸是一种基于二维曲率和基于接近度的优化方法，该方法基于二维曲率和接近度优化边缘，但不会沿面传播经过优化的网格。它可与"Resolution""Span Angle Center""Transition"配合使用，并且经常被作为一种可以减少总单元数的方法在捕获模型的每条边时使用。

（2）"Resolution"（分辨率）：当"Use Adaptive Sizing"设为"Yes"时可用，分辨率控制网格的分布。默认设为"Program Controlled"。可以设置的值的范围是 0～7，代表网格分辨率从粗略到精细。

（3）"Mesh Defeaturing"（网格特征消除）：使用网格特征消除控件可以启用和禁用特征消除。当"Mesh Defeaturing"设为"Yes"（默认）时，小于或等于"Defeature Size"值的特征将被自动删除。

（4）"Defeature Size"（网格消除尺寸）：输入一个正值，以设置网格消除的容许值。不输入数值或者输入 0，都会被当作以默认值设置。

（5）"Transition"（过渡）：若把"Use Adaptive Sizing"设为"Yes"，则"Transition"会影响相邻单元的增长速率。对该项参数，若选择"Slow"（慢速），则产生平滑的网格过渡；若选择"Fast"（快速），则产生更突然的网格过渡。

（6）"Span Angle Center"（跨度中心距）：用来设定基于边细化的曲度目标。控制网格在弯曲区域的细分程度，直到单独单元跨越这个角，包括"Coarse"（粗糙：60°～91°）、"Medium"（中等：24°～75°）、"Fine"（精细：12°～36°）3 个选项。图 3-23 和图 3-24 为对有孔板的"跨度中心距"分别选择"Coarse"和"Fine"选项时圆孔附近的网格，对比结果很明显。

（7）"Initial Size Seed"（初始尺寸种子）：用来控制每个零件的初始网格大小，若已定义单元尺寸，则此功能会被忽略。"Assembly"选项为默认值，基于这个设置，初始尺寸种子被放入装配组件。初始网格大小不会受到零件状态（抑制或活动的）的影响。若选择"Part"选项，则在划分网格时初始尺寸种子建立在每个独立的零件上，并且网格不会因零件受抑制而改变。

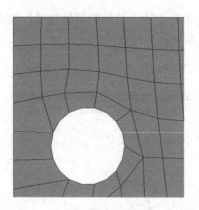

图 3-23　对"跨度中心距"选择"Coarse"选项时
圆孔附近的网格

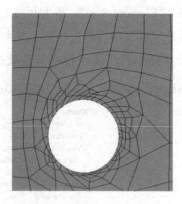

图 3-24　对"跨度中心距"选择"Fine"选项时
圆孔附近的网格

　　图 3-25 和图 3-26 为对初始尺寸种子分别选择"Assembly"（基于组件）和"Part"（基于部件）选项时装配体的网格划分效果，前者划分节点数为 13096 个，后者划分节点数为 8786 个。基于组件时，各个零件的网格划分较为统一；基于部件时，各个零件网格划分不太统一。选择基于组件，可对某些零件的网格进行细化，因此网格数量较大。

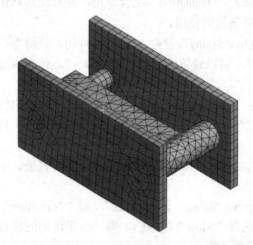

图 3-25　选择"Assembly"选项时的网格划分效果

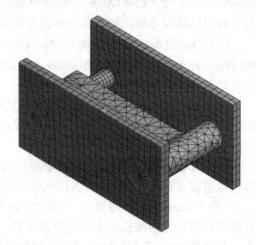

图 3-26　选择"Part"选项时的网格划分效果

　　4. "Quality"（网格质量）参数选项

　　"Quality"参数选项如图 3-27 所示。

Quality	
Check Mesh Qual...	Yes, Errors
Error Limits	Standard Mechanical
☐ Target Quality	Default (0.050000)
Smoothing	Medium
Mesh Metric	None

图 3-27　"Quality"参数选项

（1）"Check Mesh Quality"（检查网格质量）：确定软件在错误和警告限值方面的行为，可选项如下。

① "Yes，Errors"：如果网格划分算法无法生成满足错误限值要求的网格，就会显示一条错误消息，并且网格划分失败。

② "Yes，Errors and Warnings"：如果网格划分算法无法生成满足错误限值要求的网格，就会显示一条错误消息，并且网格划分失败。此外，如果网格划分算法无法生成满足警告（目标）限值的网格，就会显示警告消息。

③ "No"：网格质量检查是在网格化过程中的各个阶段进行的，例如，在表面网格化之后，在体积网格化之前。选择"No"设置，会关闭大多数网格质量检查，但仍会进行一些最小限度的网格质量检查。此外，即使选择"No"设置，目标质量指标仍将用于改善网格。"No"选项用于故障排除，应谨慎使用，因为它可能导致求解器故障或错误的求解结果。

（2）"Error Limits"（错误限值）：可简单地理解为网格划分最低质量标准，低于此标准，网格划分就会失败。在"Mechanical"分析项目中，可选项如下。

① "Standard Mechanical"：这些错误限值已被证明对线性、模态、应力和热问题有效。

② "Aggressive Mechanical"：这些错误限值比"Standard Mechanical"的错误限值更有限制性，可能会产生更多的网格，更频繁的网格划分失败，并且花费更长的时间进行网格划分。

③ "Target Quality"（目标质量）：此参数允许用户设置希望网格所满足的目标单元质量，输入介于 0（较低质量）和 1（较高质量）之间的值。默认值为 0.05。

注意：仅 Patch Conforming Tetra 网格方法支持"Target Quality"设置。

④ "Smoothing"（平滑）：此设置以关注区域附近节点和单元为参考，尝试通过移动节点的位置改善单元质量。"Low"、"Medium"或"High"选项用于控制平滑迭代的次数，网格划分器通过阈值指标开始平滑。

⑤ "Mesh Metric"（网格质量指标）：通过网格质量指标选项可以查看网格划分指标信息，从而评估网格质量。生成网格后，用户可以选择查看下拉菜单中任何网格划分指标的信息，各个指标解释见 3.6 节。

5. "Inflation"（膨胀控制）参数选项

在 CFD 分析中，经常需要对边界层进行细化处理，此时就可以用到膨胀控制方法。但这不代表膨胀控制只能用于 CFD，它也可以用于处理力学分析问题，比如结构应力集中问题。"Inflation"处理的网格包含六面体和楔形体。"Inflation"主要参数选项如图 3-28 所示。

Inflation	
Use Automatic In...	None
Inflation Option	Smooth Transition
Transition Ratio	0.272
Maximum Lay...	5
Growth Rate	1.2
Inflation Algorithm	Pre
View Advanced O...	No

图 3-28　"Inflation"主要参数选项

（1）"Inflation Option"（膨胀选项）：确定膨胀层的高度。可选项如下。

① "Smooth Transition"（平滑过渡）：该选项为默认设置。该选项使用局部四面体单元大小计算每个局部的初始高度和总高度，使体积变化率平稳。每个需要膨胀的三角形都将具有一个初始高度，该高度是相对于其面积计算得出的，在节点处取平均值。这意味着，对于均匀的网格，初始高度将大致相同，而对于变化的网格，初始高度将有所不同。

② "Total Thickness"（总厚度）：该选项使用"Number of Layers"（层数）和"Growth Rate"（增长率）控件的值创建恒定的膨胀层，以获取由"Maximum Thickness"（最大厚度）控件的值定义的总厚度。与使用"Smooth Transition"选项不同，在"Total Thickness"选项中，第一个膨胀层和随后的每个层的厚度都是恒定的。

③ "First Layer Thickness"（第一层厚度）：该选项使用"First Layer Height"（第一层高度）、"Maximum Layers"（最大层数）和"Growth Rate"（增长率）控件的值创建恒定的膨胀层，以生成膨胀网格。与使用"Smooth Transition"选项不同，在"First Layer Thickness"选项中，第一膨胀层和随后的每个层的厚度都是恒定的。

④ "First Aspect Ratio"（第一长宽比）：该选项使用"First Aspect Ratio"（第一长宽比）、"Maximum Layers"和"Growth Rate"控件的值创建膨胀层，以生成膨胀网格。

⑤ "Last Aspect Ratio"（最后一个长宽比）：该选项使用"First Layer Height"、"Maximum Layers"和"Aspect Ratio（Base/Height）"（长宽比）控件的值创建膨胀层，以生成膨胀网格。

（2）"Inflation Algorithm"（膨胀算法）：可选择的算法有"Pre"和"Post"。

① 当选择"Pre"时，将首先对表面网格进行膨胀，然后生成其余的体网格。这是所有分析类型的默认设置。

② 当选择"Post"时，将使用在生成四面体网格后起作用的后处理技术。此选项的好处是不需要在每次更改膨胀选项时都生成四面体网格。

6. "Advanced"（高级控制）参数选项

"Advanced"（高级控制）参数选项如图 3-29 所示，主要参数介绍如下。

Advanced	
Number of CPUs ...	Program Controlled
Straight Sided Ele...	No
Number of Retries	Default (4)
Rigid Body Behav...	Dimensionally Reduced
Triangle Surface ...	Program Controlled
Topology Checking	Yes
Pinch Tolerance	Please Define
Generate Pinch o...	No

图 3-29 "Advanced"（高级控制）参数选项

（1）"Number of CPUs for Parallel Part Meshing"：用于设置并行零件网格划分的处理器数量。使用默认值指定多个处理器，将增强具有多个零件的几何体的网格划分性能。默认选项为"程序控制"或"0"。

（2）"Straight Sided Elements"（直边单元）：当把该选项设为"Yes"时，将单元划分为直边。当单元阶次设为二次时，此设置可能会影响单元中间节点的位置。如果关注模型的曲面位置，建议将单元阶次设为二次，然后把此选项设为"No"。

（3）"Number of Retries"（重划次数）：如果因网格质量差而导致网格划分失败，那么网格划分器将尝试重新划分网格的次数。每次重新划分时，网格划分器都会增加网格的细度，以努力获得良好的网格质量。网格可能包含比用户预期更多的单元。如果这不可接受，可减少重试次数。"Number of Retries"选项仅在"Use Adaptive Sizing"设为"Yes"时可用，预设值为4。

（4）"Rigid Body Behavior"（刚体行为）：该选项用于确定是否为刚体生成完整的网格，而不是为表面接触网格生成一个完整的网格。刚体行为适用于所有体网格。刚体行为的有效值为"Dimensionally Reduced"（仅生成表面接触网格）和"Full Mesh"（生成全网格）。除非把"Physics Preference"设为"Explicit"，否则，默认为"Dimensionally Reduced"。

（5）"Triangle Surface Mesher"（三角面网格划分器）：该选项用于确定在采用 Patch Conforming 法生成网格时使用的是哪种三角面网格划分策略。可选项如下。

① "Program Controlled"：该选项为默认设置。网格划分器基于各种因素（如表面类型、面拓扑和破裂的边界）确定是使用 Delaunay 三角化法还是使用波前推进算法。

② "Advancing Front"：网格划分器使用"Advancing Front"作为其主要算法，如果出现问题，就退回到"Delaunay 算法"。

（6）"Topology Checking"（拓扑检查）：如果把"Topology Checking"设为"Yes"（默认设置），那么软件将检查几何模型是否正确地关联了网格。如果关联不正确，那么对象的作用域范围将强制使网格失效。将需要重新生成网格以获得正确的关联；如果关联正确，那么在不对网格进行任何更改的情况下执行范围界定，并且网格将保持最新状态。把"Topology Checking"设为"No"，可以避免检查，并且始终使网格保持最新状态。

7. "Statistics"（网格信息）参数选项

"Statistics"（网格信息）参数选项如图 3-30 所示。网格划分完毕，节点和单元的数量会显示在参数对应的文本框中。

☐ Statistics		
☐ Nodes		
☐ Elements		

图 3-30 "Statistics"（网格信息）参数选项

用户在自行设置以上所述全局网格控制参数之前，用右键单击分析项目中的"Mesh"目录，在弹出的菜单中单击"Generate Mesh"选项，系统将会生成默认网格，如图 3-31 所示。一般而言，系统默认生成的网格是最粗糙的网格，用户可以修改前面所介绍的一些控制参数，以便更好地进行网格划分。

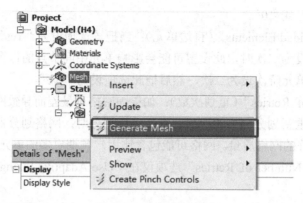

图 3-31　生成默认网格

3.3.2　"T"形角钢的全局网格划分控制

针对本章最初的静力学分析问题，采用 3.3.1 节所述方法，对"T"形角钢以默认参数进行网格划分，生成的网格如图 3-32 所示。由于所用模型整体上比较规则，系统默认网格中的大部分区域为六面体网格，但在"T"形角钢圆角附近区域可以看出，网格的形状不是很好。为了尽可能降低网格质量对计算结果造成的影响，把单元尺寸修改为 4mm，再次进行网格划分，生成的网格如图 3-33 所示。可以看出，通过缩小单元尺寸，增加单元数量，"T"形角钢圆角附近区域的网格质量得到了改善。

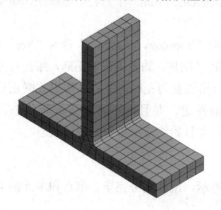

图 3-32　以默认参数生成的网格

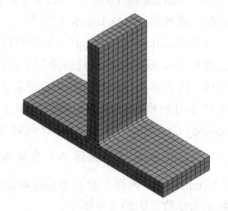

图 3-33　把单元尺寸修改为 4mm 后生成的网格

3.3.3　局部网格划分控制

从 3.3.2 节"T"形角钢的网格划分效果不难发现，通过缩小单元尺寸，能够改善模型某些局部网格质量，从而使有限元模型的计算结果更加贴近实际。现在分别把单元尺寸设为 4mm、3mm、2mm、1mm 和 0.5mm 进行网格划分，然后查看划分效果的节点和单元信息，绘制成图表，如图 3-34 所示。随着单元尺寸的不断缩小，理论上有限元模型会无限逼近实际模型，但随之也会产生一个无法绕开的问题：随着单元尺寸的减小，单元和节点数量会迅速增加，如图 3-34 所显示出来的网格节点信息。这意味着，由此产生的数学模型需要极其庞大的计算机资源进行有限元问题的求解，当数学模型过于庞大时，求解根本无法进行。

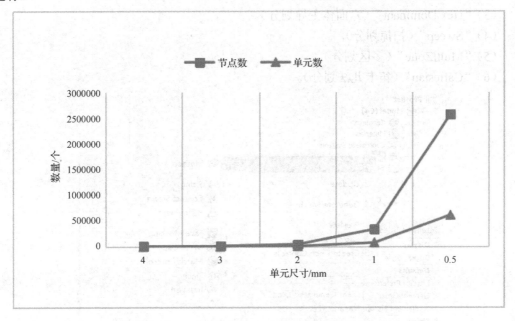

图 3-34　不同单元尺寸下"T"形角钢的网格节点信息

耗时耗力显然不是用户所追求的，那么，如何能够在不降低网格质量的情况下尽可能减少单元数和节点数呢？仍以 3.3.2 节所介绍的划分效果为例，从图 3-34 可以看出，网格质量较差的部位只出现在 "T"形角钢圆角附近，稍有经验的工程人员也能认识到此区域的应力状态是需要重点关注的。如果只更改圆角周围局部网格的尺寸，使其满足计算精度，而不改变其他区域网格的尺寸，就能在不明显增加计算机资源的情况下得到用户想要的结果，这就是局部网格划分控制的思路。ANSYS Workbench 提供了一些局部网格划分控制的方法，下面对比做简要介绍。

用右键单击项目树状结构下的"Mesh"目录，在弹出的菜单中单击"Insert"命令，在继续弹出的菜单中选择局部网格控件，操作步骤如图 3-35 所示。下面对常用局部网格控件做简要介绍。

1. "Method"（方法）控件

该控件仅对实体模型有效。默认选择的网格划分方法为自动网格划分。在默认情况下，该应用程序尝试把自动扫掠功能用于实体模型，将四边形元素用于曲面实体模型。如果实体模型不可扫掠，就使用四面体方法下的"Patch Conforming"网格划分器。

局部网格划分控制方法如图 3-36 所示，在"Scope"（控制范围）目录下可将"Scoping Method"设为"Geometry Selection"（几何选择）或"Named Selection"（命名选择）。当选择"Geometry Selection"时，"Geometry"项可以通过鼠标单击以实体方式选择界面右侧区域的模型。"Definition"（定义）目录下的"Method"可供选择的划分方法如下：

（1）"Automatic"（自动划分）。

（2）"Tetrahedrons"（四面体划分）。

（3）"Hex Dominant"（六面体主导划分）。

（4）"Sweep"（扫掠划分）。

（5）"MultiZone"（多区划分）。

（6）"Cartesian"（笛卡儿法划分）。

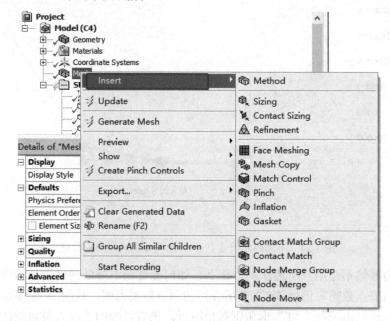

图 3-35　局部网格控制操作步骤

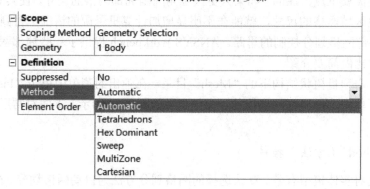

图 3-36　局部网格划分控制方法

2．"Sizing"（尺寸）控件

该控件以模型的局部为对象，控制局部网格的尺寸。局部网格对象选择及尺寸控制如图 3-37 所示。当对 "Definition" 目录下的 "Type" 选项选择默认设置的 "Element Size" 时，显示出可控制的参数（见图 3-37）。在图 3-37 中，"Geometry" 的选择对象包括线、面和体；"Element Size" 用于设置所选对象的网格划分尺寸；"Defeature Size" 的用法参考 3.3.1

节；"Behavior"的可选项有"Soft"和"Hard"，选择"Soft"时，网格划分要求较为宽松，单元尺寸会根据周围网格做过渡调整；选择"Hard"时，会使所选网格严格按照设定的尺寸划分，如果系统算法无法实现此设置，就可能导致网格划分失败。

Scope		
Scoping Method	Geometry Selection	
Geometry	Apply	Cancel
Definition		
Suppressed	No	
Type	Element Size	
☐ Element Size	Default (10.0 mm)	
Advanced		
☐ Defeature Size	Default	
Behavior	Soft	

图 3-37　局部网格对象选择及尺寸控制

　　下面仍以 3.3.2 节有孔板为模型，简述局部单元尺寸设置的方法。针对此模型进行分析时，一般来说圆孔附近的受力状态是需要关注的重点。为了保证计算精度，需要对此区域的网格进行细化，单元尺寸设置如图 3-38 所示。对"Geometry"选择圆内表面，即 1Face，把"Element Size"（单元尺寸）设为 0.2mm，细化后的网格如图 3-39 所示。从结果来看，圆孔周围的网格细化程度并不是很理想，主要原因是局部细化的仅仅是圆孔面上的平面单元尺寸，而非圆孔附近的四面体或六面体尺寸。

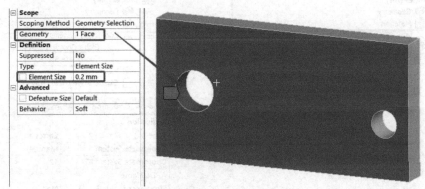

图 3-38　单元尺寸设置

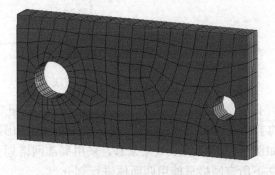

图 3-39　细化后的网格

当对"Definition"分支下的"Type"选择"Sphere of Influence"时，可控制的尺寸参数如图3-40所示。其中，"Sphere Radius"为区域的半径，"Element Size"为区域内的单元尺寸；"Sphere Center"为局部尺寸控制区域的中心，该中心位置的确定一般通过选择预先建立的局部坐标系确定。局部坐标系的建立方法如图3-41所示，在项目树下用右键依次单击"Coordinate Systems"→"Insert"→"Coordinate System"，添加一个局部坐标系；然后在新建局部坐标系的参数表中对"Define By"选择"Global Coordinates"，并修改局部坐标系相对于全局坐标系的偏离值"Origin X"、"Origin Y"和"Origin Z"。

Scope	
Scoping Method	Geometry Selection
Geometry	No Selection
Definition	
Suppressed	No
Type	Sphere of Influence
Sphere Center	None
Sphere Radius	Please Define
Element Size	Please Define

图 3-40　选择"Sphere of Influence"时，可控制的尺寸参数

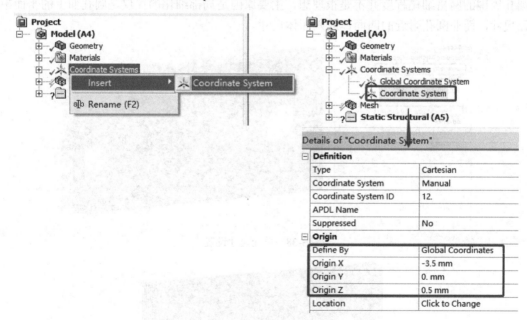

图 3-41　局部坐标系的建立方法

根据以上设置对有孔板圆孔附近的网格进行局部细化，以圆孔的中心为局部尺寸控制区域中心，把该区域的半径设为1.2mm、单元尺寸设为0.2mm，如图3-42所示。设置完毕，进行网格划分，效果如图3-43所示。从效果来看，采用局部网格划分控制方法的细化效果更好，不过，这种方法下所有网格只能用四面体进行划分。

图 3-42 区域半径和单元尺寸的设置

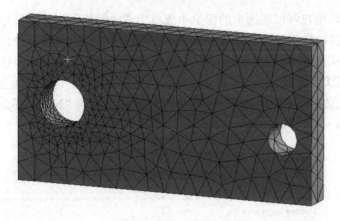

图 3-43 局部细化效果

3. "Refinement"（细化）控件

该控件用于指定用户希望细化初始网格的最大倍数，用户可以对面、边和顶点进行网格细化控制，如图 3-44 所示。其中，"Refinement"一栏可输入从 1（最小细化）到 3（最大细化）之间的指定细化值。如果把多个控件附加到同一个实体，那么最后应用的控件优先。

Scope		
Scoping Method	Geometry Selection	
Geometry	Apply	Cancel
Definition		
Suppressed	No	
☐ Refinement	1	

图 3-44 网格细化控制

对图 3-39 中局部细化的网格保持原设置不变，给圆孔内表面添加细化控件：在"Refinement"一栏输入 2，进行网格划分，得到如图 3-45 所示的网格。可以看出，圆孔附近有数层细化的网格，达到了与图 3-43 相似的细化效果，并且操作更为简便。

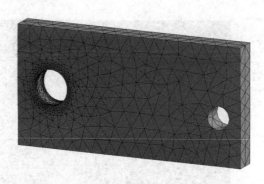

图 3-45　添加细化控件后的网格

4. "Face Meshing"（面网格划分）控件

使用该控件，用户可以在选定的面上生成自由或映射的网格。网格划分应用程序会自动为边界面的边缘确定合适的划分数量。如果使用"Sizing"网格细化控件指定边界面的边缘的划分数量，那么网格划分应用程序将尝试强制执行这些划分。面网格划分控制参数如图 3-46 所示，在默认情况下，把"Mapped Mesh"设为"Yes"，同时还会显示"Constrain Boundary"（约束边界）设置。如果将"Mapped Mesh"设为"No"，那么网格划分器将执行自动网格划分，并且"Constrain Boundary"的设置不可用。

Scope		
Scoping Method	Geometry Selection	
Geometry	Apply	Cancel
Definition		
Suppressed	No	
Mapped Mesh	Yes	
Method	Quadrilaterals	
☐ Internal Number of Divisions	Default	
Constrain Boundary	No	

图 3-46　面网格划分控制参数

图 3-47 所示为一个有立方体的实体模型，若对网格不加控制，对"Mesh"的参数采用系统默认设置，则自动划分后会得到如图 3-48 所示的网格。从划分效果看，系统能够使用六面体单元完成网格划分，该模型整体的网格质量也能达标（网格质量指标参考 3.6 节）。

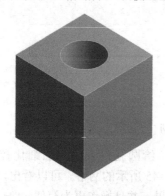

图 3-47　有孔立方体的实体模型

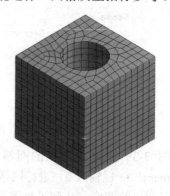

图 3-48　自动划分后的网格

但是从该模型的有孔面看，面网格质量并不是很好。下面采用面网格划分控件对网格进行修整。设置面网格划分控制参数如图 3-49 所示，在"Mesh"分支上右键单击，依次在弹出的菜单中选择"Insert"→"Face Meshing"，弹出面网格划分控制参数界面，对目标模型选择立方体的有孔面；对"Mapped Mesh"选择"Yes"，表示优先采用映射网格划分；对"Method"选择默认设置的"Quadrilaterals"（四边形网格），选取待划分面后此项会消失；把"Internal Number of Divisions"设为 4，该数值表示映射方向上的网格层数。设置完毕，进行映射网格划分，效果如图 3-50 所示。从该效果可以看出，映射划分网格比图 3-48 中的网格整齐得多。

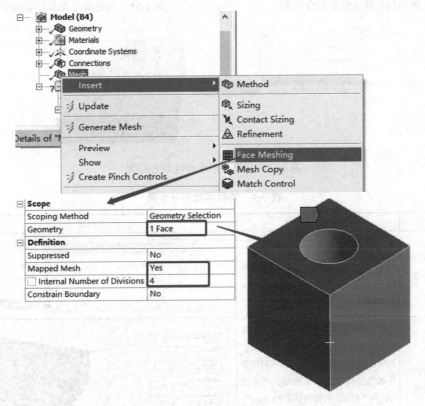

图 3-49　设置面网格划分控制参数

在实际工程应用中，所处理的模型往往不是有孔立方体这样简单的结构，对用户主观上想进行映射网格划分的面，系统往往不能自主划分，如图 3-51 所示的有奇数边表面的实体模型。判断模型的面是否适合划分映射网格，可在"Mesh"目录上右键单击，在弹出的第一个菜单中选择"Show"，在弹出的第二个菜单中选择"Mappable Faces"，模型中可映射网格划分的面会高亮显示，如图 3-52 所示。图中，模型绿色面为可映射网格划分的面，灰色面为不可映射网格划分的面（可参考本书提供的模型图片）。表 3-4 为该模型的映射网格划分步骤，通过此案例，讲解如何对不可自动映射网格划分的面进行映射网格划分，帮助读者更好地理解"Face Meshing"控件的功能。

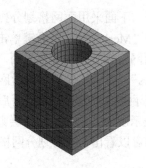

图 3-50 映射网格划分效果

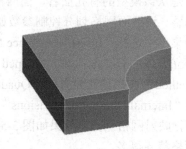

图 3-51 有奇数边表面的实体模型

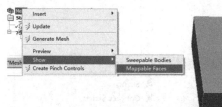

图 3-52 高亮显示可映射划分的面

表 3-4 映射网格划分步骤

步骤	内容	主要方法和技巧	界面图
1	添加面网格划分控件	用右键单击"Mesh"目录,在弹出的第一个菜单中选择"Insert",在弹出的第二个菜单中选择"Face Meshing"	
2	面网格算法设置	(1)单击添加的控件,在细节参数表的分支中找到"Geometry"选项。先单击其对应的参数栏,在右侧模型区域选择如右图所示的面,再单击"Apply"按钮,参数栏显示"1 Face"; (2)单击"Mapped Mesh"命令,选择"Yes"选项	
3	显示顶点	单击"Mechanical"工具栏中的"Show Vertices"命令,显示模型的顶点	

续表

步骤	内容	主要方法和技巧	界面图
4	高级设置	（1）在细节参数表的"Advanced"目录下找到以下 3 个选项： ①"Specified Sides"：表示有 2 个网格占用所选顶点。 ②"Specified Corners"：表示有 3 个网格占用所选顶点。 ③"Specified Ends"：表示有 1 个网格占用所选顶点。 （2）按右图所示选择顶点	
5	网格划分效果	（1）单击"Generate Mesh"命令，开始划分网格，结果如右图所示。 （2）由于此面映射网格划分是唯一的，因此只在"Specified Sides"选项中设置 1 个顶点，也可划分出，而不需要设置"Specified Ends"选项	

5. "Pinch"（修剪）控件

使用该控件可以删除网格级别的小特征（如短边和狭窄区域），以便在这些特征周围生成质量更好的单元。

3.3.4 "T"形角钢的局部网格划分控制

下面使用局部网格划分控制方法，对"T"形角钢的一个圆角面（右侧）进行局部细化。具体步骤如下：仍然把整体单元尺寸设为 4mm，把"Sizing"选项下的"Transition"更改为"Slow"，以便平滑过渡局部网格与整体网格；在"Mesh"目录下添加"Sizing"控件，并且在"Geometry"一栏用面选择的方式，把圆角面作为划分对象进行添加，然后将"Element Size"（单元尺寸）设为 1.0mm。圆角面单元尺寸设置如图 3-53 所示。

圆角面局部网格划分效果如图 3-54 所示。从图 3-54 可以看出，"T"形角钢右侧圆角面的网格被细化了。对比未细化的左侧圆角面网格，可以明显看出采用局部网格划分控制与否的差异。同时，可以看到已细化的圆角面上的网格为长方形的面网格。一般来说，六面体网格越接近完美立方体，网格质量越高。因此，建议采用下述方法进行局部网格划分控制。如图 3-55 所示，在选择划分对象时，选择圆角面的两条边线作为局部网格划分控制

对象，单元尺寸仍设为1.0mm。然后重新进行网格划分，效果如图3-56所示。从该效果可以看出，圆角面上的面网格基本都为正方形，相应体网格的质量有较大提升。

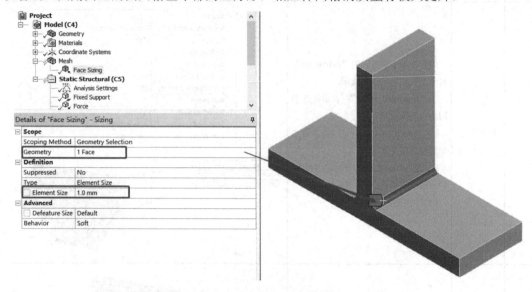

图 3-53　圆角面单元尺寸设置

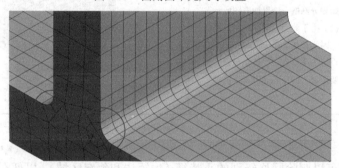

图 3-54　圆角面局部网格划分效果

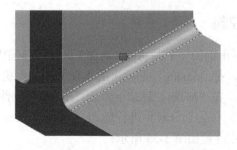

图 3-55　选择边线作为局部网格划分控制对象

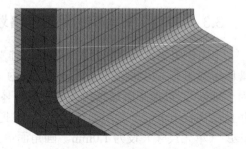

图 3-56　网格划分效果

3.3.5　其他网格划分方法

局部网格划分控制方法除了自动划分（Automatic），还有四面体划分（Tetrahedrons）、六面体主导划分（Hex Dominant）、扫掠划分（Sweep）、多区划分（MultiZone）、笛卡儿法划分（Cartesian）。在实际工程应用中，自动划分生成的网格质量往往是最差的。随着对有限元计算理解的加深，根据模型实际情况选择最合适的网格划分方法，在有限元的学习中非常重要。因此，本节对 ANSYS Workbench 提供的其他网格划分方法做简要介绍，并辅以实例（以图 3-57 所示的实例模型为例），进行划分效果的对比，帮助读者理解各个网格划分方法的特点和使用条件。

图 3-57   实体模型

1. "Tetrahedrons"（四面体划分）

如果选择"Tetrahedrons"划分方法，就可以创建全四面体网格。四面体网格划分设置如图 3-58 所示，包括算法设置，用户可选择以下算法创建四面体网格：

（1）"Patch Conforming"：其网格划分基于 Delaunay 四面体网格划分器，具有用于网格细化的超前点插入功能。在一般情况下，模型细小的局部特征会被保留。

（2）"Patch Independent"：其网格划分基于空间细分法，该算法确保在必要时细化网格，但在可能的情况下保留较大的单元，从而加快计算速度。一旦初始化了包围整个几何模型的"根"四面体，网格划分器将细分"根"四面体，直到满足所有单元尺寸要求（规定的单元尺寸）。在一般情况下，模型的细节会被忽略。

Scope	
Scoping Method	Geometry Selection
Geometry	1 Body
Definition	
Suppressed	No
Method	Tetrahedrons
Algorithm	Patch Conforming
Element Order	Patch Conforming
	Patch Independent

图 3-58   四面体网格划分设置

四面体网格划分步骤见表 3-5。

表 3-5　四面体网格划分步骤

步骤	内容	主要方法和技巧	界面图
1	全局网格设置	（1）单击"Mesh"目录，在其细节参数表中单击"Sizing"选项，展开其下级目录。 （2）在下级目录下单击"Resolution"选项，把该选项对应的参数设为 5，对全局网格进行细化设置	
2	局部网格设置	（1）用右键单击"Mesh"目录，在弹出的第一个菜单中选择"Insert"选项，在弹出的第二菜单中选择"Method"选项。 （2）在细节菜单分支下先单击"Geometry"选项，再单击该选项对应的参数栏，在右侧模型区域选择模型。选择完毕，单击"Apply"按钮，上述参数栏显示"1 Body"。 （3）在细节菜单分支下找到"Method"选项，选择"Tetrahedrons"（四面体划分），其余参数保持默认设置	
3	进行网格划分	（1）用右键单击"Mesh"目录，在弹出的菜单中选择"Generate Mesh"选项，开始网格划分。 （2）划分效果如右图所示	

2. "Hex Dominant"（六面体主导划分）

用户如果倾向于使用六面体网格，可以把六面体主导划分方法用于无法扫掠的物体。

ANSYS Workbench 提供了可扫掠实体的预览功能，如图 3-59 所示。用右键单击"Mesh"目录，在弹出的第一个菜单中选择"Show"，在弹出的第二个菜单中选择"Sweepable Bodies（可扫掠实体）"，就可以显示满足可扫掠要求的实体。

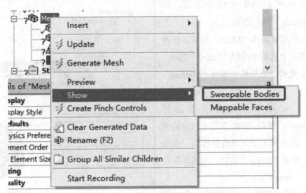

图 3-59　可扫掠实体的预览功能

六面体主导划分设置如图 3-60 所示，其中，"Free Face Mesh Type"选项用于填充实体的单元形状。在该选项下可以选择"Quad/Tri"或"All Quad"，默认为"Quad/Tri"。

在以下情形中，使用六面体主导划分的效果较佳：

（1）所划分的实体中有大量内部体积。

（2）所划分的实体是一个为了扫掠而分解再由可扫掠部分过渡而来的实体。

在以下情形中，使用六面体主导划分的效果不佳：

（1）划分薄而复杂的实体（如手机外壳）。与四面体网格相比，单元的数量可能会增加，因为使用六面体主导划分网格，创建形状良好的六边形时，此类实体的单元尺寸必须足够小。

（2）既可以单个扫掠又可以很容易分解为多个可扫掠的实体。扫掠网格的质量通常优于六面体主导划分的网格质量。

（3）网格快速过渡会导致求解精度不佳的模型（如 CFD 模型）。采用六面体主导划分方法，可以在体积的中心非常快速地过渡。

Scope	
Scoping Method	Geometry Selection
Geometry	1 Body
Definition	
Suppressed	No
Method	Hex Dominant
Element Order	Use Global Setting
Free Face Mesh Type	Quad/Tri
Control Messages	No

图 3-60　六面体主导划分设置

六面体主导划分步骤见表 3-6。

表 3-6　六面体主导划分步骤

步骤	内容	主要方法和技巧	界面图
1	网格设置	（1）按照表 3-5 中的步骤 1，把"Resolution"的参数设为 5。 （2）用右键单击"Mesh"目录，在弹出的第一个菜单中选择"Insert"选项，在弹出的第二个菜单中选择"Method"选项。 （3）在细节菜单分支下选择"Geometry"选项，单击该选项对应的参数栏，在右侧模型区域选择模型。选择完毕，单击"Apply"按钮，上述参数栏显示"1 Body"。 （4）在细节菜单分支下找到"Method"选项，选择"Hex Dominant"（六面体主导划分），其余参数保持默认设置	
2	进行网格划分	（1）用右键单击"Mesh"目录，在弹出的菜单中选择"Generate Mesh"选项，开始划分网格。 （2）划分效果如右图所示	

3．"Sweep"（扫掠划分）

"Sweep"（扫掠划分）是指在创建六面体网格时，先划分源面再划分目标面的一种网格划分方法，除源面及目标面以外的面都称为侧面。扫掠方向或路径由侧面定义，源面和目标面之间的单元层是由插值法建立并投射到侧面上去的。

扫掠划分设置如图 3-61 所示，下面对其中的主要参数做简要介绍。

（1）源面和目标面选择方式（Src/Trg Selection）。

①　"Automatic"：由程序确定的最佳源面和目标面。

②　"Manual Source"：由用户选择源面，然后由程序确定目标面。当存在多组源面和目标面且需要指定源面以便通过扫掠方向获得正确的偏斜度时，非常适合使用该选项。

③　"Manual Source and Target"：扫掠划分器使网格围绕公共边或公共顶点旋转。当需要扫掠源面和目标面的公共顶点或公共边的实体时，使用该选项非常适合。

④　"Automatic Thin"：该选项适用于薄模型和薄金属板零件，使用该选项时，需要选择具有最大面积的面作为主源面，并且由算法确定其余的源面。对于多体零件，在厚度方

向只能划分出一层单元。对于单体零件，可以使用"Sweep Num Divs"控件在整个厚度中定义多个单元。使用该选项时，偏斜选项不可用。该选项还包含"Element Option"设置，该设置指示求解器在可能的情况下使用实体壳单元或始终使用实体单元。

⑤"Manual Thin"：与上述"Automatic Thin"的使用要求相同。但是，使用该选项时，可以执行以下任一操作。

a. 先拾取一个源面，然后让程序确定其余面。

b. 拾取所有源面，让程序只对源面进行网格划分，扫掠目标面。

c. 拾取多个源面并划分到一个目标面中。

（2）自由面网格划分类型（Free Face Mesh Type）。用于填充扫掠体（纯六面体、纯楔形体或二者的组合）的面单元形状。当"Src/Trg Selection"方式为"Automatic"、"Manual Source"和"Manual Source and Target"时，允许选择"All Tri"、"Quad/Tri"或"All Quad"；当"Src/Trg Selection"方式为"Automatic Thin"和"Manual Thin"时，允许选择"Quad/Tri"或"All Quad"。在所有情况下，默认为"Quad / Tri"。

（3）单元类型（Type）。允许在扫掠方向上指定"Number of Divisions"（划分数）或"Element Size"（单元尺寸）。扫描实体时，单元尺寸是间隔分配的软约束，划分数是硬约束。若与划分数约束有冲突，则扫掠划分将失败并产生一条消息。

Scope	
Scoping Method	Geometry Selection
Geometry	1 Body
Definition	
Suppressed	No
Method	Sweep
Element Order	Use Global Setting
Src/Trg Selection	Automatic
Source	Automatic
Target	Manual Source
Free Face Mesh Type	Manual Source and Target
Type	Automatic Thin
Sweep Num Divs	Manual Thin
	Default
Element Option	Solid
Advanced	
Sweep Bias Type	No Bias

图 3-61　扫掠划分设置

扫掠划分步骤见表 3-7。

表 3-7　扫掠划分步骤

步骤	内容	主要方法和技巧	界面图
1	查看模型是否可扫掠	（1）用右键单击"Mesh"目录，在弹出的第一个菜单中选择"Show"选项，在弹出的第二个菜单中选择"Sweepable Bodies"选项，若发现模型并未高亮显示，则说明模型不可扫掠，需修改模型。（2）退出 Mechanical 界面，返回项目图界面	

续表

步骤	内容	主要方法和技巧	界面图
2	打开【SpaceClaim】界面	用右键单击"Geometry"，在弹出的菜单中单击"Edit Geometry in SpaceClaim…"，弹出【SpaceClaim】界面，如右图所示	
3	重新切分模型	（1）单击【SpaceClaim】界面上方功能区（序号 1 处）的"Split Body"→序号 2 处→要切分的模型（序号 3 处）。 （2）单击序号 4 处的锯子→序号 5 处的圆柱曲面，系统就会沿曲面将模型切分为两部分。重复序号 1～4 的操作重复，之后单击序号 6 处的圆柱曲面，对该圆柱也进行切分，切分结果如序号 7 所示的 3 个体。 （3）需要把圆柱在长方体上下表面处进行切分，保证长方体与圆柱在表面切分处的单元有共同节点。注意：此步骤要切分的体为圆柱，切分面为长方体的上下表面。 （4）切分完成后，关闭【SpaceClaim】界面，打开【Mechanical】界面，等待模型更新。新生成的 5 个体如序号 8 所示	

续表

步骤	内容	主要方法和技巧	界面图
4	网格设置	（1）按照表3-5中的步骤1，把"Resolution"参数设为5。 （2）用右键单击"Mesh"目录，在弹出的第一个菜单中选择"Insert"选项，在弹出的第二个菜单中选择"Method"选项。 （3）在细节菜单分支下先单击"Geometry"选项，再单击该选项对应的参数栏，在右侧模型区域选择目标模型。选择完毕，单击"Apply"按钮，上述参数栏显示"5 Bodies"； （4）在细节菜单分支下找到"Method"选项，选择"Sweep"选项，即扫掠划分。其余参数保持默认设置	
5	进行网格划分	（1）用右键单击"Mesh"目录，在弹出的菜单中选择"Generate Mesh"选项，开始划分网格。 （2）划分效果如右图所示	

4．"MultiZone"（多区划分）

"MultiZone（多区划分）"具有把几何结构自动分解为映射（可扫掠）区域和自由区域的功能。选择"MultiZone"方法时，如果可能，那么所有区域都用纯六面体单元划分网格。若要处理无法使用纯六面体单元划分网格的情况，可以调整参数设置，以便在结构化区域中生成扫掠网格，而在非结构化区域中生成自由网格。

上述扫掠划分的实例已经说明，本次选用的模型是无法直接进行扫掠划分的，如果必须用扫掠划分，就需要把模型切成 5 个实体，以获得纯六面体单元。相对而言，使用"MultiZone"方法不需要把模型切片，该方法可以自动执行几何分解并生成网格。

多区划分设置如图 3-62 所示。对高级或专业用途，要根据需求对图 3-62 中的各个参数进行调整。下面对其主要参数做简要介绍。

Scope	
Scoping Method	Geometry Selection
Geometry	1 Body
Definition	
Suppressed	No
Method	MultiZone
Mapped Mesh Type	Hexa
Surface Mesh Method	Program Controlled
Free Mesh Type	Not Allowed
Element Order	Use Global Setting
Src/Trg Selection	Automatic
Source Scoping Method	Program Controlled
Source	Program Controlled
Sweep Size Behavior	Sweep Element Size
Sweep Element Size	Default
Advanced	
Preserve Boundaries	Protected
Mesh Based Defeaturing	Off
Minimum Edge Length	0.49873 mm
Write ICEM CFD Files	No

图 3-62　多区划分设置

（1）映射的网格划分类型（Mapped Mesh Type）。根据以下情形，选择用于填充结构化区域的单元形状（默认为六面体）。

① "Hexa"：该参数用于生成全部由六面体单元组成的网格。

② "Hexa/Prism"：该参数用于生成由六面体和棱柱/楔形体单元组成的网格。该参数与其他参数之间的主要区别如下：对于扫掠区域，允许使用三角形提高网格质量，三角形随后被拉伸成棱柱/楔形体。

③ "Prism"：该参数用于生成全部由棱柱单元组成的网格。

（2）表面划分方法（Surface Mesh Method）。为该方法指定一个选项，可以通过以下方法进行表面网格划分。

① "Program Controlled"：根据所设置的单元尺寸和面属性，自动结合使用"Uniform"和"Pave"网格划分方法。

② "Uniform"：使用递归循环拆分方法创建高度均匀的网格。当所有边具有相同的尺寸且被划分的面不具有高曲率时，通常采用该方法。由这种方法生成的网格正交性非常好。

③ "Pave"：使用该方法可在曲率高的面上以及相邻边长宽比较大的情况下创建高质量的网格。该方法也更可靠，可以提供纯四边形单元。

（3）自由面网格划分类型（Free Face Mesh Type）。可根据以下选择用于填充非结构化区域的单元形状，默认为"Not Allowed"。

① "Not Allowed"：需要映射的网格时，请选择该选项。

② "Tetra"：无法以映射网格方式进行划分的模型区域将被四面体单元填充。

③ "Tetra/Pyramid"：无法以映射网格方式进行划分的模型区域将被四面体单元填充且表面为棱锥体。

④ "Hexa Dominant"：无法以映射网格方式进行划分的模型区域将以六面体主导方式划分。

⑤ "Hexa Core"：无法以映射网格方式进行划分的模型区域将以六面体核心方法划分，即在模型的绝大部分体积内以笛卡儿法划分网格填充六面体单元的阵列，在必要时替代四

面体单元。自动创建棱锥体，将其连接到棱柱和四面体的混合体模型部分。此方法可以减少单元数量，从而加快求解器的运行时间并提高收敛性。

（4）"Src/Trg Selection"。根据以下选项定义源面和目标面的选择类型。

①"Automatic"：对简单的扫掠，非常适合选用该选项。但是，如果存在多个扫掠级别，那最好手动定义源面。

②"Manual Source"：所选面将用作源面，即将所有源面或目标面均视为源面，因为划分可能从任何一侧发生。

多区划分步骤见表 3-8。

表 3-8　多区划分步骤

步骤	内容	主要方法和技巧	界面图
1	添加网格控件	（1）按照表 3-5 中的步骤 1，把"Resolution"参数设为 5。 （2）用右键单击"Mesh"目录，在弹出的第一个菜单中选择"Insert"选项，在弹出的第二个菜单中选择"Method"选项	
2	网格参数设置	（1）在细节菜单分支下单击"Geometry"选项→该选项对应的参数栏，在右侧模型区域选择目标模型。选择完毕，单击"Apply"按钮，上述参数栏显示"1 Body"。 （2）在细节菜单分支下找到"Method"选项，选择"MultiZone"（多区划分）。其余参数保持默认设置	
3	进行网格划分	（1）用右键单击"Mesh"目录，在弹出的菜单中选择"Generate Mesh"选项，开始划分网格。 （2）划分效果如右图所示	

5. "Cartesian"（笛卡儿法划分）

使用笛卡儿法划分，可创建尺寸基本一致且与指定坐标系对齐的非结构化六面体单元，并将其拟合到几何体。所创建单元的尺寸应小于模型的厚度，以防止网格划分器消除（或不捕获）模型局部。该消除功能可能有助于消除小于单元尺寸的"缺陷"几何特征。

当几何特征与坐标系能很好地对齐且需要规则网格时，很适合使用笛卡儿法划分。显式动力学模型、有机模型（没有很多特征边缘的模型）、过程工业和电子组件都是可以从该网格划分方法中受益的好例子。此外，建议使用该方法模拟增材制造中的打印过程。图 3-63 为笛卡儿法划分设置。

Scope	
Scoping Method	Geometry Selection
Geometry	1 Body
Definition	
Suppressed	No
Method	Cartesian
Element Order	Use Global Setting
Type	Element Size
☐ Element Size	Default
Spacing Option	Default
Advanced	Default
Projection Factor	User Controlled
Project in constant Z-Plane	No
Stretch Factor in X	1.0
Stretch Factor in Y	1.0
Stretch Factor in Z	1.0
Coordinate System	Global Coordinate System
Write ICEM CFD Files	No

图 3-63　笛卡儿法划分设置

笛卡儿划分步骤见表 3-9。

表 3-9　笛卡儿法划分步骤

步骤	内容	主要方法和技巧	界面图
1	网格设置	（1）按照表 3-5 中的步骤 1，把"Resolution"参数设为 5。 （2）用右键单击"Mesh"目录，在弹出的第一个菜单中选择"Insert"选项，在弹出的第二个菜单中选择"Method"选项。 （3）在细节菜单分支下单击"Geometry"选项→该选项对应的参数栏，在右侧模型区域选择目标模型。选择完毕，单击"Apply"按钮，上述参数栏显示"1Body"。 （4）在细节菜单分支下找到"Method"选项，选择"Cartesian"（笛卡儿法划分）。其余参数保持默认设置	

步骤	内容	主要方法和技巧	界面图
2	进行网格划分	（1）用右键单击"Mesh"目录，在弹出的菜单中选择"Generate Mesh"选项，开始划分网格。 （2）划分效果如右图所示	Insert Update Generate Mesh

综上所述，四面体单元适应性最强，应用场景多，但较容易生成质量差的网格。因此，在某些情况下需要细化网格，但会造成网格数量变多。使用六面体主导划分，会生成尽可能多的六面体单元，但该方法不适合一些薄壳结构的实体模型，而且过分追求网格质量会造成网格数量多于四面体划分的网格数量；扫掠适应性较差，但对可扫掠的体生成的网格质量往往很好。多区划分能够自动完成划分，是较适合用于处理复杂模型的一种方法。笛卡儿法划分依赖于模型特征和坐标系的符合程度。从笛卡儿法划分效果看，长方体部分的网格质量高，但圆柱部分的有限元网格和实体模型的差别就非常明显。

3.4 单元尺寸对分析结果的影响

3.4.1 "T"形角钢在不同单元尺寸下的分析结果

通过减小单元尺寸划分出细密的网格，可以提高解的精度，但同时也会使得计算更加复杂，增加计算机中央处理器（CPU）的运行时间及对内存容量的需求。在实际工程分析中，提高计算精度和缩短计算周期之间就有了矛盾。因此，只能力求在二者之间寻求一个折中方案，既能使计算精度满足需求，又不至于大幅度增加求解计算周期。究竟要把网格划分到怎样的程度计算结果才满足精度且是可接受的？

在解决这个问题之前，先做以下计算：在 3.3 节中，"T"形角钢圆角面的单元尺寸分别设为 4mm、2mm、1mm、0.5mm 和 0.4mm，分别进行网格划分并求解"T"形角钢的等效应力，对比计算结果。

根据 3.3 节的划分方式，按照上述要求对"T"形角钢进行网格划分并求解，不同单元尺寸时等效应力的求解结果如图 3-64～图 3-68 所示。

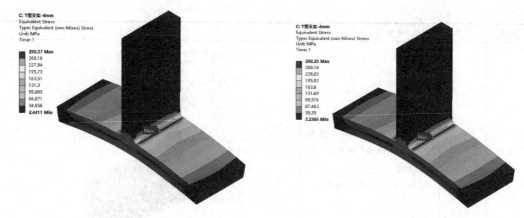

图 3-64　单元尺寸为 4mm 时的等效应力的求解结果　　图 3-65　单元尺寸为 2mm 时的等效应力的求解结果

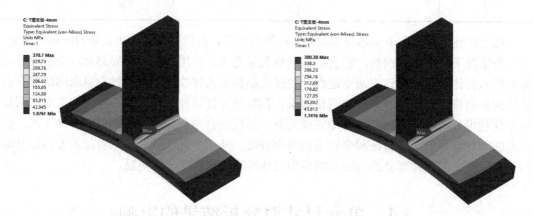

图 3-66　单元尺寸为 1mm 时的等效应力的求解结果　　图 3-67　单元尺寸为 0.5mm 时的等效应力的求解结果

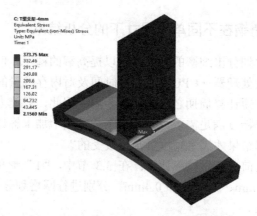

图 3-68　单元尺寸为 0.4mm 时的等效应力的求解结果

3.4.2　单元尺寸评判标准——网格无关解

将 3.4.1 节不同单元尺寸下"T"形角钢圆角面的等效应力最大值绘制成如图 3-69 所示的柱状图。由图 3-69 可以看出，随着单元尺寸的减小，这些等效应力还有增大的趋向，并且在单元细化到一定程度后，这些等效应力会达到一个峰值，此后便趋于稳定，不会再增大。换句话说，当单元尺寸缩小到一定程度后，这些等效应力值不再随单元尺寸的变化而发生显著变化，此时的等效应力值称为网格无关解。

网格无关解本质上是一个折中方案，其意义在于，在分析实际工程问题时，不必为了追求解的精度而不断细化网格，只须找到相应的网格无关解，就可认为求得了满足需求的结果。这在很大程度上解决了提高计算精度和缩短计算周期之间的矛盾，为工程人员确定网格划分方案指明了方向。

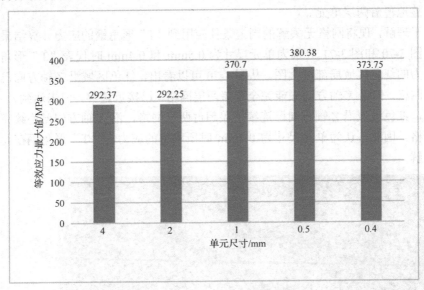

图3-69 不同单元尺寸下"T"形角钢圆角面的等效应力最大值

特别提示

若将"T"形角钢的圆角连接改为直角连接，在划分网格时就会发现一个现象：等效应力最大值随着单元尺寸的减小不断增大，根本无法找到网格无关解。因此，要明确一点，并非所有结构的应力最大区域都存在网格无关解，有许多情况恰恰相反。例如，在模型结构突变处或刚性约束处往往存在应力奇异的现象，理论上这些位置的应力将是无穷大的。但由于有限元计算的特点，在这些位置仍然能够求出应力数值，但所得结果并不能反映结构真实的应力情况。随着区域单元尺寸的不断细化，应力还会不断增大并不会稳定在一定数值。在这种情况下，显然找不到该区域的网格无关解，应该沿着以下两个方向的思路解决问题：

（1）根据已有经验判断是否为结构应力危险位置，如果不是，忽略此处的应力值。

（2）如果结构的某位置被判断为应力危险区，就需要返回更改和优化模型，改掉结构的不合理处，而不是执着于求得一个准确的应力数值。

在图 3-69 中，单元尺寸为 4mm 时的等效应力最大值和单元尺寸为 2mm 时的等效应力最大值非常接近。在试算过程中，用户很可能认为此时已经出现了单元无关解，将此时的应力值作为正确的求解结果，并且认为等效应力最大值为 292MPa 左右。但事实上，当单元尺寸继续减小时，等效应力值又出现了显著的变化，显然网格无关解不在 292MPa 左右。因此，延伸到一般性求解的问题上，为了能准确地找到网格无关解，必须明确网格无关解的判定条件。

网格无关解的判定条件：软件默认显示的红色区域（代表求解结果）存在部分连续位置且被完整地覆盖两层单元。

为便于理解，现将网格无关解的判定条件应用到"T"形角钢的应力计算结果中并做简要说明。图 3-70 和图 3-71 分别为单元尺寸为 0.5mm 和 0.4mm 时代表"T"形角钢圆角面的等效应力的红色区域局部放大图。从图 3-70 可以看出，红色区域沿 Z 轴方向已连续覆盖超过两层网格，但沿 X 轴方向未能完全覆盖两层网格（已接近边界，但未达到）。从图 3-71 可以看出，红色区域沿 Z 轴方向已连续覆盖超过两层网格，沿 X 轴方向已连续完整覆盖超过两层网格。因此，认为单元尺寸为 0.4mm 时所求得的应力为"T"形角钢在此工况下的网格无关解。

图 3-70　单元尺寸为 0.5mm 时代表"T"形角钢圆角面的等效应力的红色区域
（图中间深色区域）局部放大图

图 3-71　单元尺寸为 0.4mm 时代表"T"形角钢圆角面的等效应力的红色区域
（图中间深色区域）局部放大图

需要特别注意的是，在寻找网格无关解的过程中，每次求解改变的都是网格，工况和模型的边界条件均保持不变。这样求出的解才有可比性，否则，它是无意义的。因此，为了保证不出错，可以查看模型位移的分析结果。位移受到单元尺寸的影响很小，例如"T"形角钢的多次分析结果显示最大位移均为 0.296mm（保留小数点后 3 位数）。如果各次计算得到的最大位移的位置和数值几乎都保持一致，就可以认为这些解是在同一工况下计算出来的。

> **特别提示**
>
> 通过本节的学习，读者可以了解到，单元尺寸的大小如何控制并不是在进行网格划分之前就确定下来的，实际工程项目的有限元分析过程也不是单次"网格划分"（求解）的过程，而是"网格划分—求解—网格再划分—再求解"多次循环的过程。

3.5 单元类型对分析结果的影响

3.5.1 "T"形角钢采用四面体及六面体单元进行网格划分的分析结果

在 3.4 节我们讨论了网格无关解，对"T"形角钢在各个单元尺寸下进行了网格划分（求解）。由于模型较为规则，因此即使不指定网格划分算法，系统仍然是按照六面体单元进行划分的。但在实际应用中，多数情况下模型比较复杂，经常会遇到需要使用四面体单元划分的情况。这里就会产生一个问题：对于同一个模型，同等设置下使用六面体单元划分和四面体单元划分，哪种划分方法产生的网格质量更好？哪种方法更适用？

针对这个问题，我们仍以"T"形角钢为例，在划分网格时添加算法控制，对"Method"选择"Tetrahedrons"，模型网格改用四面体单元划分，并对圆角面添加局部尺寸控制，把"Face Sizing"（面单元尺寸）设为 0.5mm，网格划分完成后进行求解。计算得到的等效应力云图和位移云图分别如图 3-72 和图 3-73 所示，等效应力最大值为 382.69MPa，对比

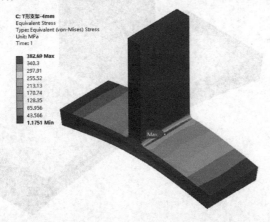

图 3-72 采用四面体单元划分时的等效应力云图（局部尺寸为 0.5mm）

图 3-74 中采用六面体单元划分得到的等效应力最大值 380.38 MPa，二者相差很小，并且最大应力位置在同一区域。采用四面体单元划分时的最大位移（变形）为 0.29631mm，对比图 3-75 中采用六面体单元划分得到的最大位移 0.29637mm，基本可以认为二者没有区别，保证了两种划分方法的工况条件一致。因此，从结果来看，在其他控制参数不改变的情况下，采用四面体单元划分得到的结果与采用六面体单元划分得到的结果相近。

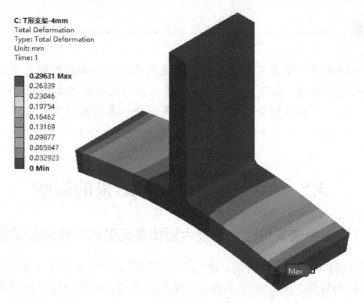

图 3-73　采用四面体单元划分时的位移云图（局部尺寸为 0.5mm）

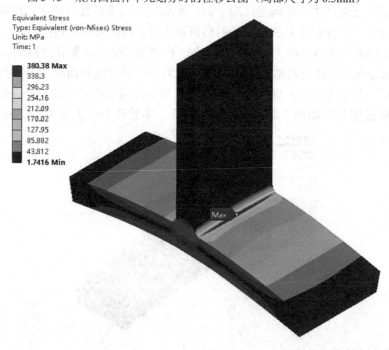

图 3-74　采用六面体单元划分时的等效应力云图（局部尺寸为 0.5mm）

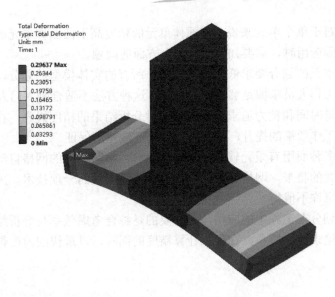

图 3-75　采用六面体单元划分时的位移云图（局部尺寸为 0.5mm）

3.5.2　实体单元类型判断标准

图 3-76 为采用四面体单元划分时的"T"形角钢圆角面的局部加密网格，图 3-77 为采用六面体单元划分时的"T"形角钢圆角面的局部加密网格。不难发现，此处采用四面体单元划分的网格密度大于采用六面体单元划分的网格密度。因此，四面体单元划分时的局部位置的分析结果精度并不会比六面体单元划分时的分析结果差。而在圆角面以外的区域，由于六面体单元划分的严格性，使得非重要区域的网格也进行了加密，而且随着局部尺寸的减小，单个单元离正方体的单元形态越来越远。相比之下，采用四面体单元划分时的随意性更大，在远离圆角面的区域，网格的尺寸可以很大，大部分网格的形态也不会因为局部加密而大大改变。照这种趋势，如果模型尺寸足够大，那么采用四面体单元划分所产生的单元数量就会明显少于采用六面体单元划分所产生的单元数量。此外，在实际工程分析中，工程人员往往只关注一些局部位置，除此之外的区域的网格其实没有必要过度精细。这样一来，采用四面体单元划分，有助于减少有限元模型的单元数量，进而节约计算机资源和计算时间。

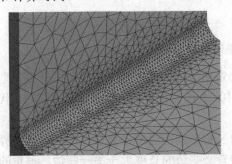

图 3-76　采用四面体单元划分时的"T"
形角钢圆角面的局部加密网格

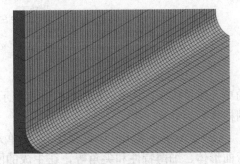

图 3-77　采用六面体单元划分时的"T"
形角钢圆角面的局部加密网格

综上所述，对于单个单元来说，六面体单元的精度高于四面体单元的精度，这无可非议，但在考虑实际应用时，需要知晓以下几个方面的问题。

（1）四面体单元的划分要求低，几乎适用于所有的实体模型的划分，而采用六面体单元划分时，要求工程人员掌握足够的划分技巧，这种方法不适合刚入门人员使用。

（2）花费大量时间和精力追求六面体单元对分析结果的精度提升，往往比不过使用四面体单元划分对工作效率的提升，以及对计算精度误差的保证。

（3）目前，多种商用有限元软件根据发展趋势，都对其中的网格自动划分技术进行不断改进。相信不久的将来，网格划分是最快被计算机取代的一项技术。因此，在网格划分中投入过多精力也许不值得。

对实体网格划分在工程中的应用，最重要的是综合考虑效率与分析结果，找到最优方案。没必要过分追求网格质量，在保证计算精度的同时，以最快的速度得出结论，才是真正需要的。

3.6 网格质量的检查与改进

网格质量的好坏会影响求解结果的精确度。因此，在对模型进行网格划分后，需要对有限元模型的网格质量进行检查，了解网格质量情况，指导网格的进一步优化。ANSYS Workbench 中提供了一些评价网格质量的指标。在"Mesh"目录下的全局网格划分控制参数中，单击"Quality"选项，就可以看到"Mesh Metric"项目下的各项网格质量评价指标，如图 3-78 所示。各个指标含义如下。

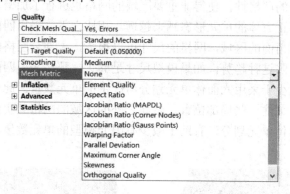

图 3-78　网格质量评价指标

（1）"Element Quality"（单元质量）。基于给定单元的体积与边长的比值，计算模型中的单元质量因子，用 0～1 之间的数值表示。其中，1 代表完美立方体，即正方体，0 代表网格体积为 0 或负值。

（2）"Aspect Ratio"（纵横比）。对单元中的三角形或四边形计算长宽比。对小边界、弯曲形体、细薄特性和尖角等，在生成的网格中有一些边的长度大于另一些边。理想的纵横比为 1，结构分析时，纵横比应小于 20。

（3）"Jacobian Ratio"（雅可比比率）。该指标的取值分 3 种情况：Jacobian Ratio（Corner

Nodes）即基于角节点采样计算的雅可比比率，取值范围为-1～1（代表网格质量从最差到最好），应避免该比率≤0 的情况。Jacobian Ratio（MAPDL）即基于 MAPDL 方法计算的雅可比比率，其值是 Jacobian Ratio（Corner Nodes）的倒数，取值范围为-∞～∞；一般情况下，其负值被指定为-100，该比率越接近 1，网格质量越好，应避免该比率≤0 的情况。Jacobian Ratio（Gauss Points）即基于高斯点采样计算的雅可比比率，计算限制条件少，该比率基于高斯点采样计算，取值范围为-1～1（代表网格质量从最差到最好），应避免该比率≤0 的情况。

（4）"Warping Factor"（翘曲因子）。该指标主要用来计算并测试一些四边形壳单元、六面体、楔形或棱锥的四边形面的翘曲系数。理想无翘曲的平面四边形的翘曲系数为 0。该系数值高可能表示无法很好地控制基础单元的生成，或者可能只是暗示网格生成中的缺陷。

（5）"Parallel Deviation"（平行偏差）。该指标数值大于 0°，0°代表网格质量最好，警告值为 70°。

（6）"Maximum Corner Angle"（最大顶角）。该指标用来计算三角形或四边形的最大内角，内角最大值接近 180°。对于三角形来说，网格质量达到最好时的内角值是 60°；对于四边形来说，最好时的内角值是 90°。

（7）"Skewness"（倾斜度）。该指标首要网格质量判据之一。倾斜度用来判断网格质量是否接近理想形状（等边或等角），其取值范围为 0～1，代表网格质量从最好到最坏，越靠近 0，网格质量越好。

（8）"Orthogonal Quality"（正交质量）。该指标的取值范围为 0～1，数值 1 代表网格质量最好，0 代表网格质量最差。

（9）"Characteristic Length"（特征长度）（该项指标在图 3-78 中未显示出来）。在给定设置时，特征长度用于计算满足 CFL 条件的时间步长。CFL 条件主要涉及显式动力学和流体动力学分析，它决定了求解稳定的最大时间步长，并且求解收敛必须满足该最大时间步长。

ANSYS Workbench 提供的网格质量评价指标比较多。对于结构分析而言，可以重点关注 "Skewness"（倾斜度）这个指标。该指标值以 0.5 为分界点，小于 0.5，认为网格质量可以接受；大于 0.5，认为网格质量不达标。

下面仍以"T"形角钢为例，以默认网格设置对其进行网格划分，划分后的网格倾斜度指标及其分布分别如图 3-79 和图 3-80 所示。从这两个图中可以看出，指标平均值远小于 0.5，在所有网格中，指标不达标的网格不到 10 个。不需要所有单元的指标值都小于 0.5，只要平均值小于 0.5，即可认为网格划分合理。因此，这种情况下的整体网格质量显然是合格的。

但需要注意，虽然质量差的网格数量不多，但都位于"T"形角钢模型的圆角面（在 "Mechanical"界面中，单击图 3-80 中的柱状图，模型会突出显示当前指标值下的所有网格）。由于圆角面的应力比较关键，此处的网格质量有必要进行优化。至于网格优化改进的方法，可以通过控制局部单元尺寸、改变划分方法等方式来确定。

Mesh Metric	Skewness
☐ Min	4.8673e-004
☐ Max	0.55864
☐ Average	8.8605e-002
☐ Standard Deviation	0.13426

图 3-79　倾斜度指标

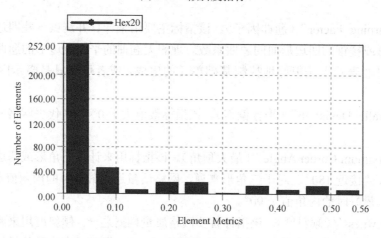

图 3-80　倾斜度分布

值得注意的是，要把网格质量评价指标看作定性的工具，以指标的好坏变化判断网格质量的好坏趋势。不能将其看作定量的工具，直接"一刀切"。从上述例子中可以发现，即使对网格划分过程不加控制直接进行划分，所得的指标结果也相当不错。原因是"T"形角钢模型形状规则，能够适用六面体单元划分。图 3-81 和图 3-82 给出了"T"形角钢采用四面体单元划分时的网格倾斜度指标及其分布，从中可以看出，不论是倾斜度的平均值还是分布情况，都是自动划分得到的指标更好。但实际上采用四面体单元划分时网格数量远高于采用自动划分时的网格数量，前者计算结果精度更高。事实上，即使网格质量评价指标数据相当好，也存在计算结果误差较大甚至计算结果不收敛的情况。因此，单用以上指标判断网格划分的成功或失败是不可取的。

Mesh Metric	Skewness
☐ Min	1.2109e-003
☐ Max	0.97696
☐ Average	0.25305
☐ Standard Deviation	0.14218

图 3-81　采用四面体单元划分时的网格倾斜度指标

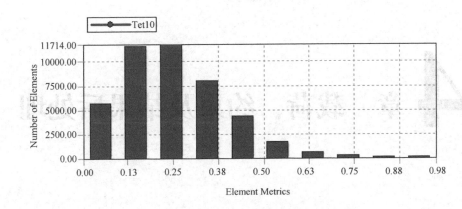

图 3-82 采用四面体单元划分时的网格倾斜度分布

课 后 习 题

3-1 对如图 3-83 所示的实体模型，请使用 ANSYS Workbench 以映射网格的形式完成网格划分。

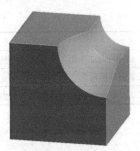

图 3-83 实体模型

3-2 对如图 3-84 所示的泵壳实体模型，请使用 ANSYS Workbench 完成对模型的网格划分，并尝试使用不同方法对泵壳的局部位置进行网格细化。

图 3-84 泵壳实体模型

第**4**章　载荷、约束及结果后处理

了解 Mechanical 操作环境，掌握施加载荷及约束的方法，掌握 Mechanical 中的后处理操作。

能力目标	知识要点	权重	自测分数
了解 Mechanical 操作环境	熟悉 Mechanical 中的各个窗口和界面	20%	
掌握施加载荷及约束的方法	熟练掌握各种常见载荷及约束的施加方法	40%	
掌握 Mechanical 中的后处理操作	熟练掌握后处理中的结果查看、收敛性分析等各种操作	40%	

4.1　载荷的分类

有限元分析的主要目的就是计算结构对载荷的响应，载荷是求解的重要内容之一。在 ANSYS Workbench 的 Mechanical 模块中提供的载荷包括惯性载荷和一般载荷。

4.1.1　惯性载荷

求解时惯性载荷会施加在整个模型所有具有质量的节点上，因此进行惯性载荷计算时必须输入材料的密度。在 ANSYS Workbench 中，"Inertial"（惯性载荷）是通过施加加速度实现的，惯性力的方向与所施加的加速度方向相反，它包括"Acceleration"（加速度）、"Standard Earth Gravity"（重力加速度）及"Rotational Velocity"（角速度）。"Inertial"（惯性载荷）的下拉菜单如图 4-1 所示。

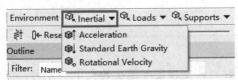

图 4-1　"Inertial"（惯性载荷）的下拉菜单

（1）"Acceleration"（加速度）选项。该选项可以为常数、函数或者自定义，用于把加速度施加到整个模型上，加速度可以分量或矢量的形式定义。

（2）"Standard Earth Gravity"（重力加速度）选项。重力加速度的方向被定义为整体坐标系或局部坐标系中的一个坐标轴方向。

（3）"Rotational Velocity"（角速度）选项。角速度指整个模型以给定的速率作定轴转动的速度。它可以分量或矢量的形式定义，其单位默认为 rad/s。

4.1.2　一般载荷

ANSYS Workbench 中的一般载荷包括力载荷和热载荷。

1. 力载荷

力载荷是机械工程中最常见的载荷。单击 Mechanical 工具栏中的"Loads"（载荷）按钮，在弹出的下拉菜单中选择要施加的力载荷，"Loads"（力载荷）的下拉菜单如图 4-2 所示。下面介绍其中的 8 个选项。

（1）"Pressure"（压力）选项。该载荷以与面正交的方向施加在面上，以指向面内的方向为正，反之为负。

（2）"Hydrostatic Pressure"（静水压力）选项。该选项用来给面（实体或壳体）上施加一个线性变化的力，以模拟结构上的流体载荷。流体可能处于结构内部，也可能处于结构外部。

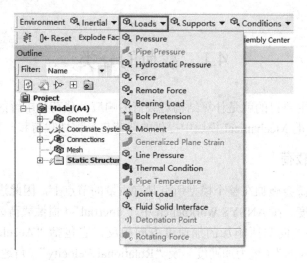

图 4-2   "Loads"（力载荷）的下拉菜单

施加静水压力载荷时，需要指定加速度的大小和方向、流体密度、代表流体自由面的坐标系。对壳体施加静水压力载荷时，多了一个顶面/底面选项。

（3）"Force"（集中力）选项。集中力可以施加在点、边或面上，可以矢量或分量的形式定义集中力。

（4）"Remote Force"（远程载荷）选项。该选项用来给实体的面或边施加一个远离的载荷。施加该载荷时，需要指定载荷的原点（附着于几何模型上或用坐标指定），该载荷可以矢量或分量的形式定义。

（5）"Bearing Load"（轴承载荷）选项。该选项使用投影面的方法，把力的分量按照投影面积分布在压缩边上。轴承载荷可以矢量或分量的形式定义。

（6）"Bolt Pretension"（螺栓预紧力）选项。该选项用来给圆柱形截面上施加预紧力，以模拟螺栓连接，包括预紧力（集中力）或调整量（长度）。施加该载荷时，需要给物体在某一方向上的预紧力指定一个局部坐标系。

求解时，系统会自动生成两个载荷步：LS1——施加预紧力、边界条件和接触条件；LS2——预紧力部分的相对运动是固定的，同时施加一个外部载荷。

（7）"Moment"（力矩）选项。对于实体，力矩只能施加在面上，如果选择了多个面，力矩则均匀分布在多个面上；对于面，力矩可以施加在点、边或面上。当以矢量形式定义力矩时，遵守右手螺旋法则。

（8）"Line Pressure"（线压力）选项。线压力只能用于三维模型中，它通过载荷密度形式给一个边施加一个分布载荷，线压力的单位是单位长度上的载荷。

2. 热载荷

热载荷是指在结构分析中施加的一个均匀的温度载荷。施加该载荷时，必须确定一个参考温度。由于温度差的存在，因此会导致结构热膨胀或热传导。

4.2　边界约束方式

在模型中除了要施加载荷，还要施加约束。某些情况下，约束也称边界条件。

4.2.1　结构支撑

在 Mechanical 界面中，常见的结构支撑通过工具栏中的"Supports"（结构支撑）按钮的下拉菜单进行施加。"Supports"（结构支撑）的下拉菜单如图 4-3 所示，下面介绍其中的 8 个选项。

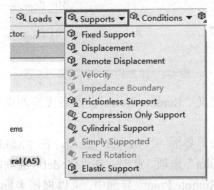

图 4-3　"Supports"（结构支撑）的下拉菜单

（1）"Fixed Support"（固定约束）选项。该选项用于限制点、边或面的所有自由度。对于实体，限制其在 X、Y、Z 轴方向上的移动；对于面体和线体，限制其在 X、Y、Z 轴方向上的移动和绕各轴的转动。

（2）"Displacement"（位移约束）选项。该选项用于在点、边或面上施加已知位移，该约束允许给出 X、Y、Z 轴方向上的平动位移。当某轴方向参数显示"0"时，表示该轴方向是受限的；当某轴方向参数显示空白时，表示该轴方向不受限。

（3）"Frictionless Support"（无摩擦约束）选项。该选项用于在面上施加法向约束（固定），可用于模拟实体对称边界约束。

（4）"Compression Only Support"（仅有压缩的约束）选项。该选项只能在正常压缩方向施加约束，它可以用来模拟圆柱面上的销钉、螺栓等的作用，求解时需要进行迭代（非线性）。

（5）"Cylindrical Support"（圆柱面约束）选项。该选项为轴向、径向或切向的约束提供单独的控制，通常施加在圆柱面上。

（6）"Simply Supported"（简单约束）选项。该选项用来在梁或壳的边/顶点上施加约束，以限制这些边或顶点发生平移，但是允许它们旋转，并且所有旋转都是自由的。

（7）"Fixed Rotation"（转动约束）选项。该选项用来在壳或梁的表面、边或顶点上施加约束。与简单约束相反，它用来约束旋转，但是不限制平移。

（8）"Elastic Support"（弹性约束）选项。该选项用来在面或边上模拟类似弹簧的行为，基础的刚度为使基础产生单位法向偏移所需要的压力。

4.2.2　约束方程

约束方程用于建立模型不同部分之间的运动关系，利用该方程可以把一个或多个远端点的自由度联系起来。通过单击 ANSYS Workbench 中的 Mechanical 界面工具栏中的"Conditions"按钮→"Constraint Equation"选项，添加约束方程，具体操作步骤如图 4-4 所示。

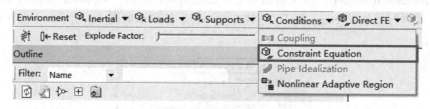

图 4-4　添加约束方程的操作步骤

添加约束方程前需要定义"Remote Point"，然后设定约束方程式才可以求解，具体的步骤如下。

（1）依次单击"Outline"界面→"Model"选项，在"Model"选项上右键单击，选择"Insert"选项→"Remote Point"选项。此时，在"Model"选项的下拉列表中出现"Remote Point"选项。在"Details of Remote Point"界面中，可以根据坐标系里的坐标值添加"Remote Point"，也可以根据结构中的点、线、面来添加。

（2）在"Constraint Equation"界面中输入约束方程式，约束方程式为自由度值的线性组合，方程式中的每项都为系数与自由度值的乘积，线性组合的结果可以为非零值。约束方程式示例如图 4-5 所示。

Constraint Equation

10 = 2 (1/mm) * Remote Point(X Displacement) + -1 (1/mm) * Remote Point 2(X Displacement)

Coefficient	Units	Remote Point	DOF Selection
2	1/mm	Remote Point	X Displacement
-1	1/mm	Remote Point 2	X Displacement

图 4-5　约束方程式示例

4.2.3 工程中常见的约束类型

在机械工程、钢架结构工程、土木工程中，存在多种约束类型，如机械中的轴承、钢架结构中的连接节点、土木工程桥梁等结构中的辊轴支座或简支梁支铰等。工程中常见的约束主要包括固定约束、铰链约束、圆柱约束、滑动约束、滑槽约束、万向约束、球铰约束和平面约束。

（1）固定约束。以钢架结构中的连接节点约束为例，被约束体的 X、Y、Z 轴及 R_X、R_Y、R_Z 转轴自由度均被限制，图 4-6 所示的钢架结构中的连接节点将各个杆件（被约束体）的自由度全部固定，形成固定约束。

（2）铰链约束。以图 4-7 所示的轴承为例，被约束体的 X、Y、Z 轴及 R_X、R_Y 转轴自由度均被限制，形成铰链约束。

图 4-6　固定约束

图 4-7　铰链约束

（3）圆柱约束。在该类约束中，被约束体的 X、Y 轴及 R_X、R_Y 转轴自由度均被限制，如图 4-8 所示。

（4）滑动约束。在该类约束中，被约束体的 Y、Z 轴及 R_X、R_Y、R_Z 转轴自由度均被限制，如图 4-9 所示。

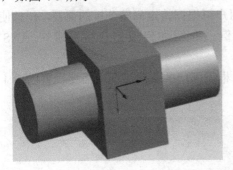

图 4-8　圆柱约束

图 4-9　滑动约束

（5）滑槽约束。在该类约束中，被约束体的 Y、Z 轴自由度均被限制，如图 4-10 所示。

（6）万向约束。在该类约束中，被约束体的 X、Y、Z 轴及 R_Y 转轴自由度均被限制，如图 4-11 所示。

图 4-10　滑槽约束

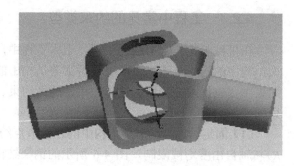

图 4-11　万向约束

（7）　球铰约束。在该类约束中，被约束体的 X、Y、Z 轴自由度均被限制，如图 4-12 所示。

（8）平面约束。在该类约束中，被约束体的 R_X、R_Y、R_Z 转轴自由度均被限制，如图 4-13 所示。

图 4-12　球铰约束

图 4-13　平面约束

4.2.4　ANSYS Workbench 中的约束类型的应用

ANSYS Workbench 内置了多种约束类型，用户可根据特定问题分析的需要，任意使用各种约束。下面以弧形钢闸门的强度校核为例，介绍如何根据分析需求在 ANSYS Workbench 中施加约束。

在弧形钢闸门（见图 4-14）的强度计算中，根据闸门的实际工况，需要设置以下 4 种约束。

图 4-14　弧形钢闸门

1. 在支铰座底面设置固定约束

（1）在 ANSYS Workbench 中的 Mechanical 界面，单击"Environment"工具条中的"Supports"按钮，弹出施加约束的界面，在这里可以使用任意类型的约束，如图 4-15 所示。

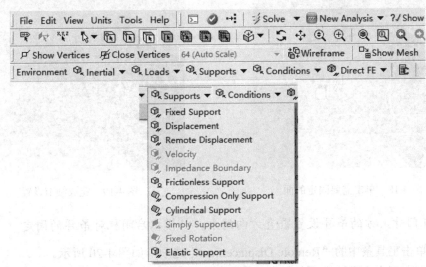

图 4-15　施加约束的界面

（2）单击工具条中的"Fixed Support"选项，如图 4-16 所示。

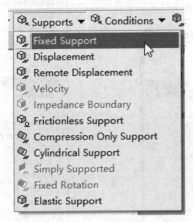

图 4-16　单击"Fixed Support"选项

（3）在左下方出现该选项的细节设置界面，如图 4-17 所示。

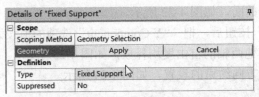

图 4-17　细节设置界面

（4）单击需要固定的面，如图 4-18 所示。

（5）单击"Apply"按钮，完成细节设置，如图 4-19 所示。

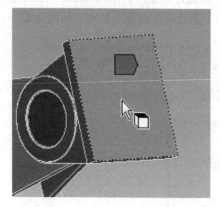

图 4-18　单击需要固定的面

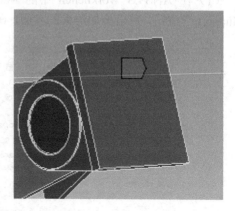

图 4-19　完成细节设置

2. 在门叶上方的吊耳设置垂直方向约束，以模拟启闭机对吊耳的固定

（1）单击工具条中的"Remote Displacement"选项，如图 4-20 所示。

（2）在左下方出现该选项的细节设置界面，如图 4-21 所示。

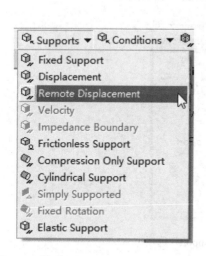

图 4-20　单击"Remote Displacement"选项

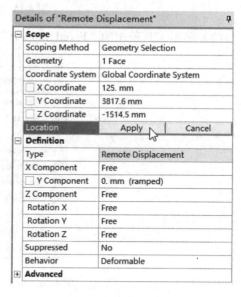

图 4-21　细节设置界面

（3）单击需要固定的面，如图 4-22 所示。

（4）单击"Apply"按钮后，把 "Y Component"选项的值设为"0mm"，表明该约束仅约束 Y 轴自由度，其他两轴的自由度均释放，如图 4-23 所示。

（5）完成吊耳垂直方向约束的设置，如图 4-24 所示。

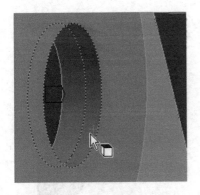

图 4-22 单击需要固定的面

Type	Remote Displacement
X Component	Free
☐ Y Component	0. mm (ramped)
Z Component	Free
Rotation X	Free
Rotation Y	Free
Rotation Z	Free
Suppressed	No
Behavior	Deformable

图 4-23 设置 Y 轴自由度

3. 在门叶的左右侧面设置滑动约束，以模拟门叶在门槽内的滑动状态

（1）单击工具条中的"Frictionless Support"选项，如图 4-25 所示。

图 4-24 完成吊耳垂直方向约束的设置

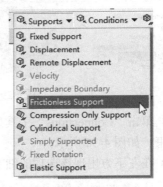

图 4-25 单击"Frictionless Support"选项

（2）在左下方出现该选项的细节设置界面，如图 4-26 所示。

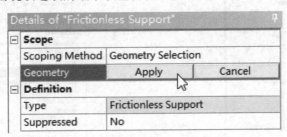

图 4-26 细节设置界面

（3）单击需要固定的面，如图 4-27 所示。

（4）单击"Apply"按钮，完成细节设置，如图 4-28 所示。

4. 在支铰轴内设置"铰链约束"，以模拟门叶通过支铰轴与支铰形成转动关系

（1）在"Outline"界面中选择"Connections"选项，调出"Connections"工具条，如图 4-29 所示。

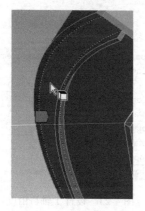

图 4-27　单击需要固定的面

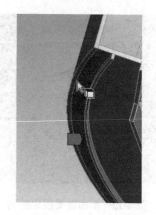

图 4-28　完成细节设置

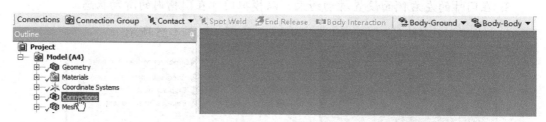

图 4-29　调出"Connections"工具条

（2）单击"Connections"工具条中的"Revolute"（铰链）选项，施加支铰与支铰轴的铰链约束，如图 4-30 所示。

（3）在左下方出现该选项的细节设置界面，如图 4-31 所示。

图 4-30　施加铰链约束

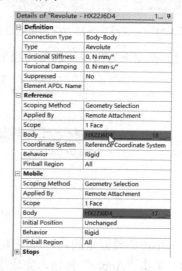

图 4-31　细节设置界面

（4）先单击"Reference"选项下的"Scope"按钮，然后单击支铰轴的外圆柱面。选择完毕，单击"Reference"选项下的"Apply"按钮，使支铰轴作为约束体，如图 4-32 所示。

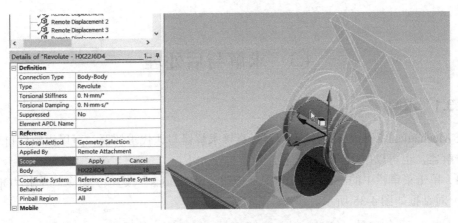

图 4-32 设置约束体

（5）先单击"Mobile"选项下的"Scope"按钮，然后单击支铰的内圆柱面。选择完毕，单击"Mobile"选项下的"Apply"按钮，使支铰作为被约束体，如图 4-33 所示。

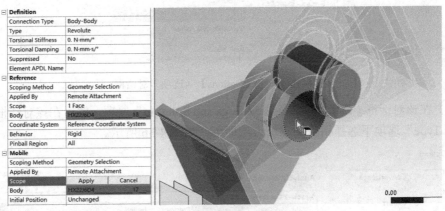

图 4-33 设置被约束体

（6）完成支铰同支铰轴的铰链连接，"RZ"复选框以色块显示，表示该约束释放被约束体在 Z 轴上的转动自由度，如图 4-34 所示。

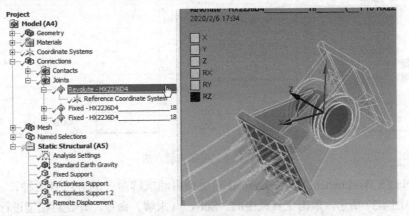

图 4-34 完成支铰同支铰轴的铰链连接

4.3 求解与后处理

4.3.1 求解

在 Mechanical 模块中有两种求解器：直接求解器与迭代求解器，可以由软件自动选取哪种求解器，也可以由用户自行设置。设置方法如下：

（1）单击菜单栏中的"Tools"（工具）按钮→"Options"（选项）命令，弹出"Options"（选项）对话框如图 4-35 所示。

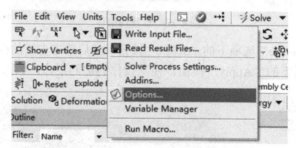

图 4-35 弹出【Options】（选项）对话框

（2）在该对话框中选择"Analysis Settings and Solution"选项，然后在该对话框右侧的"Solver Type"选项下选择相应的求解方法即可，如图 4-36 所示。

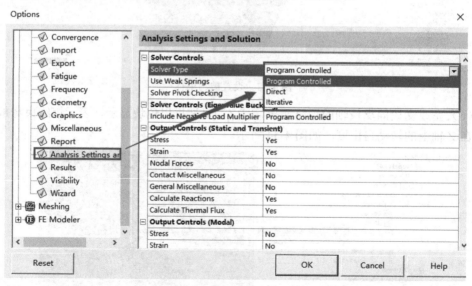

图 4-36 选择求解方法

在 ANSYS Workbench 的 Mechanical 模块中启动求解命令的方法有两种。

① 如图 4-37 所示，单击工具栏中的"Solve"（求解）命令，开始对模型进行求解计算。

图 4-37 单击工具栏中的求解命令

② 在"Outline"（流程树）界面中的分支"Static Structural（A5）"选项上单击右键，在弹出的快捷菜单中选择"Solve（F5）"（求解）命令，开始对模型进行求解计算，如图 4-38 所示。

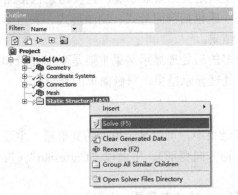

图 4-38 在单击快捷菜单键中选择求解命令

系统默认采用上述两个处理器进行求解，可以通过下面的操作步骤进行设置。

（1）单击菜单栏中的"Tools（工具）"按钮→"Solve Process Settings"（求解进行设置）命令，弹出"Solve Process Settings"对话框。

（2）在该对话框中单击"Advanced..."（高级）按钮，弹出"Advanced Properties"对话框。

（3）在该对话框中的"Max number of utilized cores"对应的文本框中输入求解器的个数"2"，如图 4-39 所示。

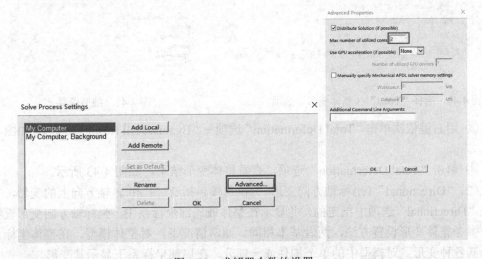

图 4-39 求解器个数的设置

4.3.2 后处理

ANSYS Workbench 中的后处理一般包括求解信息查看、计算结果显示及计算结果输出等内容。

（1）求解信息查看。可以查看到模型求解计算过程中的所有信息，如求解时间、使用内存空间、收敛性等，并且会以文本的形式显示在对话框中。

（2）计算结果显示。一般包括变形显示、应力显示、应变显示、应力工具、线性化应力、损伤显示、接触工具及自定义结果显示等，查看结果包括图形显示设置和探测等。

（3）计算结果输出。一般包括剖面形式、动画形式、表格形式及图像形式等，通常情况下以图像形式输出计算结果。

在机械工程中使用最多的后处理显示结果主要是变形显示和应力显示，在此对这两项进行重点介绍，对其他后处理显示结果，只做简单的介绍。

1. 变形显示

在 Mechanical 的计算结果中，可以显示模型的变形量，主要包括"Total"（整体变形）及"Directional"（沿坐标轴方向变形）。下面以"Cartesian"（笛卡儿直角坐标系）为例进行介绍。

（1）"Total"（整体变形）。整体变形是一个标量，它由下式决定：

$$U_{\text{total}} = \sqrt{U_X^2 + U_Y^2 + U_Z^2}$$

整体变形的设置方法（整体坐标系）如下：

① 单击工具条，选择"Total"选项，如图 4-40 所示。

② 在弹出的界面中进行细节设置，如图 4-41 所示。

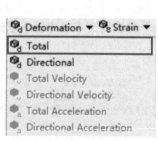

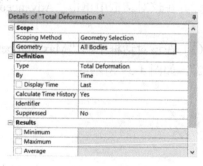

图 4-40 选择"Total"（整体变形）选项   图 4-41 细节设置

③ 用右键依次单击"Total Deformation"选项→"Evaluate All Results"选项，如图 4-42 所示。

④ 单击"Total Deformation"选项，查看整体变形结果，如图 4-43 所示。

（2）"Directional"（坐标轴方向变形）。该选项包括 X、Y 和 Z 轴方向上的变形，它们是在"Directional"选项中指定的，并显示在整体或局部坐标系中。坐标轴方向变形设置方法可参考整体变形设置方法，两者基本相同。通常情况下，对整体模型，在整体坐标系下显示其各种变形；对模型中的单个构件或一部分，在局部坐标系下显示其变形。

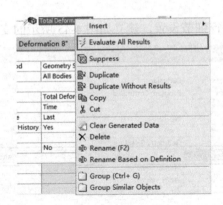

图 4-42　求解设置

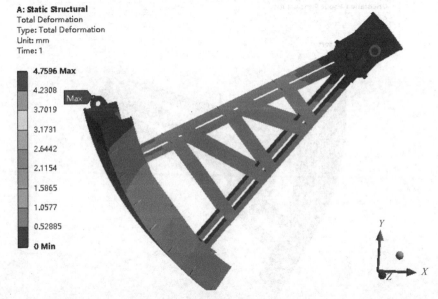

图 4-43　整体变形结构

局部变形设置方法（局部坐标系）如下：

① 单击【Model】界面中的"Coordinate Systems"选项，建立局部坐标系，如图 4-44
所示。

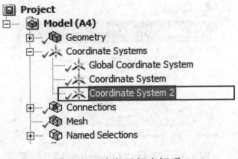

图 4-44　建立局部坐标系

② 在弹出的界面中进行细节设置，建立如图 4-45 所示的支腿局部坐标系。

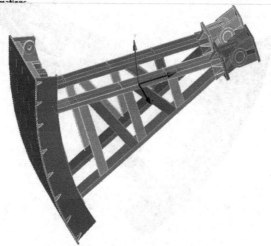

图 4-45　建立支腿局部坐标系

③ 单击工具条，选择"Directional"选项，如图 4-46 所示。

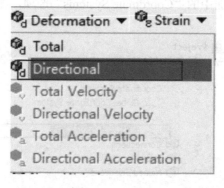

图 4-46　选择"Directional"选项

④ 在弹出的界面中进行细节设置，如图 4-47 所示。

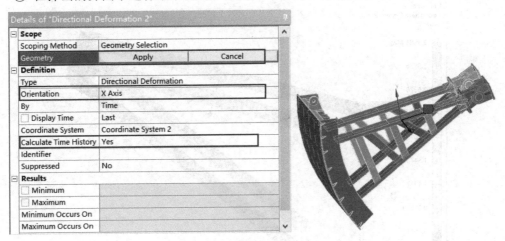

图 4-47　细节设置

⑤ 用右键单击"Direction Deformation"选项，在弹出的快捷菜单中，单击"Evaluate All Results"选项，进行求解设置，如图 4-48 所示。

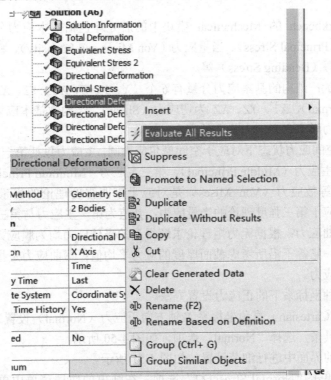

图 4-48　求解设置

⑥ 单击"Direction Deformation"选项，查看 X 轴方向上的变形，如图 4-49 所示。

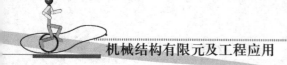
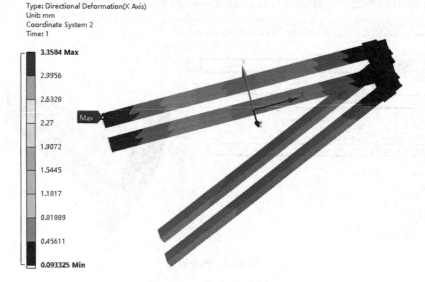

Directional Deformation 2
Type: Directional Deformation(X Axis)
Unit: mm
Coordinate System 2
Time: 1

3.3584 Max
2.9956
2.6328
2.27
1.9072
1.5445
1.1817
0.81889
0.45611
0.093325 Min

图 4-49　X 轴方向上的变形

2. 应力显示

ANSYS Workbench 的 Mechanical 模块中的后处理包括基本应力分量（Normal and Shear）、主应力（Principal Stress）、当量应力（Von Mises and Intensity）、膜应力（Membrane Stress）、弯曲应力（Bending Stress）等。

基本应力分量：结构的基本应力分量有 6 个（X、Y、Z、XY、YZ、XZ），其中，X、Y、Z 为正应力（Normal），XY、YZ、XZ 为切应力（Shear），结构的基本应力分量方向和正负号的规定与弹性力学中空间应力状态的规定一致。

主应力：在空间应力状态下对应于空间摩尔应力圆，主应力包括第一主应力（Maximun Principal）、第二主应力（Middle Principal）、第三主应力（Minimun Principal）。

当量应力：等效应力（Von Mises）是对应于第四强度理论的当量应力；应力强度（Intensity）是对应于第三强度理论的当量应力，其值为第一主应力与第三主应力之差。

膜应力和弯曲应力：根据无力矩理论求解得到的壳体应力均为膜应力，即沿截面厚度均匀分布的应力，它等于沿所考虑截面厚度的应力平均值；弯曲应力是指沿壁厚呈线性或非线性分布的正应力。

下面介绍两种坐标系下的正应力设置方法。

1）笛卡儿（Cartesian）直角坐标系 X 轴方向正应力（Normal）设置方法

（1）单击工具条，选择"Normal"选项，如图 4-50 所示。

（2）在弹出的界面中进行细节设置，如图 4-51 所示。

（3）用右键单击"Normal Stress 22"选项，在弹出的快捷菜单中单击"Evaluate All Results"选项，进行求解设置，如图 4-52 所示。

（4）单击"Normal Stress"选项，查看 X 轴方向上的应力分布结果，如图 4-53 所示。

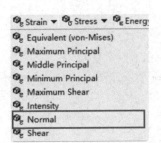

图 4-50 选择"Normal"选项

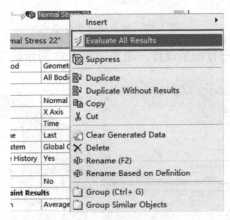

图 4-51 细节设置

图 4-52 求解设置

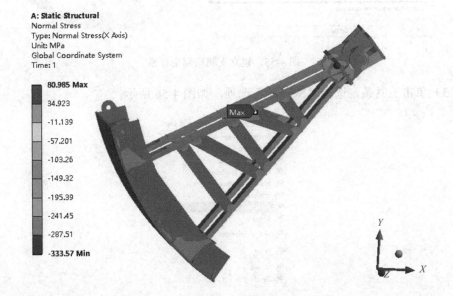

图 4-53 X 轴方向上的应力分布结果

2）柱直角（Cylindrical）坐标系 X 轴方向正应力（Normal）设置方法

（1）单击【Model】界面中的"Coordinate Systems"选项，建立局部坐标系，如图 4-54 所示。

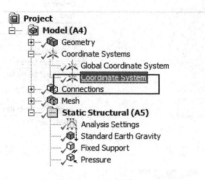

图 4-54　建立局部坐标系

（2）在弹出的界面中进行细节设置，建立如图 4-55 所示的支腿局部坐标系。

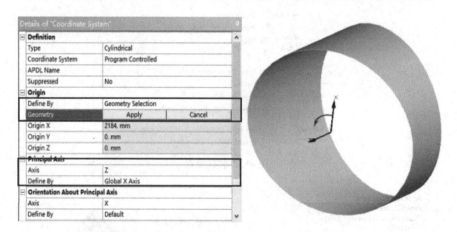

图 4-55　建立支腿局部坐标系

（3）单击工具条，选择"Normal"选项，如图 4-56 所示。

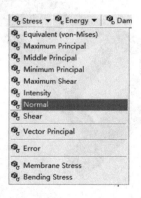

图 4-56　选择"Normal"选项

（4）在弹出界面中进行细节设置，如图4-57所示。

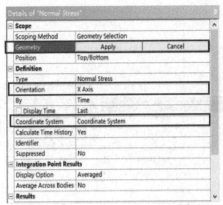
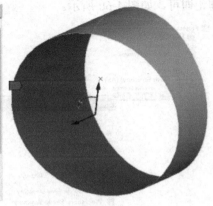

图4-57　细节设置

（5）右键单击"Normal Stress 22"选项，在弹出的快捷菜单中，单击"Evaluate All Results"选项，进行求解设置，如图4-58所示。

（6）单击"Normal Stress"选项，查看X轴方向上的应力分布结果，如图4-59所示。

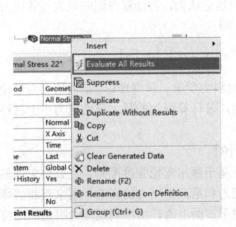

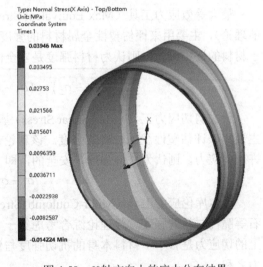

图4-58　求解设置　　　　　图4-59　X轴方向上的应力分布结果

其他应力如切应力、等效应力、主应力等与正应力X轴方向上的应力设置方法基本相同，这里不再累述。此外，一般情况下，在机械工程应用中采用三维实体建模时，选取3个正应力分量、3个切应力分量及等效应力进行结构受力分析，就可以说明问题。

3. 应变显示

应变显示的设置方法与应力显示的设置方法相同。

4. 应力工具

使用此功能，可以对不同的材料选取不同强度准则计算当量应力。使用应力工具（Stress

Tool）时，需要利用 Mechanical 中的计算结果。操作时，在"Stress Tool"选项下选择合适的强度理论即可，如图 4-60 所示。

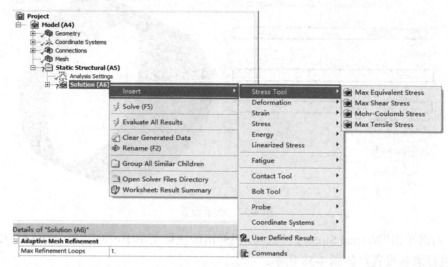

图 4-60　应力工具选项

最大等效应力工具（Max Equivalent Stress）基于材料力学第四强度理论（形状改变比能理论），主要用来评估塑性金属材料的强度。该理论认为，若计算得到的最大等效应力小于材料的许用应力，则认为材料强度是安全的，即

$$\sqrt{\frac{1}{2}\Big[(\sigma_1-\sigma_2)^2+(\sigma_2-\sigma_3)^2+(\sigma_3-\sigma_1)^2\Big]}\leqslant[\sigma]$$

最大剪切应力工具（Max Shear Stress）基于材料力学第三强度理论（最大切应力理论），主要用来评估塑性金属材料的强度。该理论认为，若计算得到的最大剪切应力小于材料的许用剪应力，则认为材料强度是安全的，即

$$\sigma_1-\sigma_3\leqslant[\sigma]$$

摩尔库伦应力工具（Mohr-Coulomb Stress）基于摩尔库伦强度准则，主要用来评估岩石等脆性材料的强度。该理论综合考虑第一主应力和第三主应力的影响，用来判断破坏面上的切应力是否小于材料本身的抗切强度与作用于该面上的、由法向正应力引起的摩擦阻力之和。

最大拉应力工具（Max Tensile Stress）基于材料力学第一强度理论（最大拉应力理论），主要用来评估脆性材料强度。该理论认为，若材料的第一主应力超过材料的许用应力，则认为材料已经失效，其当量应力值为

$$\sigma_1\leqslant[\sigma]$$

5. 线性化应力

线性化应力（Linearized Stress）选项在 Mechanical 的工具栏中，如图 4-61 所示。

对线性化应力，需要定义其对应的路径（Path），然后设定线性化应力才可以求解，具体的步骤如下：

（1）单击"Outline"界面→"Model"选项，在"Model"选项上用右键单击，选择"Insert"选项→"Construction Geometry"选项。此时，在"Model"选项列表中会出现"Construction Geometry"选项，右键单击"Insert"选项→"Path"选项。设置路径时，可以根据坐标系中的坐标值设置，也可以根据结构中的点、线、面设置。

（2）设置路径之后就可以求解线性化应力结果。

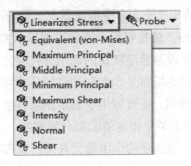

图4-61 线性化应力（Linearized Stress）选项

6. 接触工具

在 ANSYS Workbench 的 Mechanical 模块中，单击"Solution"工具栏中的"Tools"按钮，在下拉菜单中选择"Contact Tool"（接触工具）选项，得到接触分析结果。利用接触工具下的接触分析，可以求解相应的接触分析结果，包括"Frictional Stress"（摩擦应力）、"Pressure"（接触压力）、"Sliding Distance"（滑动距离）等计算结果，如图4-62所示。

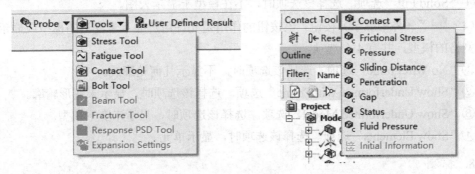

图4-62 选择"Contact Tool"接触工具选项，得到接触分析结果

为"Contact Tool"选项选择接触域，可通过以下两种方法。

（1）通过"Worksheet View（Details）"选项，从表单中选择接触域，包括接触面、目标面或同时选择两者。

（2）通过"Geometry"选项，在图形窗口中选择接触域。

7. 图形显示设置

当选择一个结果选项时，会出现图形显示设置选项，该选项位于文本工具框中，如图4-63所示。

Result 1.0 (True Scale)

图 4-63　图形显示设置选项

（1）"True Scale"（缩放比例）选项。该选项参数值会根据结构分析模型的变形情况发生变化。在默认状态下，为了更清楚地看到结构的变化，比例系数自动被放大。同时允许用户改变比例系数，可以把结构改变为非变形或真实变形情况，也可以输入变形因子。

（2）（显示方式）按钮。该按钮用于控制云图显示方式，共有 4 个选项。

① "Exterior" 选项。该选项是系统默认的显示方式并且是最常使用的方式。

② "IsoSurface" 选项。该选项对显示相同的值域是非常有用的。

③ "Capped IsoSurface" 选项。该选项用于显示删除模型一部分之后的结果。删除的部分是可变的，例如，高于或低于某个指定值的部分被删除。

④ "Slice Planes" 选项。该选项的作用是允许用户真实地剖切模型，需要先创建一个界面，然后显示剩余的云图。

（3）（色条设置）按钮。该按钮可以用来控制模型的云图显示方式，共有 4 个选项。

① "Smooth Contours" 选项。该选项的作用是光滑地显示云图。

② "Contours Bands" 选项。该选项的作用是显示有明显的色带区域。

③ "Isolines" 选项。该选项的作用是以模型等直线方式显示云图。

④ "Solid Fill" 选项。选择该选项时，不在模型上显示云图。

（4）（外形显示）按钮。该按钮的作用是允许用户显示未变形的模型或显示需要划分网格的模型，共有 4 个选项。

① "No WireFrame" 选项。选择该选项时，不显示几何轮廓线。

② "Show Underformed WireFrame" 选项。选择该选项时，显示未变形轮廓。

③ "Show Underformed Model" 选项。选择该选项时，显示未变形模型。

④ "Show Elements" 选项。选择该选项时，显示单元。

8. 探测

当选择一个结果选项时，会出现"Probe"（探测工具）选项，该选项位于文本工具框中，如图 4-64 所示。单击此选项，使其处于凹陷状态，便可以在结果云图中选择探测位置，可以探测任意位置，并显示探测位置的结果数值。

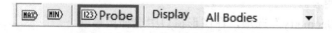

图 4-64　"Probe"（探测工具）选项

下面以弧形闸门支腿上沿轴向分布的正应力为例，说明探测工具的使用方法。

（1）单击工具条，选择"Normal"选项，如图 4-65 所示。

（2）在弹出的界面中进行细节设置，如图 4-66 所示。

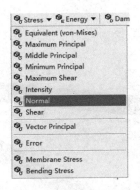

图 4-65　单击工具条，选择"Normal"选项

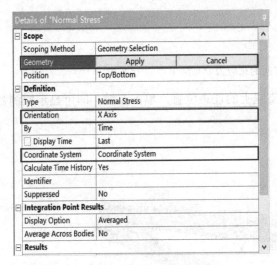

图 4-66　细节设置

（3）右键单击"Normal Stress"选项，在弹出的快捷菜单中，单击"Evaluate All Results"选项，进行求解设置，如图 4-67 所示。

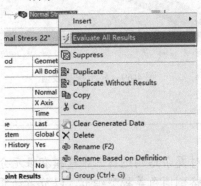

图 4-67　求解设置

（4）单击"Normal Stress"选项，查看弧形闸门支腿上沿 X 轴方向的正应力分布结果，如图 4-68 所示。

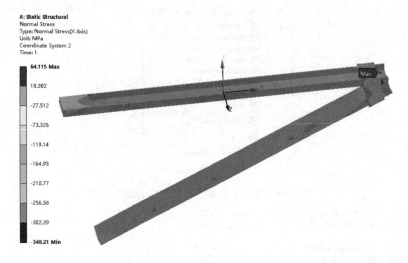

图 4-68   X 轴方向的正应力分布结果

（5）单击"Probe"按钮，把光标移到支腿上的任意位置，单击左键，即可显示探测数值，如图 4-69 所示。

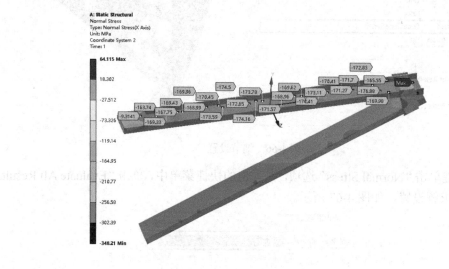

图 4-69   显示探测数值

特 别 提 示

在机械工程应用中，对复杂结构进行三维建模有限元分析时，系统会在构件截面突变位置或尖角位置，忽略倒圆角等模型细节，以节省计算资源。这样会出现应力集中现象，甚至出现应力奇异现象。应力奇异现象是指受力体由于几何关系，在求解应力函数时出现应力无穷大的情况。因此，在后处理中显示应力结果时，截面突变位置及尖角位置的应力是不可用的。

4.4 求解与后处理分析实例——应力集中问题

轴是机器中的主要构件之一，对各类作回转运动的传动零件（如皮带轮、齿轮、蜗轮等），通常都需要把它们安装在轴上进行运动或传递扭矩。工作时，轴通常承受扭矩、拉伸、压缩或弯曲载荷，这些载荷既可以单独作用，也可以联合作用。按照外形的不同，轴可分为光轴和阶梯轴。在机械传动中阶梯轴的使用更为普遍。阶梯轴上截面尺寸发生变化的部位称为轴肩，由于轴直径发生了变化，轴肩在承受载荷时存在较大的应力集中，将对轴的强度产生不利的影响。通常在轴肩处采用圆角过渡，以降低应力集中程度，而过渡圆角半径的大小又会影响应力集中的程度。因此，在设计中对过渡圆角半径的选择非常重要。

4.4.1 问题描述

图 4-70 所示为阶梯轴模型。轴肩一侧的小径 d=10mm，小径长度为 30mm；轴肩另一侧的大径 D=20mm，大径长度为 90mm；该阶梯轴的材料选用碳钢 Q345，其泊松比为 0.3，弹性模量 E=210GPa。该阶梯轴受到拉伸载荷作用，拉伸载荷 F=1000N 作用在小端面上，大断面固定。如果轴肩的圆角半径分别取 r=0.4mm 与 r=2mm，请用 ANSYS Workbench 分析这两种情况下的应力集中程度。

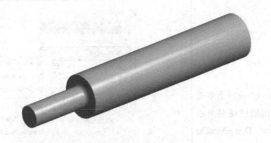

图 4-70 阶梯轴模型

> **要点提示**
>
> 本实例通过求解阶梯轴的轴肩圆角面的应力集中问题，重点介绍后处理中结果收敛性的查看方法。查看结果收敛性不仅可以求解应力收敛性，也可以求解变形收敛性。进行收敛性计算时，需要对高应力区域细化网格，这会占用较大计算资源。请读者熟练掌握本实例所用到的后处理操作，能够在今后的研究工作中灵活运用。

4.4.2 应力集中问题的分析流程

运行 ANSYS Workbench 进行应力集中分析，具体分析流程见表 4-1。

表 4-1　应力集中分析流程

步骤	内容	主要方法和技巧	界面图
1	建立分析项目	（1）在"Windows"系统下单击"开始"按钮→"所有程序"选项，启动 ANSYS Workbench，进入其主界面。 （2）双击主界面"Toolbox"（工具箱）项目栏中的"Analysis Systems"选项→"Static Structural"（结构静力学分析）选项，即可在"Project Schematic"（项目管理区）界面创建分析项目 A	
2	进入几何建模界面	在"Geometry"选项上单击右键，在弹出的快捷菜单中选择"New DesignModeler Geometry…"命令，进入几何建模界面	
3	选择绘图平面	单击"Tree Outline"（模型树）界面→"A: Static Structural"选项→"XYPlane"选项，绘图区域出现如右图所示的坐标平面。然后单击工具栏中的"⬚"按钮，使坐标平面正对窗口	

步骤	内容	主要方法和技巧	界面图
4	确定 单位	单击"Units"按钮→ "Millimeter"选项，把作图尺寸 单位确定为 mm	
5	创建 草图	单击"Tree Outline"（模型树） 界面下面的"Sketching"（草绘） 选项卡，切换到草绘命令操作 面板，以便创建草图	
6	自动 捕捉	单击"Draw"按钮→"Circle" 选项，此时"Circle"选项处于 凹陷状态，表明已被选中，如 右图所示。移动光标到绘图区 域的坐标原点附近，当绘图区 域出现"P"字符时，表示此时 光标位于坐标原点	

131

续表

步骤	内容	主要方法和技巧	界面图
7	草绘操作	把光标移到坐标原点并单击，然后在绘图区域的任意位置单击，确定圆已创建，如右图所示	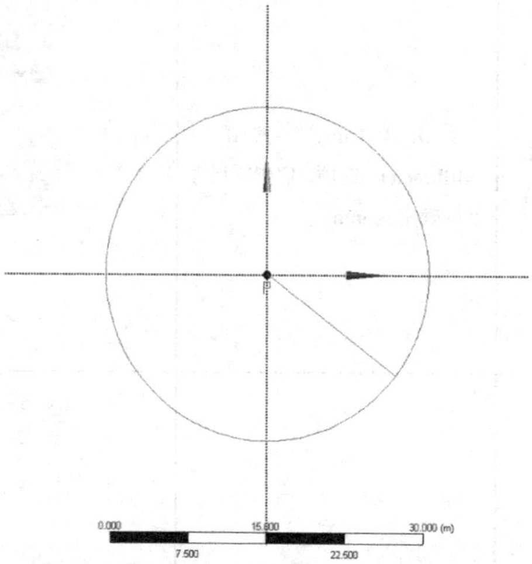
8	尺寸标注	单击"Dimensions"按钮→"General"选项，此时"General"选项处于凹陷状态，如右图所示。单击上一步骤绘制的圆，然后在"Detail View"面板中选择"Dimensions:1"选项，在其下方的"D1"复选框中输入"10mm"。按 Enter 键，确定输入成功	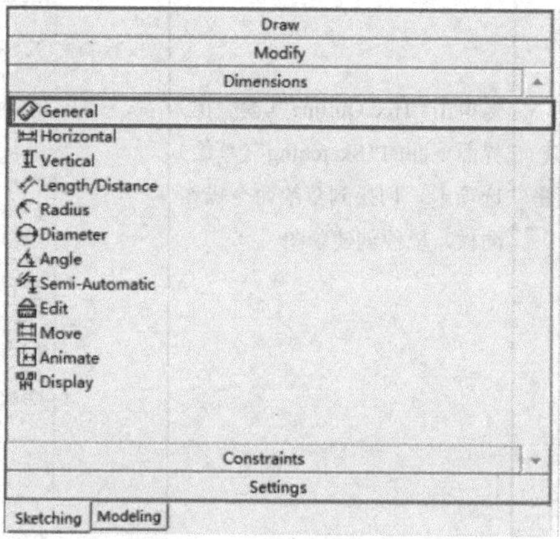 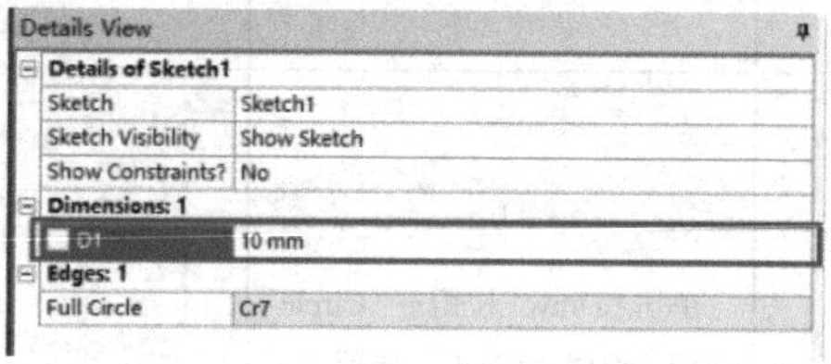 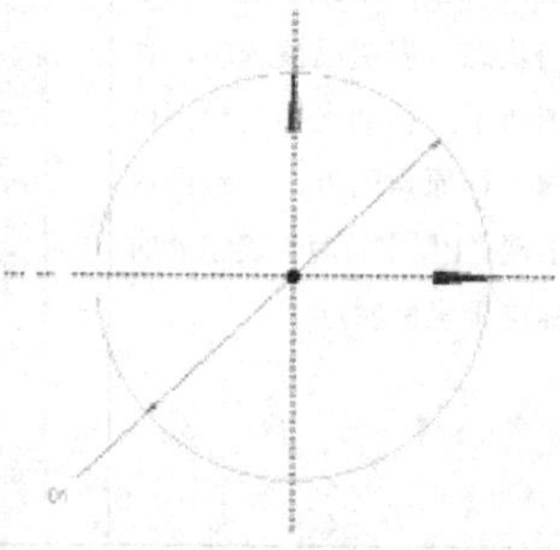

步骤	内容	主要方法和技巧	界面图
9	切换草绘界面	单击"Modeling"按钮，将"Sketching Toolboxes"（草绘工具箱）界面切换到"Tree Outline"（模型树）界面，如右图所示	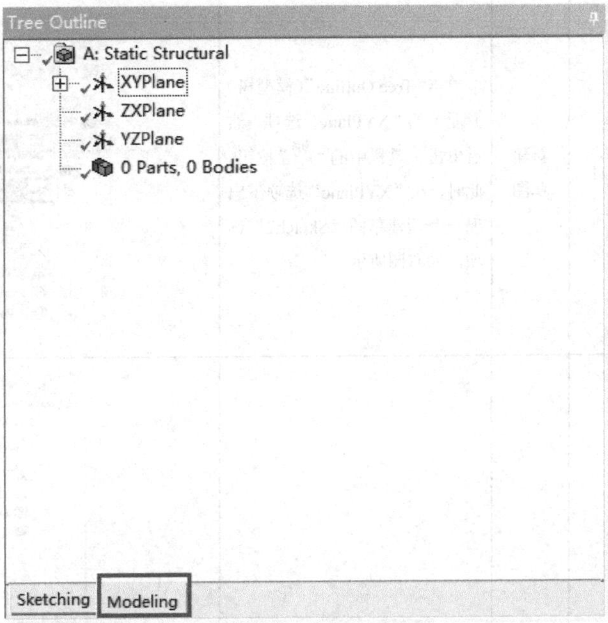
10	生成拉伸特征	单击工具栏中的"Extrude"（拉伸）按钮，此时，在"Tree Outline"（模型树）界面中出现一个拉伸命令，如右图所示。在"Details View"面板中，对"Details of Extrude1"选项进行如下操作： ①在"Geometry"栏中选择"Sketch1"选项。 ②在"Operation"栏中选择"Add Material"选项。 ③在"Extent Type"选项下的"FD1, Depth（>0）"栏中输入"30mm"。对其余选项保持默认设置。 ④完成以上设置后，单击工具栏中的"Generate"按钮，生成拉伸特征	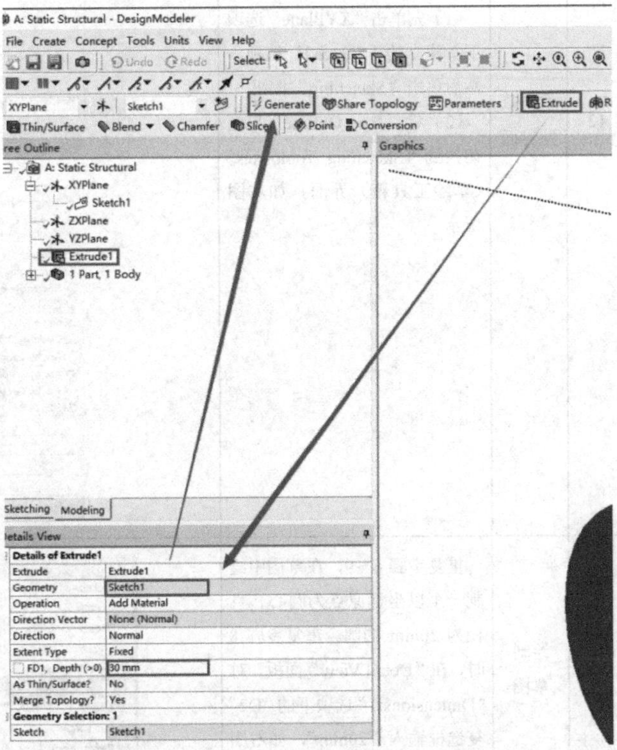

续表

步骤	内容	主要方法和技巧	界面图
11	新建草图	单击"Tree Outline"（模型树）界面下的"XYPlane"选项，然后单击工具栏中的"⚙"按钮。此时，在"XYPlane"选项下出现一个新建草图"Sketch2"选项，如右图所示	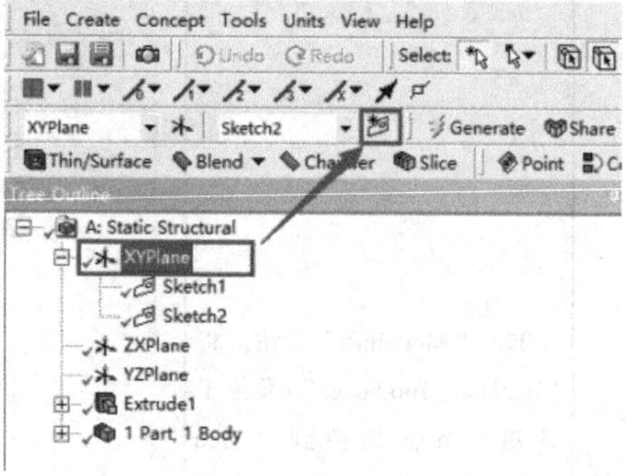
12	切换草图界面	（1）先单击"XYPlane"选项下新建立的"Sketch2"选项，然后单击"Sketching"按钮 （2）将"Tree Outline"界面切换到"Sketching Toolboxes"（草绘工具箱）界面，如右图所示	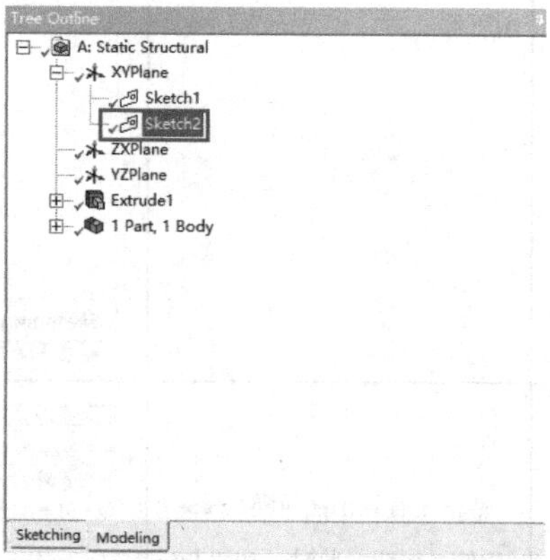 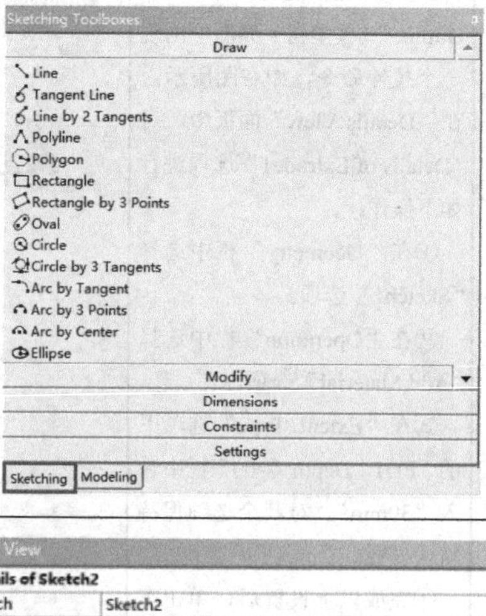
13	绘制草图	重复步骤6~9，在草图中绘制一个以坐标原点为圆心、直径为20mm的圆。重复步骤8时，在"Detail View"面板，对"Dimensions:1"选项下的"D2"复选框输入"20mm"，如右图所示	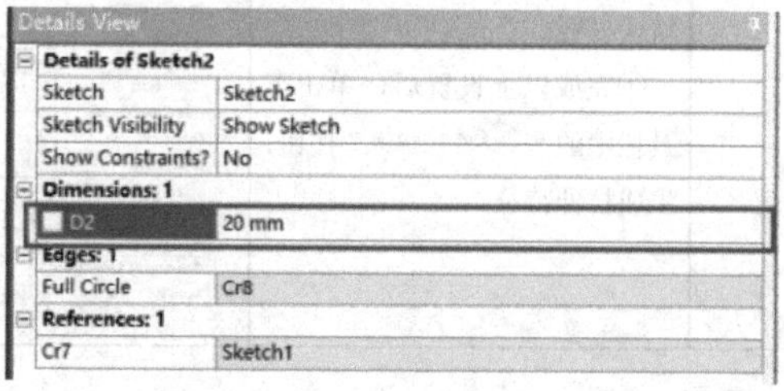

续表

步骤	内容	主要方法和技巧	界面图
14	生成拉伸特征	单击工具栏中的"⬛Extrude"（拉伸）按钮，此时，在"Tree Outline"（模型树）界面下方出现一个拉伸命令，如右图所示。在"Details View"面板中，对"Details of Extrude2"选项进行如下操作： ① 在"Geometry"栏中选择"Sketch2"选项。 ② 在"Operation"栏中选择"Add Material"选项。 ③ 在"Direction"栏中选择"Reversed"选项。 ④ 在"Extent Type"选项下的"FD1，Depth（>0）"栏中，输入"90mm"，对其余选项保持默认设置。 ⑤ 完成以上设置后，单击工具栏中的"⚡Generate"按钮，生成拉伸特征	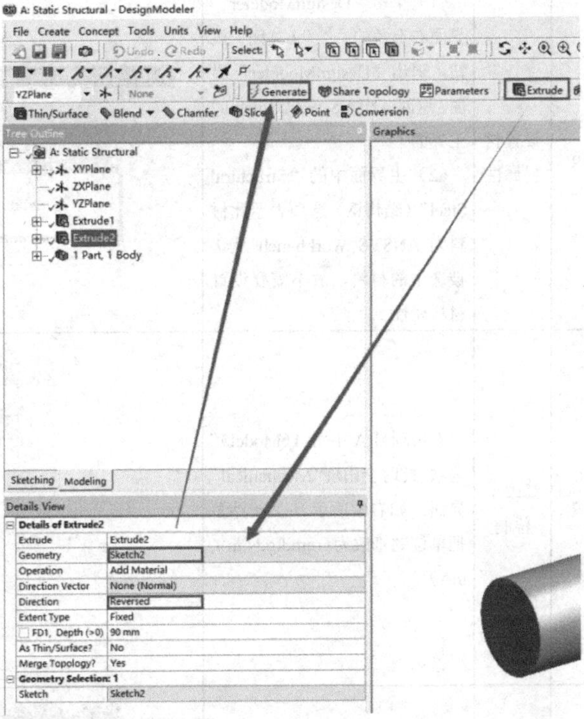
15	添加圆角	单击工具栏中的"●Blend"按钮，在下拉列表中选择"●Fixed Radius"（固定半径倒圆角）选项。此时，在"Tree Outline"（模型树）界面下方出现一个倒圆角命令，如右图所示。在"Details View"面板中，对"Details of FBlend1"选项进行如下操作： ①在"Geometry"栏中选择轴肩圆线。 ②单击"Fixed"选项→"Radius Blend"选项，在"FD1，Radius（>0）"栏中输入"2mm"。 ③完成以上设置后，单击工具栏中的"⚡Generate"按钮，生成圆角特征，如右图所示	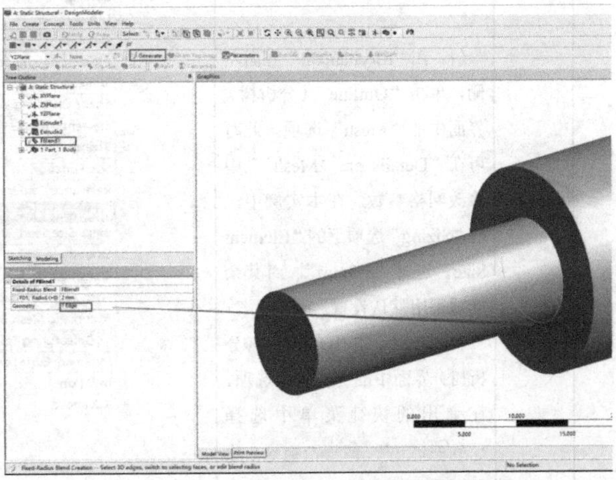 

135

步骤	内容	主要方法和技巧	界面图
16	设置材料属性	（1）单击"DesignModeler"界面右上角的"×"（关闭）按钮，退出"DesignModeler"界面，返回 ANSYS Workbench 的主界面。 （2）主界面中的"Structural Steel"（结构钢）选项表示此材料为 ANSYS Workbench 默认被选中的材料，故不需要设置材料属性	
17	修改单位制	双击项目 A 中"A4（Model）"选项，此时会出现"Mechanical"界面，如右图所示。在该界面把单位制修改为（mm,kg,N,mV,mA）	
18	划分网格	（1）在"Mechanical"界面左侧，单击"Outline"（分析树）界面中的"Mesh"选项，此时可在"Details of 'Mesh'"中修改网格参数。在本实例中，对"Sizing"选项下的"Element Size"选择"1.0mm"，对其余选项采用默认设置。 （2）右键单击"Outline"（分析树）界面中的"Mesh"选项，在弹出的快捷菜单中选择" Generate Mesh "命令。此时，弹出进度显示条，表示正在进行网格划分。网格划分完成后，进度显示条自动消失。最终的网格划分效果如右图所示	

续表

步骤	内容	主要方法和技巧	界面图
19	施加固定约束	（1）在"Mechanical"界面左侧，单击"Outline"（分析树）界面中的"Static Structural（A5）"选项。此时，出现如右图所示的"Environment"工具栏。单击"Environment"工具栏中的"Supports"（约束）按钮→"Fixed Support"（固定约束）选项。 （2）选择需要施加固定约束的面，在"Details of 'Static Structural（A5）'"界面中，单击"Geometry"选项下的"Apply"按钮，即可在选中的面上施加固定约束。本实例中需要施加固定约束的面为大轴端面，如右图所示	
20	施加载荷	同步骤19，选择"Environment"工具栏中的"Loads"（载荷）选项→"Force"（力）选项，如右图所示。 在"Details of 'Force'"面板中进行如下设置及输入： ①在"Geometry"栏中选择施加力的作用面。本实例中的受力面为小轴端面。 ②在"Define By"栏中选择"Components"选项，表示按坐标的方式输入数值。 ③在"Z Component"栏中输入"-1000N"，此时在"Graph"（图表区）界面和"Tabular Data"界面（图表数据区）分别显示了载荷数值。其他选项保持默认设置，如右图所示	

续表

步骤	内容	主要方法和技巧	界面图
21	求解	右键单击"Outline"（分析树）界面中的"Static Structural（A5）"选项，在弹出的快捷菜单中选择"Solve（F5）"命令，如右图所示。此时，弹出进度显示条，表示正在求解。求解完成后，进度显示条自动消失	
22	查看等效应力	在"Mechanical"界面左侧，单击"Outline"（分析树）界面中的"Solution（A6）"选项，此时出现如右图所示的"Solution"工具栏。选择"Solution"工具栏中的"Stress"（应力）按钮→"Equivalent（von-Mises）"命令，此时在分析树中会出现"Equivalent Stress"（等效应力）选项	
23	查看整体变形	同步骤22，单击"Solution"工具栏中的"Deformation"（变形）按钮→"Total"命令，如右图所示。此时，在分析树中出现"Total Deformation"（整体变形）选项	

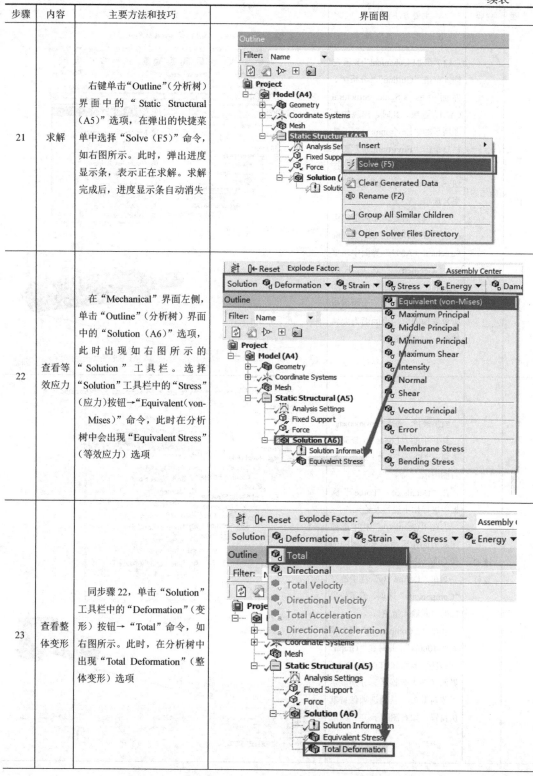

续表

步骤	内容	主要方法和技巧	界面图
24	求解与后处理结果	右键单击"Outline"（分析树）界面中的"Solution（A6）"选项，在弹出的快捷菜单中选择"Equivalent All Results"命令，如右图所示。此时，弹出进度显示条，表示正在求解。求解完成后，进度显示条自动消失	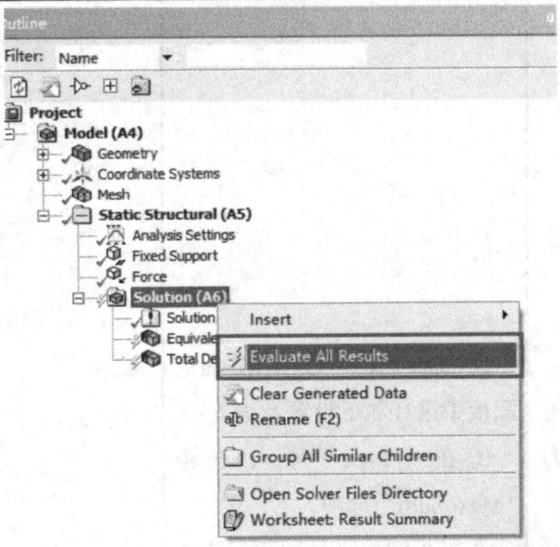
25	查看应力云图	在"Outline"（分析树）界面中，选择"Solution（A6）"选项下的"Equivalent Stress"选项。此时，出现如右图所示的应力云图	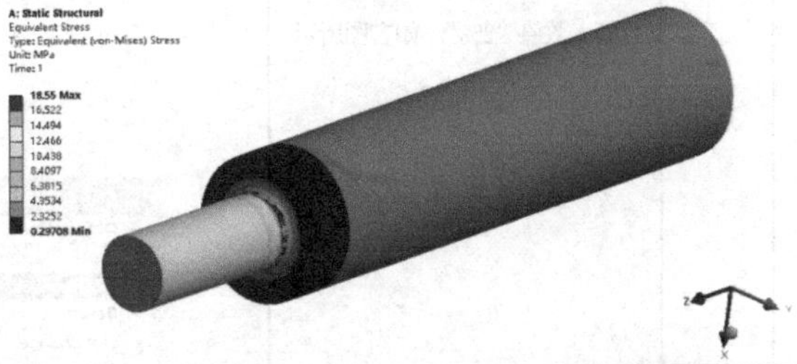
26	查看变形云图	在"Outline"（分析树）界面中，选择"Solution（A6）"选项下的"Total Deformation"选项。此时，出现如右图所示的变形云图	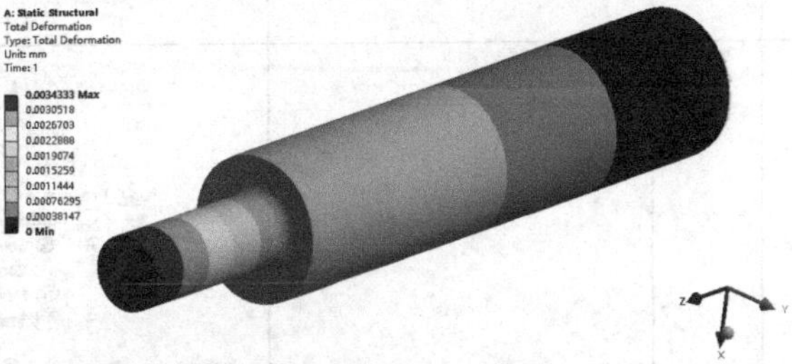
27	设置等效应力的收敛性	由于应力集中问题的特殊性，因此在后处理阶段需要对计算结果进行收敛性分析。在"Outline"（分析树）界面中，选择"Solution（A6）"选项下的"Equivalent Stress"选项，右键单击"Equivalent Stress"选项，在弹出的快捷菜单中选择"Insert"选项→"Convergence"选项，如右图所示	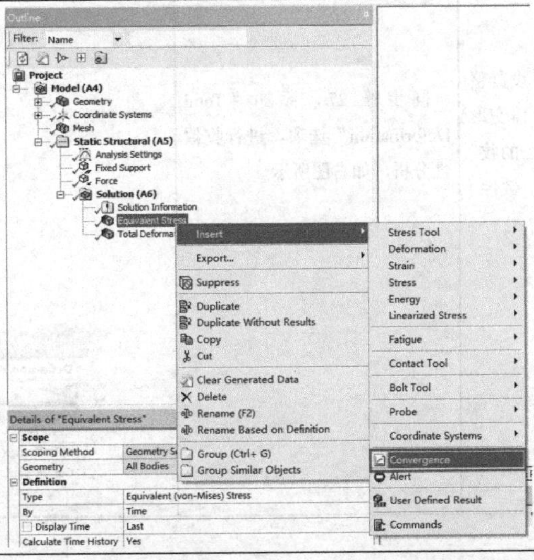

续表

步骤	内容	主要方法和技巧	界面图
28	分析等效应力的收敛性	在"Details of 'Convergence'"面板中进行如下设置及输入： ①在"Type"栏中选中"Maximum"选项。 ②在"Allowable Change"栏中输入数值"2%"，如右图所示	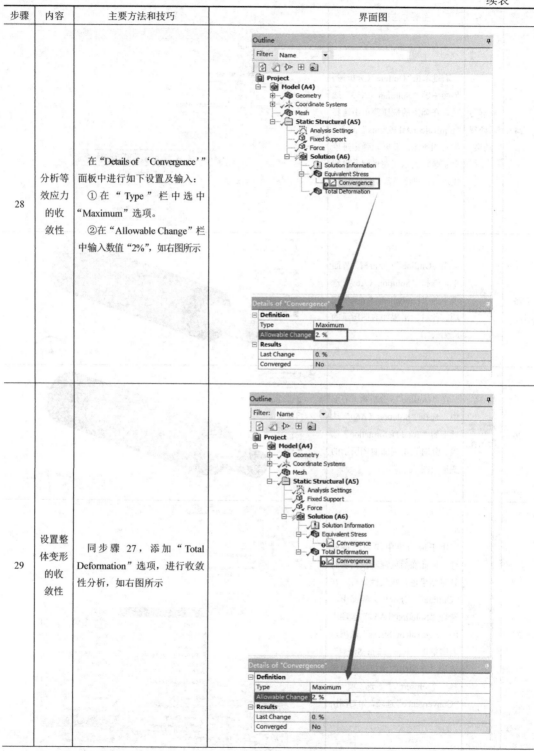
29	设置整体变形的收敛性	同步骤 27，添加"Total Deformation"选项，进行收敛性分析，如右图所示	

步骤	内容	主要方法和技巧	界面图
30	分析整体变形的收敛性	单击"Outline"（分析树）界面中的"Solution（A6）"选项，在"Details of 'Solution'"面板中，将"Max Refinement Loops"栏中的数值修改为"4"，如右图所示	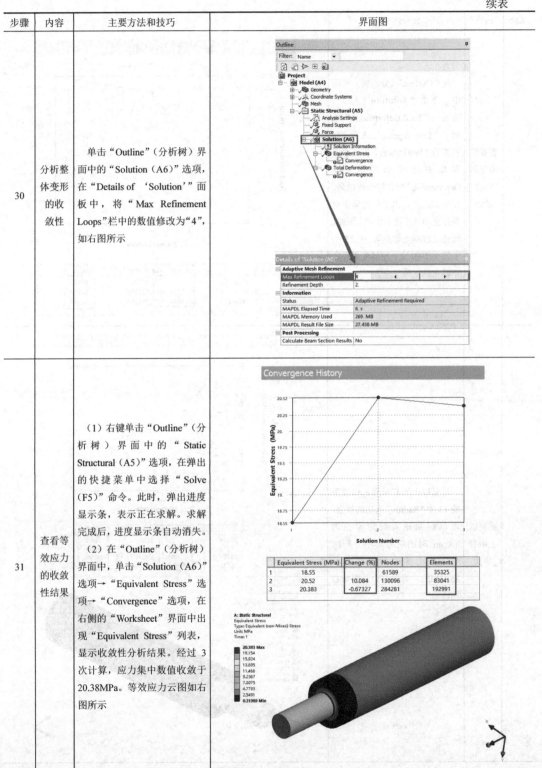
31	查看等效应力的收敛性结果	（1）右键单击"Outline"（分析树）界面中的"Static Structural（A5）"选项，在弹出的快捷菜单中选择"Solve（F5）"命令。此时，弹出进度显示条，表示正在求解。求解完成后，进度显示条自动消失。 （2）在"Outline"（分析树）界面中，单击"Solution（A6）"选项→"Equivalent Stress"选项→"Convergence"选项，在右侧的"Worksheet"界面中出现"Equivalent Stress"列表，显示收敛性分析结果。经过 3 次计算，应力集中数值收敛于20.38MPa。等效应力云图如右图所示	

续表

步骤	内容	主要方法和技巧	界面图
32	查看整体变形的收敛性	在"Outline"（分析树）界面中，单击"Solution（A6）"选项→"Total Deformation"选项→"Convergence"选项，在右侧的"WorkSheet"界面中出现如右图所示的"Total Deformation"收敛性分析结果。在本实例中，由于应力集中对整体变形几乎没有影响，因此，即使离散单元数量从 35325 个变到 192991 个，整体变形程度不足 0.1%	**Convergence History** |	Total Deformation (mm)	Change (%)	Nodes	Elements
---	---	---	---	---
1	3.4333e-003		61589	35325
2	3.4341e-003	2.3381e-002	130096	83041
3	3.4342e-003	4.6179e-003	284281	192991	
33	重复以上所有步骤	重复以上所有步骤，修改步骤 15 中"Radius"选项的数值，可以得到轴肩圆角半径为 0.4mm 时的应力集中分析结果。应力集中数值收敛于 36.11MPa，等效应力云图如右图所示	**Convergence History** |	Equivalent Stress (MPa)	Change (%)	Nodes	Elements
---	---	---	---	---
1	29.378		62127	35684
2	33.718	13.754	133454	85499
3	36.207	7.1217	235546	158585
4	36.113	-0.26183	544927	380708	 A: Static Structural Equivalent Stress Type: Equivalent (von-Mises) Stress Unit: MPa Time: 1 36.113 Max 32.105 28.096 24.088 20.08 16.072 12.064 8.0554 4.0472 0.03899 Min

续表

步骤	内容	主要方法和技巧	界面图
34	保存与退出	（1）单击"Mechanical"界面右上角的"✕"（关闭）按钮，退出"Mechanical"界面，返回ANSYS Workbench的主界面。 （2）在ANSYS Workbench的主界面中单击常用工具栏中的"Save"（保存）按钮，输入文件名并保存。 （3）单击ANSYS Workbench主界面右上角的"✕"（关闭）按钮，退出ANSYS Workbench主界面，完成项目分析	File View Tools Units Extensions Jobs Help New Ctrl+N Open... Ctrl+O Save Ctrl+S Save As... Save to Repository Open from Repository Send Changes to Repository Get Changes from Repository Transfer to Repository Status Manage Repository Project Manage Connections Launch EKM Web Client...

特别提示

当绘图区域出现"P"字符时，表示此时光标在坐标原点位置。

当绘图区域出现"C"字符时，表示此时光标在某一坐标轴上。

对比步骤29和步骤31中的阶梯轴模型可知，轴肩圆角半径为0.4mm时的应力集中程度比轴肩半径为2mm时的应力集中程度更高，应力收敛更困难。因此，设计零件时，应使阶梯轴的轴肩圆角半径尽量大一些。

4.5　求解与后处理分析实例——应力奇异问题

在构件外形突然发生变化的区域，会出现应力集中现象，因此，设计零件时，应尽可能避免零件中有尖角的孔和槽。例如，阶梯轴的轴肩处要用圆弧过渡，应尽量使圆弧半径大一些。通过4.4节的算例可知，对阶梯轴的轴肩圆角面，若要计算出其准确的应力值，则需要进行精密的网格离散，细化网格，使得结构单元的数量明显增多。对一些大型复杂结构的有限元分析来说，这会显著增加计算成本。因此，在大型通用有限元分析中都会忽略倒圆角等模型细节，以节省计算资源。但是，这样的模型简化又会带来一个新的问题，就是应力奇异问题。应力奇异是指受力体由于几何关系，在求解应力函数时出现应力无穷大的情况。本节沿用4.4节中的阶梯轴模型并对其进行简化，即忽略轴肩圆角并进行有限元分析。

4.5.1 问题描述

仍以图 4-70 所示的阶梯轴模型为例，忽略其轴肩圆角，请用 ANSYS Workbench 分析该简化模型的应力分布。

> **要点提示**
>
> 本实例主要向读者介绍应力奇异问题产生的原因，至于应力奇异问题的解决方法，将在 4.6 节中介绍。
> 要求读者应能熟练掌握后处理中关于结果收敛性的查看方法，能够通过该方法区分应力集中和应力奇异两种现象。

4.5.2 应力奇异问题的分析流程

运行 ANSYS Workbench，进行应力奇异分析计算，具体分析流程见表 4-2。

表 4-2　应力奇异分析流程

步骤	内容	主要方法和技巧	界面图
1	建立分析项目	（1）在 Windows 系统下单击"开始"按钮→"所有程序"选项，启动 ANSYS Workbench，进入其主界面。 （2）在主界面中，单击"Toolbox"（工具箱）项目栏中的"Analysis Systems"选项→"Static Structural"（结构静力学分析）选项，即可在"Project Schematic"（项目管理区）创建分析项目 A，如右图所示	

步骤	内容	主要方法和技巧	界面图
2	创建几何体	由于本实例与 4.4 节中的实例模型相似，差别仅在于轴肩处有无倒圆角，因此建模时，可重复表 4-1 中的步骤 1～14，得到的模型如右图所示	
3	添加材料库	本实例选择的材料为"Structural Steel"（结构钢），此材料为 ANSYS Workbench 中默认的材料，故不需要设置	
4	确定单位制	双击项目 A 中的"Model"，此时出现"Mechanical"界面，如右图所示。在该界面把单位制修改为"Metric（mm,kg,N,mV,mA）"	
5	划分网格	（1）在"Mechanical"界面左侧，单击"Outline"（分析树）界面中的"Mesh"选项，此时可在"Details of 'Mesh'"界面中修改网格参数。在本实例中，把"Sizing"选项下的"Element Size"设为"1mm"，对其余选项采用默认设置。 （2）右键单击"Outlines"（分析树）界面中的"Mesh"选项，在弹出的快捷菜单中选择"Mesh"命令。此时弹出进度显示条，表示正在进行网格划分。网格划分完成后，进度显示条自动消失。最终的网格划分效果如右图所示	

续表

步骤	内容	主要方法和技巧	界面图
6	施加固定约束	（1）在"Mechanical"界面左侧，单击"Outline"（分析树）界面中的"Static Structural（A5）"选项。此时出现如右图所示的"Environment"工具栏。单击"Environment"工具栏中的"Supports"（约束）按钮→"Fixed Support"（固定约束）命令。 （2）选择需要施加固定约束的面，在"Details of 'Static Structural（A5）'"（参数列表）界面中，单击"Geometry"选项下的"Apply"按钮，即可在选中的面上施加固定约束。本实例中的固定约束面为大轴端面，如右图所示	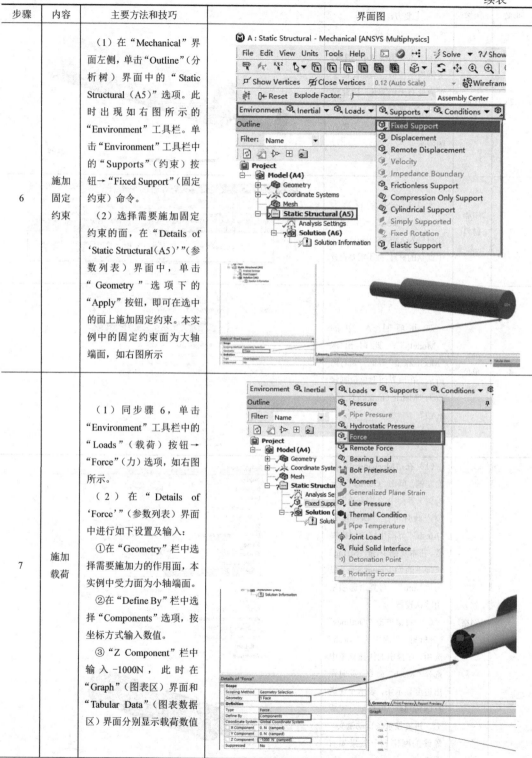
7	施加载荷	（1）同步骤6，单击"Environment"工具栏中的"Loads"（载荷）按钮→"Force"（力）选项，如右图所示。 （2）在"Details of 'Force'"（参数列表）界面中进行如下设置及输入： ①在"Geometry"栏中选择需要施加力的作用面，本实例中受力面为小轴端面。 ②在"Define By"栏中选择"Components"选项，按坐标方式输入数值。 ③"Z Component"栏中输入 -1000N，此时在"Graph"（图表区）界面和"Tabular Data"（图表数据区）界面分别显示载荷数值	

续表

步骤	内容	主要方法和技巧	界面图
8	求解	右键单击"Outline"（分析树）界面中的"Static Structural（A5）"选项，在弹出的快捷菜单中选择"Solve（F5）"命令，如右图所示。此时，弹出进度显示条，表示正在求解。求解完成后进度显示条自动消失	
9	添加等效应力	在"Mechanical"界面左侧，单击"Outline"（分析树）界面中的"Solution（A6）"选项，此时，出现如右图所示的"Solution"工具栏。单击"Solution"工具栏中的"Stress"（应力）按钮 → "Equivalent（von-Mises）"选项，此时，在分析树中出现"Equivalent Stress"（等效应力）选项	
10	添加整体变形	单击"Solution"工具栏中的"Deformation"（变形）按钮→"Total"选项，如右图所示。此时，在分析树中出现"Total Deformation"（整体变形）选项	

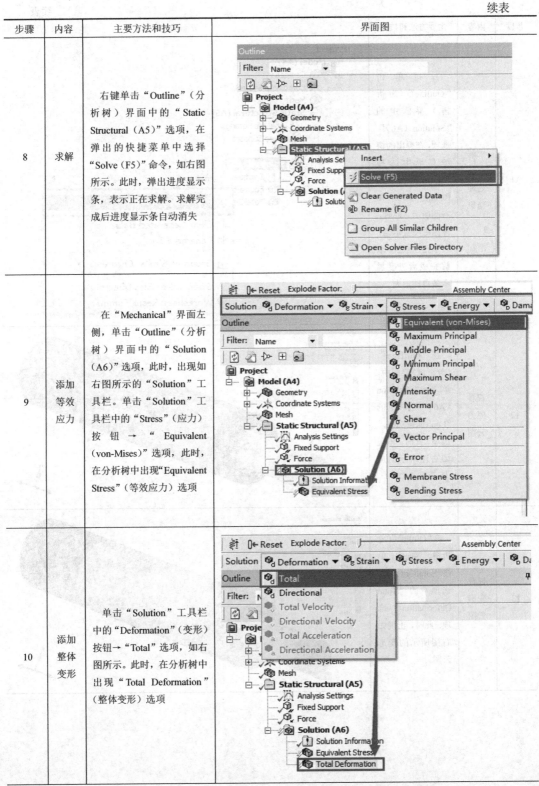

续表

步骤	内容	主要方法和技巧	界面图
11	求解与后处理结果	右键单击"Outline"（分析树）界面中的"Solution（A6）"选项，在弹出的快捷菜单中选择"Equivalent All Results"选项，如右图所示。此时，弹出进度显示条，表示正在求解。求解完成后进度显示条自动消失	**Project** **Model (A4)** ⊞ Geometry ⊞ Coordinate Systems Mesh ⊟ **Static Structural (A5)** 　Analysis Settings 　Fixed Support 　Force ⊟ **Solution (A6)** 　Solution　　Insert ▸ 　Equivale　Evaluate All Results 　Total De 　　Clear Generated Data 　　Rename (F2) 　　Group All Similar Children 　　Open Solver Files Directory 　　Worksheet: Result Summary
12	查看应力云图	在"Outline"（分析树）界面中，单击"Solution（A6）"选项下的"Equivalent Stress"选项。此时，出现如右图所示的应力云图	A: Static Structural Equivalent Stress Type: Equivalent (von-Mises) Stress Unit: MPa Time: 1 18.833 Max 16.742 14.65 12.559 10.468 8.3763 6.2849 4.1935 2.1022 0.010764 Min
13	查看变形云图	在"Outline"（分析树）界面中，单击"Solution（A6）"选项下的"Total Deformation"选项。此时，出现如右图所示的变形云图	A: Static Structural Total Deformation Type: Total Deformation Unit: mm Time: 1 0.003485 Max 0.0030978 0.0027106 0.0023233 0.0019361 0.0015489 0.0011617 0.00077444 0.00038722 0 Min

续表

步骤	内容	主要方法和技巧	界面图
14	分析等效应力的收敛性	在"Outline"（分析树）界面中，单击"Solution（A6）"选项下的"Equivalent Stress"选项，单击右键，在弹出的快捷菜单中，选择"Insert"选项→"Convergence"选项，如右图所示	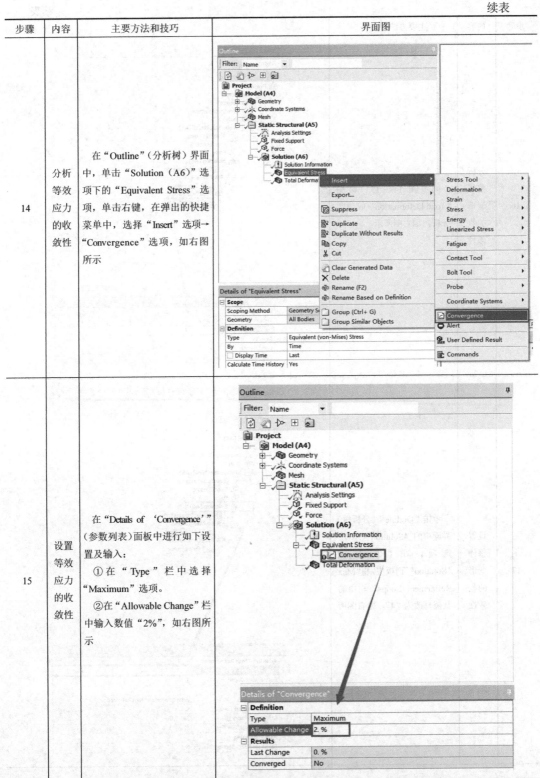
15	设置等效应力的收敛性	在"Details of 'Convergence'"（参数列表）面板中进行如下设置及输入： ①在"Type"栏中选择"Maximum"选项。 ②在"Allowable Change"栏中输入数值"2%"，如右图所示	

续表

步骤	内容	主要方法和技巧	界面图
16	分析整体变形的收敛性	同步骤 14～15，添加"Total Deformation"收敛性分析，如右图所示	
17	设置整体变形的收敛性	单击"Outline"（分析树）界面中的"Solution（A6）"选项，在"Details of 'Solution'"面板中，将"Max Refinement Loops"栏中的数值修改为"4"，如右图所示	

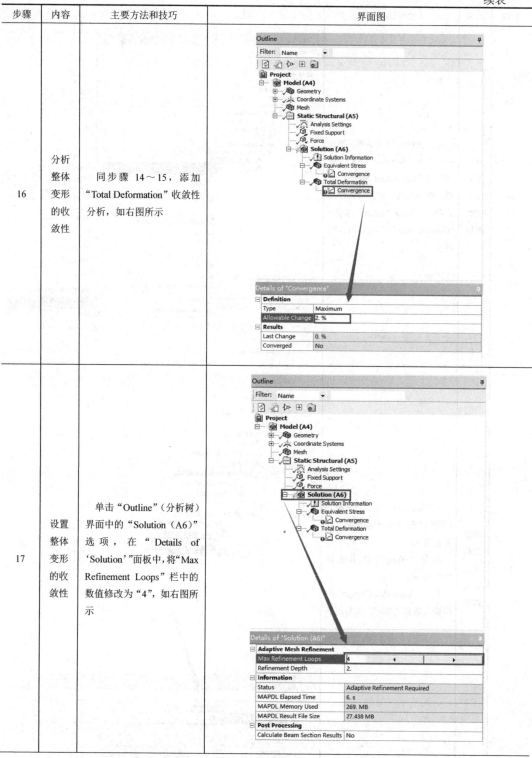

步骤	内容	主要方法和技巧	界面图
18	查看等效应力收敛性分析结果	（1）右键单击"Outline"（分析树）界面中的"Static Structural（A5）"选项，在弹出的快捷菜单中选择"Solve（F5）"命令。此时，弹出进度显示条，表示正在求解。求解完成后，进度显示条自动消失。 （2）单击"Outline"（分析树）界面中的"Solution（A6）"选项→"Equivalent Stress"选项→"Convergence"选项。此时，"Convergence"选项前面有一个红色感叹号，代表"Equivalent Stress"选项结果并未收敛。在右侧"Worksheet"图表中，会出现如右上图所示的"Equivalent Stress"收敛性分析结果。经过5次计算，单元数量从3.5万个增加到56.9万个，应力极值从18.833MPa增加到61.98MPa，应力极值增大幅度为30%左右。 最终得到的等效应力云图如右下图所示，极值出现在阶梯轴的轴肩处。由于对原本需要倒圆角的轴肩做了简化处理，因此出现了应力奇异问题，应力值随着网格的不断加密逐渐发散	Details of "Convergence" **Definition** Type：Maximum Allowable Change：2. % **Results** Last Change：35.278 % Converged：No Convergence History |	Equivalent Stress (MPa)	Change (%)	Nodes	Elements
---	---	---	---	---
1	18.833		61160	35014
2	23.725	22.99	104474	65072
3	32.523	31.28	168341	110782
4	43.393	28.638	330600	228000
5	61.98	35.278	800540	568867	

续表

步骤	内容	主要方法和技巧	界面图
19	查看整体变形的收敛性分析结果	单击"Outline"(分析树)界面中的"Solution(A6)"选项→"Total Deformation"选项→"Convergence"选项,在右侧"Worksheet"图表中出现如右图所示的"Total Deformation"收敛性分析结果。由于应力奇异对整体变形几乎没有影响,因此随着离散单元数量的增加,整体变形几乎没有变化	
20	保存与退出	(1)单击"Mechanical"界面右上角的"×"(关闭)按钮,退出"Mechanical"界面,返回ANSYS Workbench的主界面。 (2)在ANSYS Workbench的主界面中,单击常用工具栏中的"Save"(保存)按钮,输入文件名并保存包含分析结果的文件。 (3)单击ANSYS Workbench主界面右上角的"×"(关闭)按钮,退出ANSYS Workbench主界面,完成项目分析	

特别提示

导致应力结果发散的原因并不是有限元模型本身的错误,而是有限元模型基于一个错误的数学模型,即根据弹性理论在尖角处的应力是无穷大的。

由于离散化误差,有限元模型并不会产生无穷大的应力结果。这一离散化的误差掩盖了建模时的错误,但是随着网格离散化的无限精细,计算结果会趋于无穷大。

4.6 求解与后处理分析实例——子模型方法

通过前面的学习可知,阶梯轴的轴肩处存在应力奇异现象是因为原模型被简化后,轴肩处没有了圆角过渡,导致应力结果发散。这并不是有限元模型本身的错误,而是有限元模型基于一个错误的数学模型造成的错误,即根据弹性理论在尖角处的应力是无穷大的。在现实中,不存在绝对的直角,而且一般在结构设计时,为了减小应力集中,会在拐角处添加圆角。但是，在大型通用有限元计算中，不可能在拐角或阶梯连接处都添加圆角进行建模计算，因为添加圆角之后进行网格细化时会增加网格数量，耗费计算资源。

在大型通用有限元计算中，往往采用子模型方法来解决应力奇异问题。首先仍然需要对模型的局部进行简化，忽略倒角等会增加计算量的模型细节。待得出计算结果之后，再将简化了的局部单独提取出来，对其进行复原并针对该局部重新计算，这种方法称为子模型方法。该方法同样适用于用户对其他感兴趣的局部进行网格细化和求解，而不占用计算资源。本节以阶梯轴轴肩处的应力集中问题为例，简单介绍子模型方法的基本操作。

4.6.1 问题描述

以图 4-70 所示的阶梯圆轴模型为例，轴肩圆角半径 $r=2\text{mm}$，请用 ANSYS Workbench 子模型方法分析该阶梯轴轴肩处的应力集中情况。

要点提示

子模型方法建立在有限元分析求解完成的基础之上，因此也可以把它看作结果后处理的高级应用。该方法把工程师关心的局部结构单独切分出来作为研究对象（子模型），导入已有的计算结果作为子模型的边界条件，重新计算。编者认为，在不额外占用计算资源的前提下，该方法是解决应力集中、应力奇异等问题最适合的技术手段之一。

4.6.2 子模型分析流程

运行 ANSYS Workbench 进行子模型分析计算，具体分析流程见表 4-3。

表 4-3 子模型分析流程

步骤	内容	主要方法和技巧	界面图
1	建立分析项目	（1）在 Windows 系统下单击"开始"按钮→"所有程序"选项，启动 ANSYS Workbench，进入其主界面。 （2）在主界面双击"Toolbox"（工具箱）项目栏中的"Analysis Systems"选项→"Static Structural"（结构静力学分析）选项，即可在"Project Schematic"（项目管理区）创建分析项目 A，如右图所示	

续表

步骤	内容	主要方法和技巧	界面图
2	创建几何体	（1）由于本实例与4.5节所用实例模型一样，因此建模步骤可参考表4-1，得到的模型如右图所示。 （2）单击"DesignModeler"界面右上角的"×"（关闭）按钮，关闭"DesignModeler"界面，返回 ANSYS Workbench 的主界面	
3	添加材料库	本实例选择的材料为"Structural Steel"（结构钢），此材料为 ANSYS Workbench 中默认的材料，故不需要设置	
4	确定单位制	双击项目 A 中的"Model"选项，此时出现 Mechanical 界面，如右图所示。在该界面把单位制修改为 Metric "（mm,kg,N,mV,mA）"	
5	划分网格	（1）单击"Outline"（分析树）界面中的"Mesh"选项，可在"Details of 'Mesh'"界面中修改网格参数。在本实例中对"Sizing"选项中的"Element Size"，把其值设为"1mm"，对其余选项保持默认设置。 （2）右键单击"Outlines"（分析树）界面中的"Mesh"选项，在弹出的快捷菜单中选择" Generate Mesh "命令。此时，弹出进度显示条，表示正在划分网格。网格划分完成后，进度显示条自动消失。最终的网格效果如右图所示	

续表

步骤	内容	主要方法和技巧	界面图
6	施加固定约束	（1）单击"Outline"（分析树）界面中的"Static Structural（A5）"选项，出现如右上图所示的"Environment"工具栏。单击"Environment"工具栏中的"Supports"（约束）按钮→"Fixed Support"（固定约束）命令。 （2）选择需要施加固定约束的面，在"Details of 'Static Structural（A5）'"界面中，单击"Geometry"选项下的"Apply"按钮，即可在选中的面上施加固定约束。本实例中的固定约束面为阶梯轴大端面，如右下图所示	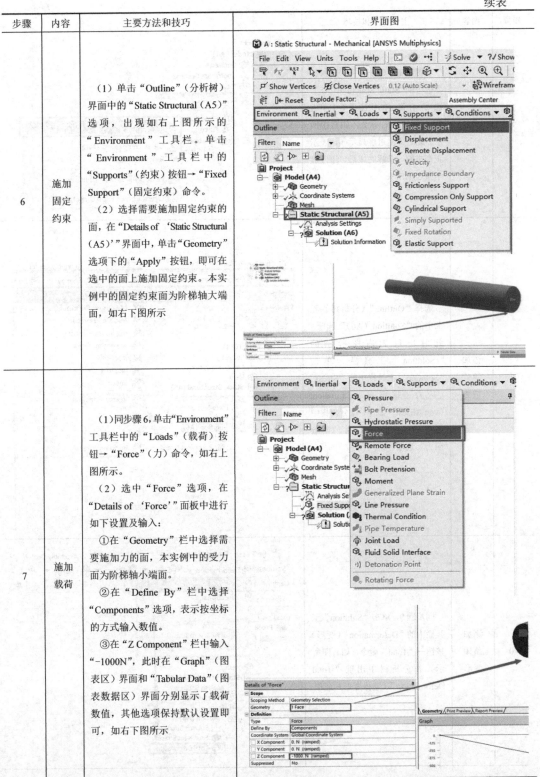
7	施加载荷	（1）同步骤6，单击"Environment"工具栏中的"Loads"（载荷）按钮→"Force"（力）命令，如右上图所示。 （2）选中"Force"选项，在"Details of 'Force'"面板中进行如下设置及输入： ①在"Geometry"栏中选择需要施加力的面，本实例中的受力面为阶梯轴小端面。 ②在"Define By"栏中选择"Components"选项，表示按坐标的方式输入数值。 ③在"Z Component"栏中输入"-1000N"，此时在"Graph"（图表区）界面和"Tabular Data"（图表数据区）界面分别显示了载荷数值，其他选项保持默认设置即可，如右下图所示	

步骤	内容	主要方法和技巧	界面图
8	求解	右键单击"Outline"（分析树）界面中的"Static Structural（A5）"选项，在弹出的快捷菜单中单击"Solve（F5）"命令，如右图所示。此时弹出进度显示条，表示正在求解。求解完成后，进度显示条自动消失	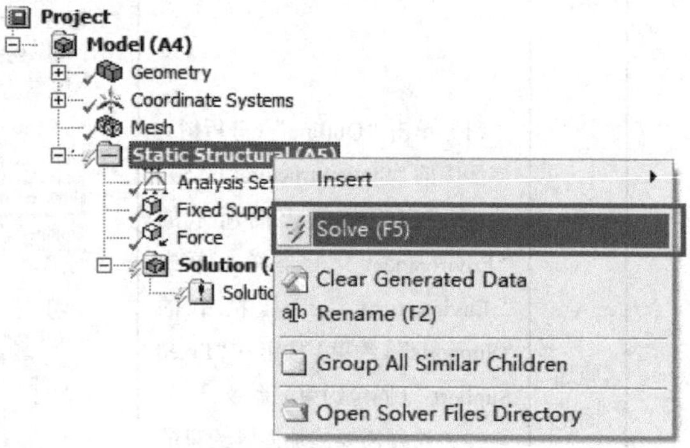
9	添加等效应力	选择"Outline"（分析树）界面中的"Solution（A6）"选项，此时出现如右图所示的"Solution"工具栏。单击"Solution"工具栏中的"Stress"（应力）按钮→"Equivalent（von-Mises）"命令，在分析树中出现"Equivalent Stress"（等效应力）选项	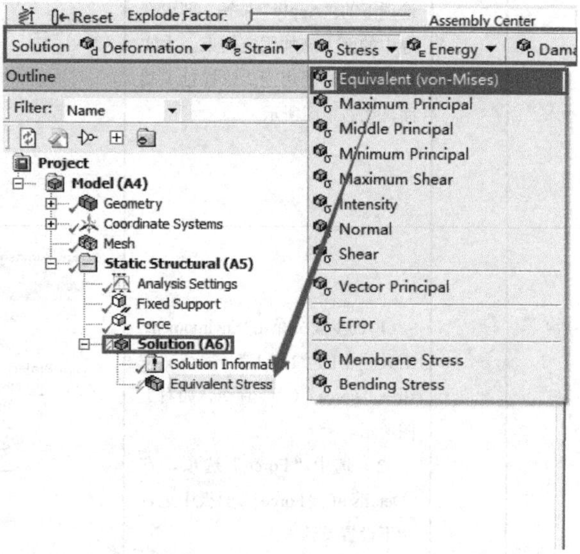
10	添加整体变形	同步骤9，单击"Solution"工具栏中的"Deformation"（变形）按钮→"Total"命令，如右图所示，在分析树中出现"Total Deformation"（整体变形）选项	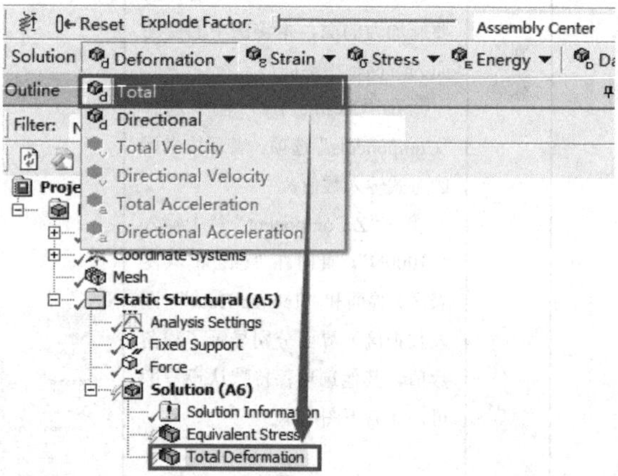

步骤	内容	主要方法和技巧	界面图
11	求解与后处理结果	右键单击"Outline"（分析树）界面中的"Solution（A6）"选项，在弹出的快捷菜单中单击"Equivalent All Results"命令，如右图所示。此时，会弹出进度显示条，表示正在求解。求解完成后，进度显示条自动消失	
12	查看等效应力云图	在"Outline"（分析树）界面中，选择"Solution（A6）"选项下的"Equivalent Stress"选项，出现如右图所示的应力云图	
13	查看整体变形云图	（1）在"Outline"（分析树）界面中，选择"Solution（A6）"选项下的"Total Deformation"选项，出现如右图所示的变形云图。（2）单击 Mechanical 界面右上角的"×"（关闭）按钮，退出 Mechanical 界面，返回 ANSYS Workbench 主界面。	
14	创建子模型分析项目 B	在 ANSYS Workbench 主界面，单击项目 A 左侧"▼"（箭头）按钮，在下拉列表中单击"Duplicate"选项，得到项目 B，如右图所示	

续表

步骤	内容	主要方法和技巧	界面图
15	启动 Design Modeler	在"Geometry"选项上单击右键，在弹出的快捷菜单中选择"Edit Geometry in Design Modeler…"命令，如右图所示	
16	新建坐标面 Plane 4	单击工具栏中的"✖"（新建坐标面）按钮，此时在"Tree Outline"（模型树）界面下方出现一个新建坐标面命令，如右图所示。在"Details View"面板中，对"Details of Plane4"选项进行如下操作： ①在"Base Plane"栏中选择"XYPlane"选项。 ②在"Transform 1（RMB）"栏中选择"Offset Z"选项。 ③在"FD1, Value 1"栏中输入"10mm"，其余选项保持默认设置。 ④完成以上设置后，单击工具栏中的"Generate"按钮，生成新坐标面	
17	新建坐标面 Plane 5	单击工具栏中的"✖"（新建坐标面）按钮，此时在"Tree Outline"（模型树）界面下方出现一个新建坐标面命令，如右图所示，在"Details View"面板中，对"Details of Plane5"选项进行如下操作： ①在"Base Plane"栏中选择"XYPlane"选项。 ②在"Transform 1（RMB）"栏中选择"Offset Z"选项。 ③在"FD1, Value 1"栏中输入"-10mm"，其余选项保持默认设置。 ④完成以上设置后，单击工具栏中的"Generate"按钮，生成新坐标面	

步骤	内容	主要方法和技巧	界面图
18	基于Plane 4切分子模型	单击工具栏中的"**Slice**"（切片）按钮，此时在"Tree Outline"（模型树）界面下方出现一个切片命令，如右图所示。在"Details View"面板中；对"Details of Slice1"选项进行如下操作：①在"Base Plane"栏中选择"Plane4"选项，其余选项保持默认设置。②单击工具栏中的"**Generate**"按钮，生成新特征	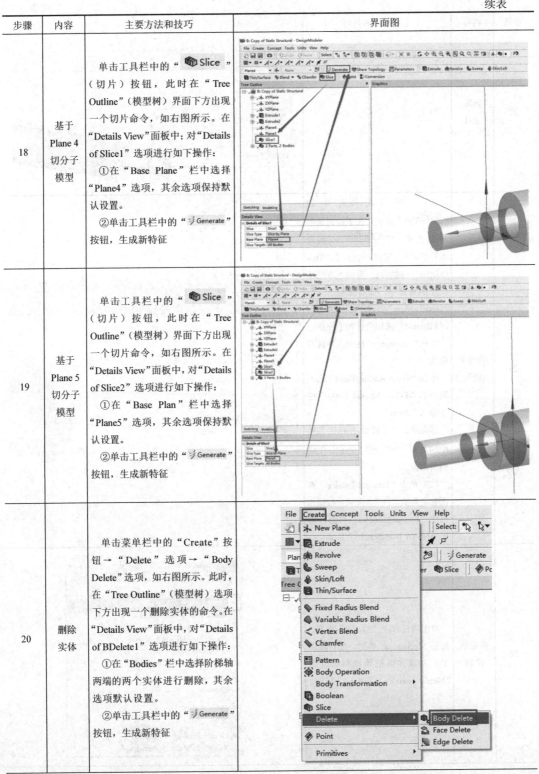
19	基于Plane 5切分子模型	单击工具栏中的"**Slice**"（切片）按钮，此时在"Tree Outline"（模型树）界面下方出现一个切片命令，如右图所示。在"Details View"面板中，对"Details of Slice2"选项进行如下操作：①在"Base Plan"栏中选择"Plane5"选项，其余选项保持默认设置。②单击工具栏中的"**Generate**"按钮，生成新特征	
20	删除实体	单击菜单栏中的"Create"按钮→"Delete"选项→"Body Delete"选项，如右图所示。此时，在"Tree Outline"（模型树）选项下方出现一个删除实体的命令。在"Details View"面板中，对"Details of BDelete1"选项进行如下操作：①在"Bodies"栏中选择阶梯轴两端的两个实体进行删除，其余选项默认设置。②单击工具栏中的"**Generate**"按钮，生成新特征	

续表

步骤	内容	主要方法和技巧	界面图
20	删除实体	同上	
21	修改子模型	（1）单击工具栏中的"Blend"按钮，在下拉列表中单击"Fixed Radius"（固定半径倒圆角）按钮。此时，在"Tree Outline"（模型树）界面下方出现一个倒角命令，如右图所示。在"Details View"面板中，对"Details of FBlend1"选项进行如下操作：①在"Geometry"栏中选择轴肩圆线。②在"Fixed-RadiusBlend"选项对应的"FD1，Radius（>0）"栏中输入"2mm"。③完成以上设置后，单击工具栏中的"Generate"按钮，生成倒角特征。（2）单击"DesignModeler"界面右上角的"×"（关闭）按钮，退出"DesignModeler"界面，返回 ANSYS Workbench 主界面	
22	确定单位制	双击项目 B 中"Model"选项，出现 Mechanical 界面，如右图所示。在该界面把单位制修改为"Metric（mm,kg,N,mV,mA）"选项	

续表

步骤	内容	主要方法和技巧	界面图
23	划分网格	（1）单击"Outline"（分析树）界面中的"Mesh"选项，此时可在"Details of 'Mesh'"界面中修改网格参数。在本实例中，对"Sizing"选项中的"Element Size"，把其值设为"0.1mm"，其余选项保持默认设置。 （2）用右键单击"Outlines"（分析树）界面中的"Mesh"选项，在弹出的快捷菜单中单击" Generate Mesh"命令。此时，弹出进度显示条，表示正在进行网格划分。网格划分完成后，进度显示条自动消失。最终的网格划分效果如右图所示。 （3）单击 Mechanical 界面右上角的"×"（关闭）按钮，退出 Mechanical 界面，返回 ANSYS Workbench 主界面	Details of "Mesh" **Display** Display Style — Body Color **Defaults** Physics Preference — Mechanical ☐ Relevance — 0 Shape Checking — Standard Mechanical Element Midside Nodes — Program Controlled **Sizing** Size Function — Adaptive Relevance Center — Coarse ☐ Element Size — 0.10 mm Initial Size Seed — Active Assembly Smoothing — Medium Transition — Fast Span Angle Center — Coarse Automatic Mesh Based Defeaturing — On ☐ Defeaturing Tolerance — Default Minimum Edge Length — 31.4160 mm ⊞ Inflation ⊞ Advanced
24	从整体模型中导入子模型的边界条件	在 ANSYS Workbench 主界面中，将项目 A 中"Solution"选项拖至项目 B 中的"Setup"选项中，如右图所示	ct Schematic **A** 1 Static Structural 2 Engineering Data ✓ 3 Geometry ✓ 4 Model ✓ 5 Setup ✓ 6 Solution ✓ 7 Results ✓ Static Structural **B** 1 Static Structural 2 Engineering Data ✓ 3 Geometry ✓ 4 Model ✓ 5 Setup ⇄ 6 Solution ⚡ 7 Results ⚡ Copy of Static Structural

步骤	内容	主要方法和技巧	界面图
25	删除原有约束和载荷	双击项目 B 中"Setup"选项，进入 Mechanical 界面，选择"Static Structural"选项→"Fixed Support"选项，用右键单击"Delete"（删除）选项，删除固定约束；选择"Static Structural"选项→"Force"选项，用右键单击"Delete"（删除）选项，删除已施加的载荷，如右图所示	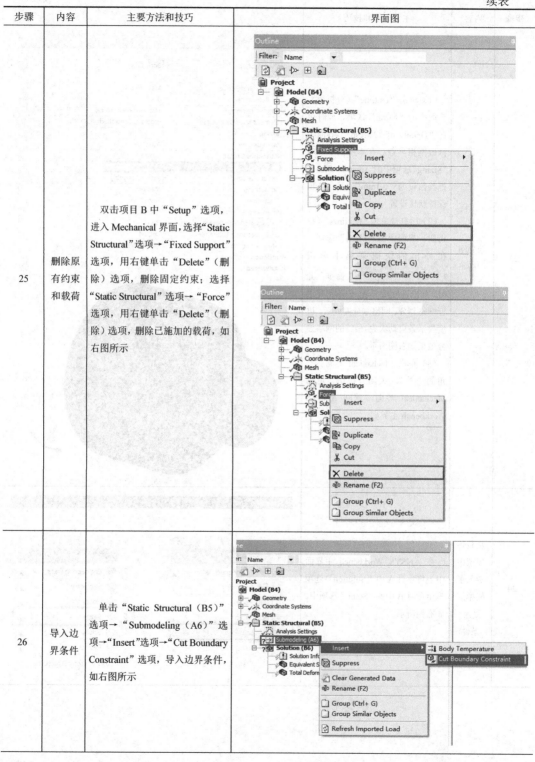
26	导入边界条件	单击"Static Structural（B5）"选项→"Submodeling（A6）"选项→"Insert"选项→"Cut Boundary Constraint"选项，导入边界条件，如右图所示	

续表

步骤	内容	主要方法和技巧	界面图
27	边界条件设置	单击"Imported Cut Boundary Constraint"选项，选择需要施加约束的面。在"Details of 'Imported Cut Boundary Constraint'"界面中，单击"Geometry"选项下的"Apply"按钮，即可在选中的面上施加约束。在本实例中，约束面为子模型的两个断面，即提取子模型时的切割面，如右图所示	
28	导入载荷	单击"Static Structural"选项→"Submodeling（A6）"选项→"Imported Cut Boundary Constraint"选项，单击右键，在弹出的快捷菜单中，选择"Import Load"（导入载荷）选项，如右图所示	
29	求解	用右键单击"Outline"（分析树）界面中的"Static Structural（B5）"选项，在弹出的快捷菜单中选择"Solve（F5）"命令，如右图所示。此时，弹出进度显示条，表示正在求解。求解完成后，进度显示条自动消失	

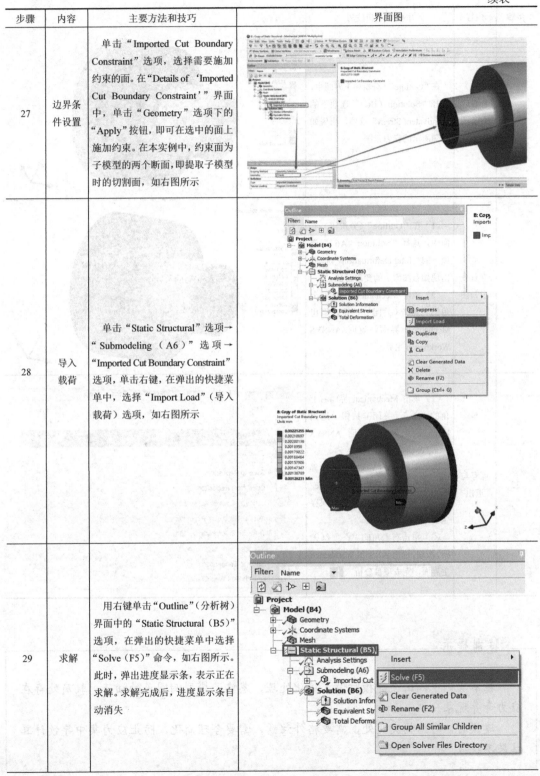

续表

步骤	内容	主要方法和技巧	界面图
30	查看应力云图	在"Outline"（分析树）界面中，选择"Solution（B6）"选项下的"Equivalent Stress"选项，出现如右图所示的应力云图	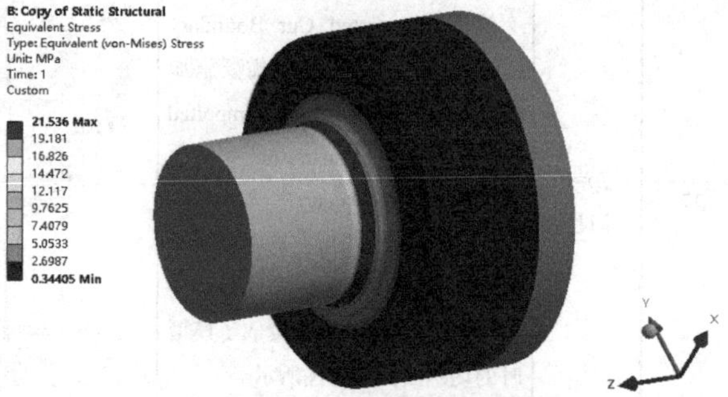
31	查看变形云图	（1）在"Outline"（分析树）界面中，选择"Solution（A6）"选项下的"Total Deformation"选项，出现如右图所示的变形云图。（2）单击 Mechanical 界面右上角的"×"（关闭）按钮，退出 Mechanical 界面，返回 ANSYS Workbench 主界面	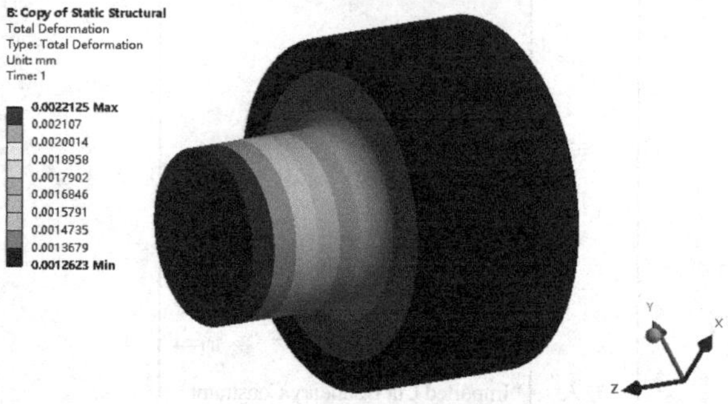
32	保存与退出	（1）单击 Mechanical 界面右上角的"×"（关闭）按钮，退出 Mechanical 界面，返回 ANSYS Workbench 主界面。（2）在 ANSYS Workbench 主界面，单击常用工具栏中的"Save"（保存）按钮，输入文件名并保存包含分析结果的文件。（3）单击右上角的"×"（（关闭）按钮，退出 ANSYS Workbench 主界面，完成项目分析	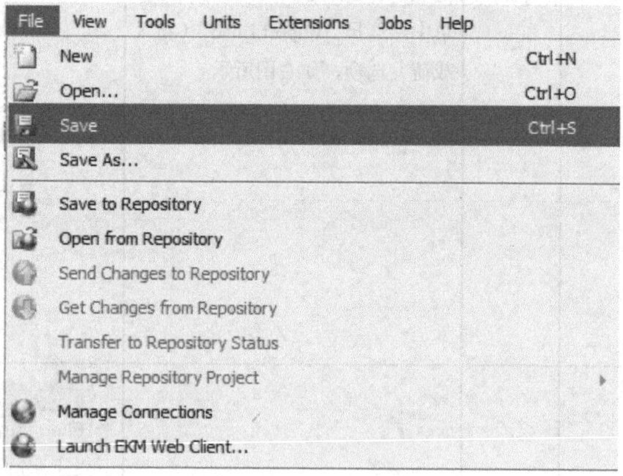

特别提示

　　在本实例中，由于建模时做了简化处理，忽略了模型倒圆角的细节，轴肩处存在应力奇异现象。

　　建模时，对结构突变处，需要格外注意，需要合理简化，防止应力集中导致计算结果不收敛。

4.7 求解与后处理分析实例——圣维南原理的应用

圣维南原理：若用与力系的静力等效的合力来代替原力系，则除了在原力系作用区域有明显差别，在离原力系作用区域略远处，上述代替带来的影响就非常微小，可以忽略不计。从圣维南原理的提出至今已有百年历史，虽然目前还没有确切的数学表示和严格的理论证明，但是无数的实际计算和实验测量结果都证实了它的正确性。

对许多弹性力学问题，要保证解在每个边界点上都能精确满足给定的力边界条件，往往存在比较大的困难；同时，在很多工程实际问题中，可以获得边界上总的载荷值，但无法给出详细的载荷分布规律。对这些情况，都可以借助圣维南原理对边界条件进行简化。例如，直杆的轴向拉伸应力分布分析是圣维南原理的典型应用案例，虽然直杆端部拉力的作用方式不同，但只要作用力的合力等效，除了在拉力作用区域有明显差别，在距离受拉直杆端面略远处，直杆截面应力均匀分布，满足直杆轴向拉伸的力学特征。本节以直杆的轴向拉伸为例，介绍查看后处理结果的一些典型操作。

4.7.1 问题描述

图 4-71 所示为一根等截面直杆，长度 $L=900$mm，横截面直径 $D=90$mm，直杆材料选用碳钢 Q345，其泊松比为 0.3，弹性模量 $E=210$GPa，直杆受到拉伸载荷作用，拉伸载荷 $F=1000$N，拉力作用面积为 450mm^2，外力作用在直杆端面中心的正方形区域。请用 ANSYS Workbench 分析该直杆的轴向应力分布。

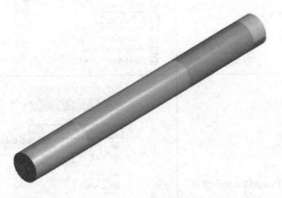

图 4-71 直杆模型

要点提示

本实例通过查看直杆不同横截面上的轴向应力分布云图，对比拉力作用区域附近及其稍远处的轴向应力分布的区别。需要读者熟练掌握本实例所提到的后处理操作，特别是如何提取横截面应力云图。

4.7.2　圣维南原理分析流程

运行 ANSYS Workbench，对直杆轴向拉伸进行圣维南原理分析，具体分析流程见表4-4。

表4-4　圣维南原理分析流程

步骤	内容	主要方法和技巧	界面图
1	建立分析项目	（1）在 Windows 系统下单击"开始"按钮→"所有程序"选项，启动 ANSYS Workbench，进入其主界面。 （2）在主界面，双击"Toolbox"（工具箱）项目栏中的"Analysis Systems"选项→"Static Structural"（结构静力学分析）选项，在"Project Schematic"（项目管理区）界面创建分析项目 A，如右图所示	
2	打开 Design Modeler	打开"DesignModeler"界面，在"Geometry"选项上单击右键，在弹出的快捷菜单中选择"New DesignModeler Geometry …"命令	

步骤	内容	主要方法和技巧	界面图
3	创建几何体	由于本实例与 4.4 节所用的模型——阶梯大轴相似，差别仅在于直径和长度大小，因此，建模步骤可重复表 4-1 中的步骤 3～10，得到的模型如右图所示	
4	添加材料库	本实例选择的材料为 "Structural Steel"（结构钢），此材料为 ANSYS Workbench 中默认的材料，故不需要设置	
5	确定单位制	双击项目 A 中的 "Model" 选项，出现 Mechanical 界面，如右图所示。在该界面中，把单位制修改为 "Metric（mm,kg,N,mV,mA）"	
6	划分网格	（1）选择 "Outline" 界面（分析树）中的 "Mesh" 选项，此时可在 "Details of 'Mesh'" 界面中修改网格参数。在本实例中，对 "Sizing" 选项中的 "Element Size"，将其值设为 "5mm"，其余选项保持默认设置。 （2）用右键单击 "Outlines"（分析树）界面中的 "Mesh" 选项，在弹出的快捷菜单中单击 " Generate Mesh " 命令。此时，弹出进度显示条，表示正在划分网格。网格划分完成后，进度显示条自动消失。最终的网格划分效果如右图所示	

步骤	内容	主要方法和技巧	界面图
7	施加固定约束	（1）选择"Outline"（分析树）界面中的"Static Structural（A5）"选项，出现如图右上所示的"Environment"工具栏。单击"Environment"工具栏中的"Supports"（约束）按钮→"Fixed Support"（固定约束）命令。 （2）单击"Fixed Support"选项，选择需要施加固定约束的面。在"Details of 'Static Structural（A5）'"界面中，单击"Geometry"选项下的"Apply"按钮，即可在选中的面上施加固定约束。本实例中的固定约束面为沿 Z 轴较远的端面，如右下图所示	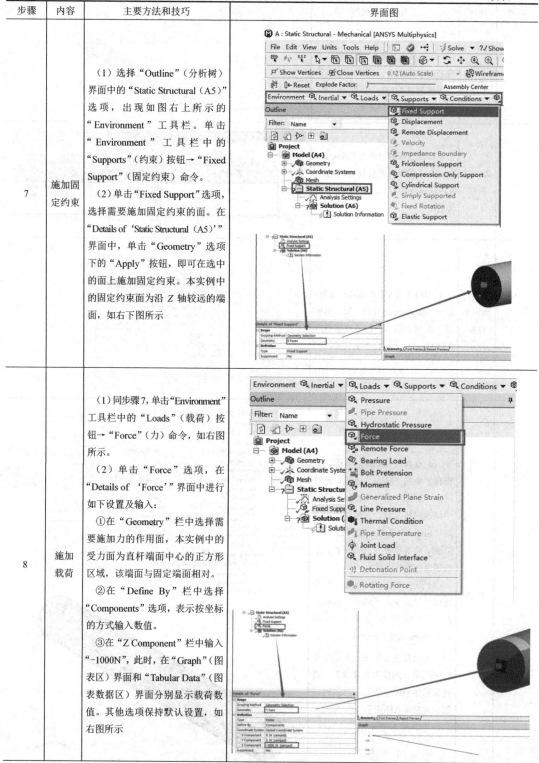
8	施加载荷	（1）同步骤7，单击"Environment"工具栏中的"Loads"（载荷）按钮→"Force"（力）命令，如右图所示。 （2）单击"Force"选项，在"Details of 'Force'"界面中进行如下设置及输入： ①在"Geometry"栏中选择需要施加力的作用面，本实例中的受力面为直杆端面中心的正方形区域，该端面与固定端面相对。 ②在"Define By"栏中选择"Components"选项，表示按坐标的方式输入数值。 ③在"Z Component"栏中输入"-1000N"，此时，在"Graph"（图表区）界面和"Tabular Data"（图表数据区）界面分别显示载荷数值。其他选项保持默认设置，如右图所示	

续表

步骤	内容	主要方法和技巧	界面图
9	求解	用右键单击"Outline"（分析树）界面中的"Static Structural（A5）"选项，在弹出的快捷菜单中选择"Solve（F5）"命令，如右图所示。此时，弹出进度显示条，表示正在求解。求解完成后，进度显示条自动消失	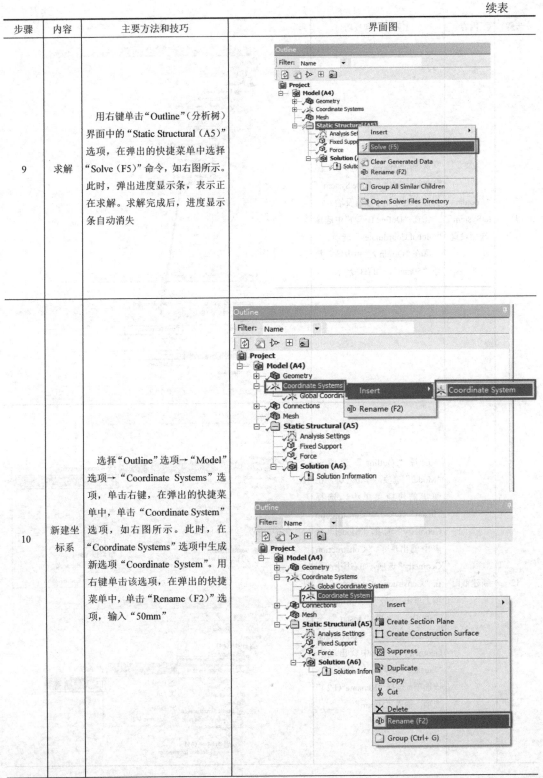
10	新建坐标系	选择"Outline"选项→"Model"选项→"Coordinate Systems"选项，单击右键，在弹出的快捷菜单中，单击"Coordinate System"选项，如右图所示。此时，在"Coordinate Systems"选项中生成新选项"Coordinate System"。用右键单击该选项，在弹出的快捷菜单中，单击"Rename（F2）"选项，输入"50mm"	

机械结构有限元及工程应用

步骤	内容	主要方法和技巧	界面图
11	"Coordina-te System"选项设置	选择"50mm"选项，在"Details of 'Coordinate System'"界面中进行如下设置及输入： ①在"Define By"栏中选择"Global Coordinates"选项。 ②在"Origin Z"栏中输入数值"50mm"，如右图所示	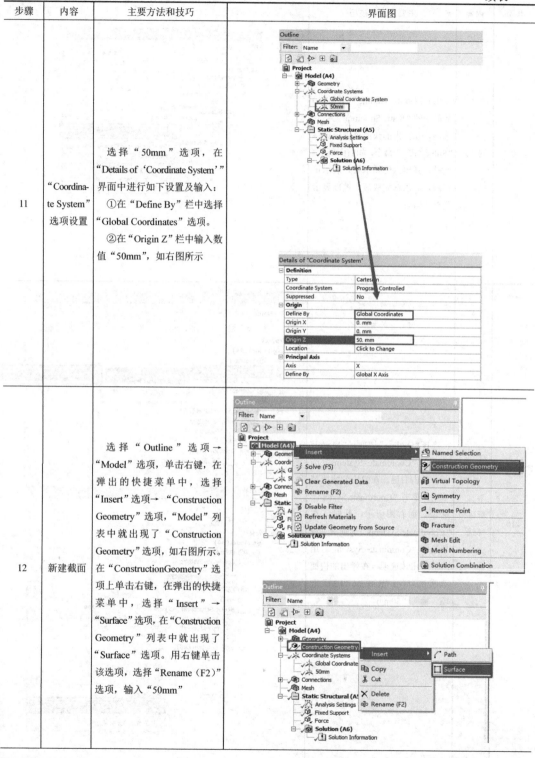
12	新建截面	选择"Outline"选项→"Model"选项，单击右键，在弹出的快捷菜单中，选择"Insert"选项→"Construction Geometry"选项，"Model"列表中就出现了"Construction Geometry"选项，如右图所示。在"ConstructionGeometry"选项上单击右键，在弹出的快捷菜单中，选择"Insert"→"Surface"选项，在"Construction Geometry"列表中就出现了"Surface"选项。用右键单击该选项，选择"Rename（F2）"选项，输入"50mm"	

步骤	内容	主要方法和技巧	界面图
13	截面设置	选择"50mm"选项，如右图所示。在"Details of'Surface'"界面的"Coordinate System"栏中选择"50mm"选项	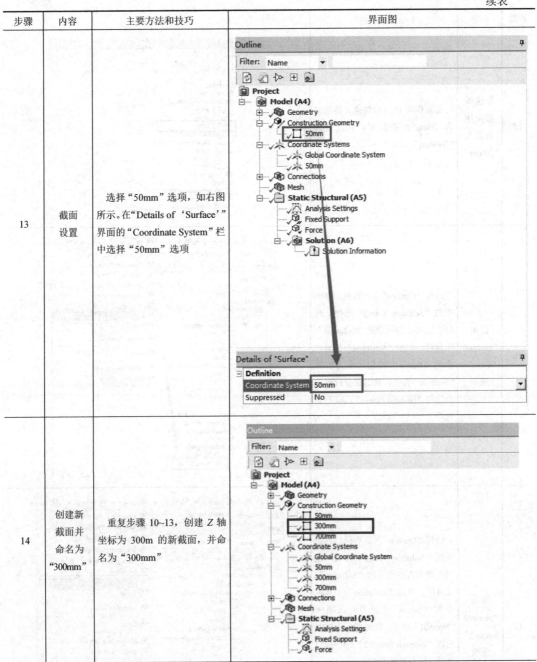
14	创建新截面并命名为"300mm"	重复步骤10~13，创建 Z 轴坐标为 300m 的新截面，并命名为"300mm"	

步骤	内容	主要方法和技巧	界面图
15	创建新截面并命名为"700mm"	重复步骤10~13，创建 Z 轴坐标为 700m 的新截面，并命名为"700mm"	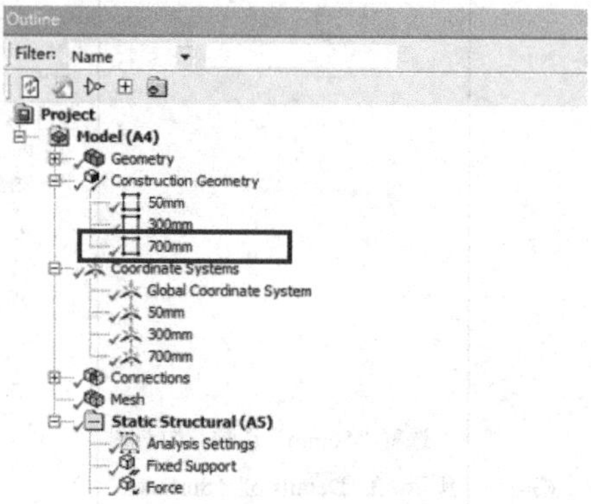
16	添加"Normal Stress"选项	选择"Outline"（分析树）界面中的"Solution（A6）"选项，此时出现如右图所示的"Solution"工具栏。单击"Solution"工具栏中的"Stress"按钮（应力）→"Normal"命令，此时在分析树中会出现"Normal Stress"（正应力）选项	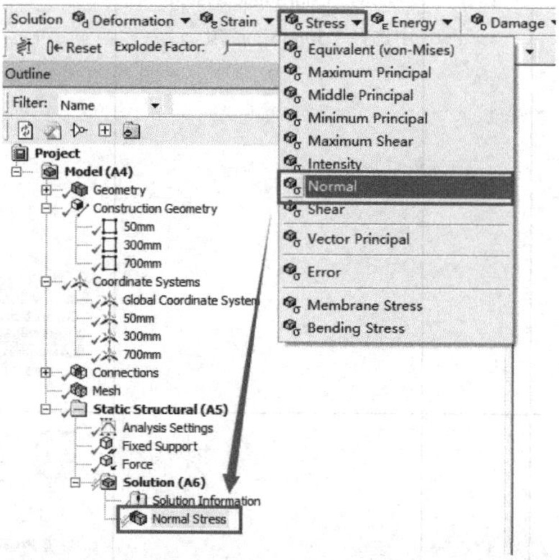
17	添加"Normal Stress 2"选项	选择"Outline"（分析树）界面中的"Solution（A6）"选项，此时出现如右图所示的"Solution"工具栏。单击"Solution"工具栏中的"Stress"（应力）选项→"Normal"命令，此时在分析树中出现"Normal Stress 2"（正应力）选项。用右键单击"Normal Stress 2"选项，在弹出的快捷菜单中，选择"Rename（F2）"选项，输入"50mm"	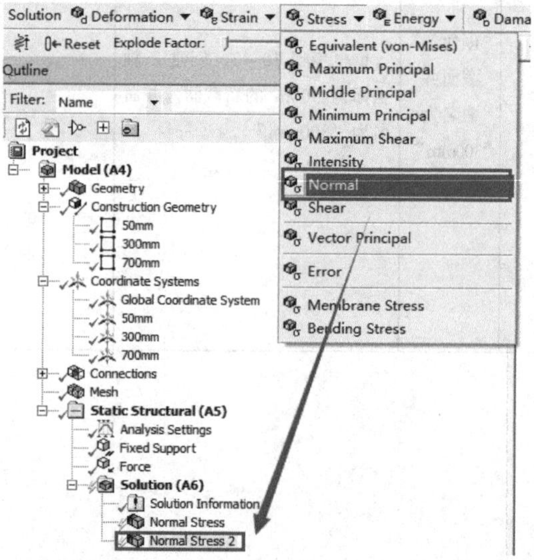

步骤	内容	主要方法和技巧	界面图
18	正应力设置	选择"50mm"选项,如右图所示,在"Details of '50mm'"界面中进行如下设置及输入: ①在"Scoping Method"栏中选择"Surface"选项。 ②在"Surface"栏中选择"50mm"。 ③在"Orientation"栏中选择"Z Axis"选项	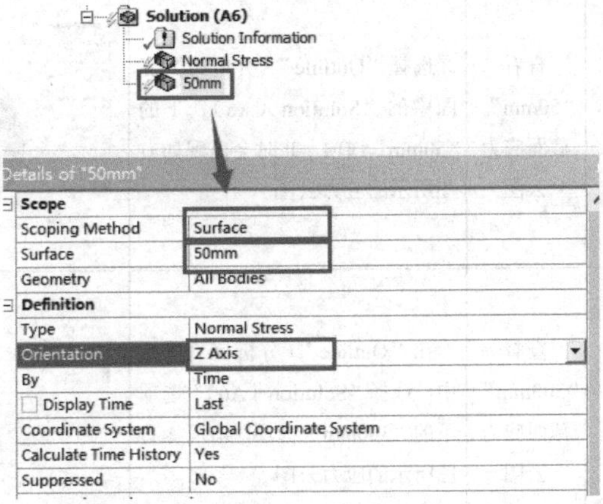
19	求解	(1)重复步骤17~18,分别添加"300mm"截面和"700mm"截面的"Normal Stress"选项,并进行相应设置。 (2)用右键单击"Outline"(分析树)界面中的"Solution(A6)"选项,在弹出的快捷菜单中,单击"Evaluate All Results"命令,如右图所示。此时,弹出进度显示条,表示正在求解。求解完成后,进度显示条自动消失	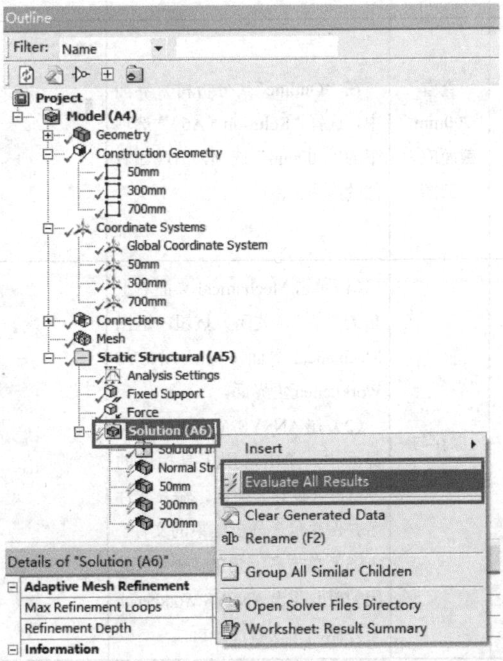
20	应力云图设置	选择"Outline"(分析树)界面中的"Solution(A6)"界面下的"Normal Stress"选项,此时会出现如图所示的应力云图	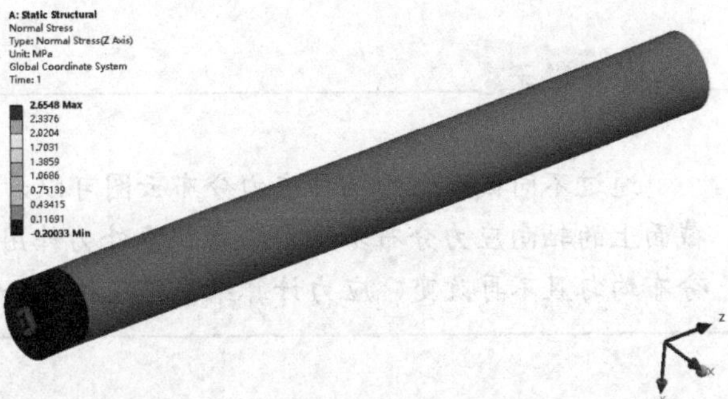

续表

步骤	内容	主要方法和技巧	界面图
21	查看"50mm"截面应力云图	选择"Outline"（分析树）界面中的"Solution（A6）"下的"50mm"选项，此时会出现如右图所示的应力云图	
22	查看"300mm"截面应力云图	在"Outline"（分析树）界面中，选择"Solution（A6）"选项下的"300mm"选项，出现如右图所示的应力云图	
23	查看"700mm"截面应力云图	在"Outline"（分析树）界面中，选择"Solution（A6）"选项下的"700mm"选项，出现如右图的应力云图	
24	保存与退出	（1）单击 Mechanical 界面右上角的"✕"（关闭）按钮，退出 Mechanical 界面，返回 ANSYS Workbench 主界面。 （2）在 ANSYS Workbench 主界面中，单击常用工具栏中的"Save"（保存）按钮，输入文件名并保存包含分析结果的文件。 （3）单击右上角的"✕"（关闭）按钮，退出 ANSYS Workbench 主界面，完成项目分析	

特别提示

通过不同截面上的轴向应力分布云图可以看出，在距离拉力作用区域较近的地方，截面上的轴向应力分布不均匀；在距离外力作用区域稍远的地方，截面上的轴向应力分布均匀且不再改变，应力计算结果与理论解一致，应力变化规律符合圣维南原理。

课 后 练 习

　　请用 ANSYS Workbench 分析悬臂梁的应力分布情况，分析计算结果的收敛性并把它与理论上的解进行对比。悬臂梁为等截面直梁，截面形状为边长 50mm 的正方形，长度 L=600mm，悬臂梁材料选用碳钢 Q345，其泊松比为 0.3，弹性模量 E=210GPa，悬臂梁端面受到竖直向下的载荷 F=1000N。

第 **5** 章　机械结构线性静力学分析实例

教学目标

　　了解机械结构线性静力学分析基础理论及其适用范围，能够熟练运用 ANSYS Workbench 进行梁及杆的静力学分析、板壳的静力学分析和复杂工程模型的求解，掌握机械结构线性静力学分析的方法。

教学要求

能力目标	知识要点	权重	自测分数
了解机械结构线性静力学有限元基本理论及其适用范围	了解静力学分析基础理论中的虚功原理，熟悉有限元静力学分析的适用范围	15%	
熟练运用 ANSYS Workbench，完成空间钢架结构静力学分析	掌握梁单元、杆单元的特点及相关基础理论，掌握空间钢架结构问题的有限元分析方法	20%	
熟练运用 ANSYS Workbench，完成平面托架静力学分析	掌握壳单元的特点，以平面托架为例，通过 ANSYS Workbench，掌握板壳单元问题的有限元分析方法	20%	
熟练运用 ANSYS Workbench，完成水电站弧形工作闸门的静力学分析	以水电站弧形工作闸门为例，通过 ANSYS Workbench 软件，掌握复杂工程模型的简化、网格划分、边界条件设置和求解分析等流程，具备利用有限元分析方法解决复杂工程问题的能力	30%	
掌握 ANSYS Workbench 中不同单元之间的连接方法	掌握 ANSYS Workbench 中的梁与壳单元、壳与实体单元、梁与实体单元之间的连接方法	15%	

5.1 静力学分析

5.1.1 静力学分析基础理论——虚功原理

功的两个要素是力和位移，若其中一个要素是虚设的，则此时力所作的功称为虚功。在虚功中，作功的力和在相应力作用下的位移彼此独立无关。

以图 5-1 中的悬臂杆为例，说明结构的位移。先在悬臂杆右端点施加一个竖向载荷 P_1，然后在悬臂杆中点施加竖向载荷 P_2。悬臂杆首先在竖向载荷 P_1 的作用下产生了竖向位移 Δ_1，然后在竖向载荷 P_2 的作用下产生了竖向位移 Δ_2。

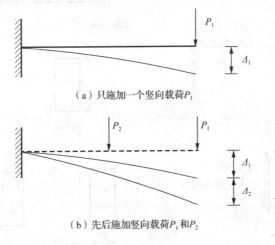

（a）只施加一个竖向载荷 P_1

（b）先后施加竖向载荷 P_1 和 P_2

图 5-1　结构的位移

实功是指力在自身所产生的位移上所作的功，在上述悬臂杆发生位移的过程中，竖向载荷 P_1 所作的实功为

$$W_{实} = P_1 \Delta_1$$

虚功是指力在非自身所产生的位移上所作的功，在上述悬臂杆发生位移的过程中，竖向载荷 P_1 所作的虚功为

$$W_{虚} = P_1 \Delta_2$$

1. 质点系和刚体系的虚功原理

（1）质点系的虚功原理（也称为虚位移原理）：具有理想约束的质点系在某一位置处于平衡状态的必要和充分条件是，对于任何虚位移，作用于质点系的外力所作的虚功总和等于零。

（2）刚体系的虚功原理：刚体系处于平衡状态的必要和充分条件是，对于任何虚位移，所有外力所作的虚功总和为零。

2. 变形体系的虚功原理

虚功原理应用于变形体系时，外力虚功总和不等于零。对于杆件结构，变形体系的虚

功原理可表述如下：变形体系处于平衡状态的必要和充分条件是，对于任何虚位移，外力所作的虚功总和等于各微段上内力在其变形上所作的虚功总和，即外力虚功等于内力虚功。

力状态和位移状态如图 5-2 所示，图 5-2（a）中的一个平面杆件结构在力系作用下处于平衡状态，图 5-2（b）表示该杆件结构由于支座塌陷而产生的虚位移状态，分别称这两种状态为力状态和位移状态。

从图 5-2（a）所示的力状态中选取一个微段进行静力学分析，作用于其上的力有外力 q，两侧截面上的内力，即轴力 N、弯矩 M 和剪力 Q。在图 5-2（b）所示的位移状态中，所选取的微段从 $ABCD$ 所示位置移动到了 $A'B'C'D'$，于是该微段上的各力将在相应的位移上作虚功。把该微段上的所有虚功相加，可以得到整个结构的虚功。

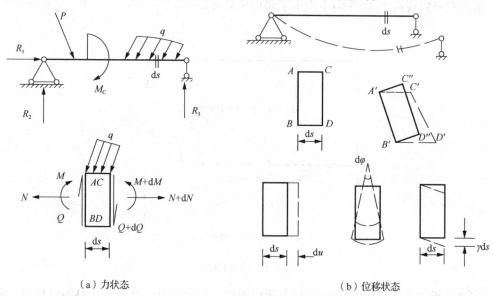

（a）力状态　　　　　　　　　　（b）位移状态

图 5-2　力状态和位移状态

1）按刚体虚功和变形虚功计算

上述结构微段的虚位移可以分为刚体位移和变形位移。刚体位移指杆件结构从 $ABCD$ 所示位置移动到了 $A'B'C'D'$；变形位移指在 $A'B'$ 不动的情况下，杆件结构从 $C''D''$ 移动到 $C'D'$ 的位移。则微段总的虚功 $\mathrm{d}W_{总}$ 是等于该微段上各力在刚体位移上所作的虚功 $\mathrm{d}W_{刚}$ 与在变形位移上所作的虚功 $\mathrm{d}W_{变}$ 之和，即

$$\mathrm{d}W_{总} = \mathrm{d}W_{刚} + \mathrm{d}W_{变}$$

微段处于平衡状态，由刚体虚功原理可知：$\mathrm{d}W_{刚} = 0$，则有

$$\mathrm{d}W_{总} = \mathrm{d}W_{变}$$

将上式沿杆端积分，得到整个杆件结构的虚功，即

$$\sum \int \mathrm{d}W_{总} = \sum \int \mathrm{d}W_{变}$$

可简写为

$$W_{总} = W_{变} \tag{5-1}$$

2）按外力虚功和内力虚功计算

微段上总的虚功 $\mathrm{d}W_{总}$ 是等于外力所作的虚功 $\mathrm{d}W_{外}$ 与内力所作的虚功 $\mathrm{d}W_{内}$ 之和，即

$$\mathrm{d}W_{总} = \mathrm{d}W_{外} + \mathrm{d}W_{内}$$

将上式沿杆端积分，得到整个结构的虚功，即

$$\sum \int \mathrm{d}W_{总} = \sum \int \mathrm{d}W_{外} + \sum \int \mathrm{d}W_{内}$$

可简写为

$$W_{总} = W_{外} + W_{内}$$

式中，$W_{外}$ 是整个杆件结构的所有外力在其相应的虚位移上所作虚功的总和，即上面简称的外力虚功；$W_{内}$ 是所有微段截面上的内力所作虚功的总和。由于任何两个相邻微段的相邻截面上的内力互为作用力和反作用力，它们大小相等、方向相反，并且虚位移满足变形连续条件，两个相邻截面总是密贴在一起而具有相同的位移，因此每对相邻截面上的内力所作的功总是大小相等、正负号相反而相互抵消。由此可见，所有微段截面上内力所作功的总和必然为零，即 $W_{内} = 0$。因此，整个杆件结构的总虚功等于外力虚功，即

$$W_{总} = W_{外} \tag{5-2}$$

通过式（5-1）和式（5-2）可得

$$W_{外} = W_{变}$$

这就是前面所述的变形体系的虚功原理。

特别提示

（1）在上述分析过程中，由于没有涉及材料的物理性质，因此对弹性、非弹性、线性、非线性的变形体系，虚功原理都适用。

（2）变形体系的虚功原理在具体应用时有两种方式：一种是给定力状态，虚设一个位移状态，利用虚功原理求解力状态中的未知力，此时虚功原理成为虚位移原理；另一种是给定位移状态，另虚设一个力状态，求解位移状态中的位移，此时虚功原理成为虚力原理。

5.1.2　静力学分析适用范围

结构静力学分析是有限元分析中最简单同时也是最基础的分析方法，一般工程计算中最常应用的分析方法就是静力学分析。线性静力学分析是最基本且应用最广的一类分析，用于线弹性材料静态加载的情况。所谓线性分析有以下两个方面的含义：

（1）材料为线性，应力-应变关系为线性，变形是可恢复的。

（2）结构发生小位移、小应变或小转动，结构刚度不因变形而变化。

静力就是指结构受到静态载荷的作用，惯性和阻尼可以忽略，在静态载荷作用下，结构处于静力平衡状态。此时，必须充分约束。由于不考虑惯性，因此质量对结构没有影响。但是在很多情况下，若载荷周期远远大于结构自振周期，即缓慢加载，则结构的惯性效应

可以忽略，这种情况可以简化为线性静力学问题进行分析。静力学分析涉及的载荷如下：

（1）外部施加的作用力和压力。

（2）稳态的惯性力（如重力和离心力）。

（3）位移载荷。

（4）温度载荷等。

通过经典力学理论可知，物体的动力学通用方程为

$$M\ddot{x} + C\dot{x} + Kx = F(t) \qquad (5\text{-}3)$$

式中，M 是质量矩阵；C 是阻尼矩阵；K 是刚度矩阵；$\ddot{x}$、$\dot{x}$、x 分别是加速度矢量、速度矢量和位移矢量；$F(t)$ 是力矢量。

而在线性结构静力学分析中，与时间 t 相关的量都将被忽略，于是式（5-3）可以简化为

$$Kx = F \qquad (5\text{-}4)$$

通过式（5-4）建立了节点的平衡方程，即结构的刚度方程。在结构线性静力学分析中，假设 K 为一个常量矩阵且必须是连续的，材料必须满足线弹性、小变形理论，边界条件允许包括非线性的边界条件；F 为静态加载到模型上的力，该力不随时间变化，不包括惯性影响因素（如阻尼等）。

引例

从构造上来说，杆件是长度远大于其截面尺寸的构件。梁单元是指可以承受轴向力、横向力和弯矩的构件，可以用来模拟横梁、纵梁和支柱等细长结构；杆单元是指主要承受轴向力的构件，不能承受弯矩，可以用来模拟桁架、绳索和弹簧等结构，杆单元可以视为一种特殊的梁单元。对复杂的杆件结构，采用梁单元或杆单元进行建模及有限元分析，能够大幅度降低单元和节点数量，在保证计算精度的前提下，有效地提升了计算效率。本节以空间钢架结构为例，进行杆件结构分析，以此加深读者对杆件结构问题分析基本流程的了解。

5.2　空间钢架结构静力学分析实例

空间钢架结构计算简图如图 5-3 所示，各构件均为槽钢，利用 ANSYS Workbench 对空间钢架结构进行静力学分析。

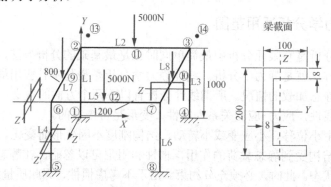

图 5-3　空间钢架结构计算简图（单位：mm）

5.2.1 梁/杆系分析方案

针对上述模型确定分析方案：

（1）设置单位制。对单位制，选择"Metric（tonne,mm,s,℃,mA,N,mV）"，如图 5-4 所示。

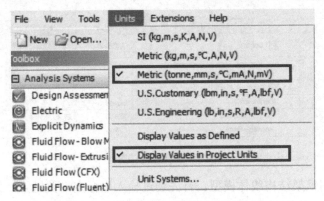

图 5-4　设置单位制

特别提示

（1）对机械结构有限元分析中的长度单位，通常选择 mm，与之对应的应力单位为 MPa。

（2）若选择"Display Values in Project Units"（见图 5-4），则在所有窗口均使用当前选择的单位制。

（3）若选择"Display Values as Defined"（见图 5-4），则仅在当前窗口使用当前选择的单位制。

（2）建立结构静力学分析项目，如图 5-5 所示。

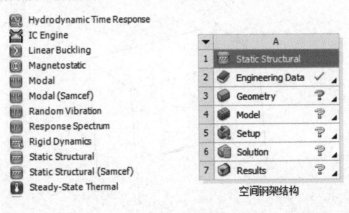

图 5-5　建立结构静力学分析项目

（3）设置材料属性。单击"Structural Steel"选项，具体设置如图 5-6 所示。

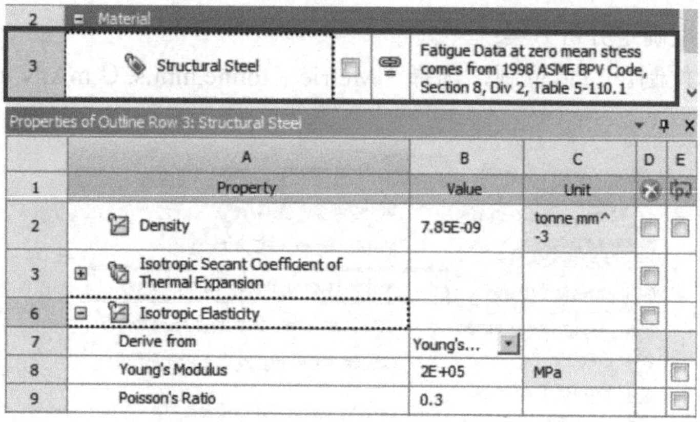

2	⊟ Material			
3	🏷 Structural Steel	☐ ⊂⊃	Fatigue Data at zero mean stress comes from 1998 ASME BPV Code, Section 8, Div 2, Table 5-110.1	

Properties of Outline Row 3: Structural Steel ▾ �📌 ✕

	A	B	C	D	E
1	Property	Value	Unit	⊗	⤴
2	🔲 Density	7.85E-09	tonne mm^-3	☐	☐
3	⊞ 🔲 Isotropic Secant Coefficient of Thermal Expansion			☐	
6	⊟ 🔲 Isotropic Elasticity				☐
7	Derive from	Young's... ▾			
8	Young's Modulus	2E+05	MPa		☐
9	Poisson's Ratio	0.3			☐

图 5-6　设置材料属性

（4）建立空间钢架结构线体模型。首先通过输入坐标定义关键点，然后连接对应关键点，以便生成线体，进而得到空间钢架结构的线体模型（该方法具有更高的建模效率），如图 5-7 所示。

> **特别提示**
>
> （1）在本例中，需要分别定义关键点①、②、③、④、⑤、⑥、⑦、⑧、⑨、⑩、⑪和⑫。其中，关键点⑨、⑩、⑪和⑫的定义是为了便于施加载荷。
>
> （2）需要采用布尔运算 Boolean，将所有生成的线体合并，保证所有线体有公共节点。
>
> （3）建模时，也可以首先建立线体 L1、L2 和 L3 的草图，通过草图生成线体，进而通过阵列操作得到线体 L4、L5 和 L6，连接对应关键点，以便生成线体 L7 和 L8；最后，建立空间钢架结构的线体模型。

图 5-7　空间钢架结构的线体模型

（5）建立槽钢截面，将该截面属性赋予线体模型，如图 5-8 所示。

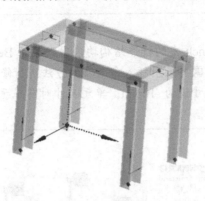

图 5-8　将截面属性赋予线体模型

特别提示

（1）ANSYS Workbench 中可选择的截面包括矩形、圆形、圆管、槽钢、工字钢等类型，空间钢架结构的截面为槽钢。选择槽钢截面后，按照图 5-3 中梁截面的尺寸进行标注；复杂及不规则截面可由用户进行自定义，对应截面形状可通过草图功能进行绘制和尺寸标注。

（2）ANSYS Workbench 将建立的截面属性赋予线体模型后，截面方向往往与结构的真实方向不一致，需要把截面旋转一定角度以保证模型的准确。

（6）划分网格，生成空间钢架结构有限元模型，如图 5-9 所示。

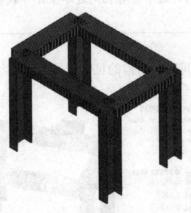

图 5-9　空间钢架结构有限元模型

（7）施加边界条件（约束和载荷）。选择点①、④、⑤、⑧施加固定约束，选择点⑨、⑩、⑪、⑫施加 Y 轴方向的载荷−5000N，如图 5-10 所示。

特别提示

（1）ANSYS Workbench 中的杆件结构均采用默认的 Beam188 单元进行模拟，若要选择其他单元类型，则需要采用插入命令流的方法进行修改。

（2）本例中的单元尺寸设为 10mm。单元尺寸对有限元仿真结果的影响由用户自行分析。

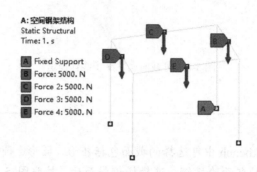

图 5-10　施加边界条件

使用技巧

（1）"Select" 图标的选择。"Select" 的图标有 4 个：🔲🔲🔲🔲，应首先选择第 1 个图标，才能进行关键点的边界条件和载荷设置。

（2）按住 Ctrl 键，可同时选中具有相同边界条件和载荷的关键点进行参数设置，以提高操作效率。

（8）求解和后处理，空间钢架结构的位移云图和最小组合应力云图分别如图 5-11 和图 5-12 所示。

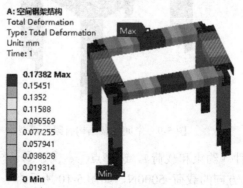

图 5-11　空间钢架结构的位移云图

图 5-12　空间钢架结构的最小组合应力云图

使用技巧

（1）显示结果时，对变形比例，可选择 0.0（Undeformed）或 1.0（True Scale），使视觉效果与实际情况保持一致。

（2）可在"Edges"选项中进行设置，使模型中不显示网格，以便观察和分析仿真结果。

特别提示

（1）在 ANSYS Workbench 中对梁单元应力进行后处理，需要选择"Tools"→"Beam Tool"选项进行相关设置。

（2）"Beam Tool"菜单命令中包括"Direct Stress"、"Minimum Combined Stress"和"Maximum Combined Stress"选项，在树状图中用右键单击"Beam Tool"按钮，然后选择"Minimum Bending Stress"或"Maximum Bending Stress"选项。

5.2.2　梁/杆单元特点及理论

ANSYS Workbench 中的杆件结构分析匀采用默认的 Beam188 单元进行模拟，如图 5-13 所示。

Beam188 单元适合用于分析从细长到中等粗短的梁结构，该单元基于铁木辛柯梁理论，并且考虑了剪切变形的影响。

Beam188 单元是三维线性（2 个节点）或二次梁单元，每个节点有 6 个或 7 个自由度，自由度的个数取决于 KEYOPT（1）的值。当 KEYOPT（1）=0（默认值）时，每个节点有 6 个自由度，包括节点坐标系的 X、Y、Z 轴方向的平动和绕 X、Y、Z 轴的转动；当 KEYOPT（1）=1 时，每个节点有 7 个自由度，此时引入了第 7 个自由度（横截面的翘曲）。这类单元非常适合用于求解线性、大角度转动及大应变等非线性问题。

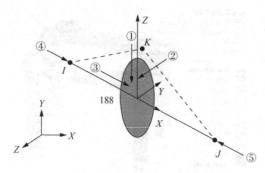

图 5-13　Beam188 单元

当选择"NLGEOM"选项时，Beam188 单元的应力被钢化，在 ANSYS Workbench 的所有仿真分析类型中，该项都是默认项。应力刚化后，Beam188 单元能用于分析弯曲、横向及扭转稳定问题（用弧长法分析特征值的屈曲和塌陷）。

采用 Beam188 单元时，还可以用"Sectpye"、"Secdata"、"Secoffset"、"Secwrite"和"Secread"命令定义截面。该单元支持弹性、蠕变及塑性模型（不考虑横截面的子模型）。这种单元类型的截面可以由不同材料组成。

5.2.3　空间钢架结构静力学分析流程

运行 ANSYS Workbench 对空间钢架结构进行分析计算，具体分析流程见表 5-1。

表 5-1　空间钢架结构静力学分析流程

步骤	内容	主要方法和技巧	界面图
1	打开 ANSYS Workbench，设定单位制	打开"Project Page"（项目页），在"Units"菜单中，对单位制选择"Metric（tonne,mm,s,℃,mA,N,mV）"和"Display Values in Project Units"选项	
2	建立分析项目	在"Toolbox"项目栏中建立一个"Static Structural"项目（通过拖动或双击左键进行选择），把新建分析项目命名为"空间钢架结构"（可在名称位置双击左键以修改名称）	

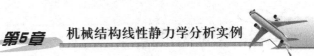

续表

步骤	内容	主要方法和技巧	界面图
3	进入材料属性设置界面	在项目中双击"Engineering Data"按钮，进入材料属性设置界面	
4	设置材料属性	选择默认的"Structural Steel"选项，把弹性模量设为 2×10^5 MPa、密度设为 7.85×10^{-9} t/mm^3、泊松比设为 0.3（其他参数保留默认设置）	
5	进入几何建模界面	双击"Geometry"按钮，进入"Design Modeler"（几何建模）界面	
6	定义关键点	（1）单击"Create"→"Point"命令。 （2）在"Details of Point1"界面中对"Definition"选择"Manual Input"。 （3）在"Point Group 1（RMB）"中输入点①坐标（0mm，0mm，0mm），单击"Generate"命令生成点①。 （4）依次定义点②坐标（0mm，1000mm，0mm）、点③坐标（1200mm，1000mm，0mm）、点④坐标（1200mm，0mm，0mm）、点⑤坐标（0mm，0mm，800mm）、点⑥坐标（0mm，1000mm，800mm）、点⑦坐标（1200mm，1000mm，800mm）、点⑧坐标（1200mm，0mm，800mm）、点⑨坐标（0mm，1000mm，400mm）、点⑩坐标（1200mm，1000mm，400mm）、点⑪坐标（600mm，1000mm，0mm）、点⑫坐标（600mm，1000mm，800mm），单击"Generate"命令，生成关键点	

机械结构有限元及工程应用

续表

步骤	内容	主要方法和技巧	界面图
7	显示关键点和坐标轴	单击"Display Plane"命令，显示坐标轴，红色箭头代表 X 轴，绿色箭头代表 Y 轴，蓝色箭头代表 Z 轴（参考本书提供的素材） 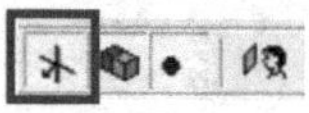	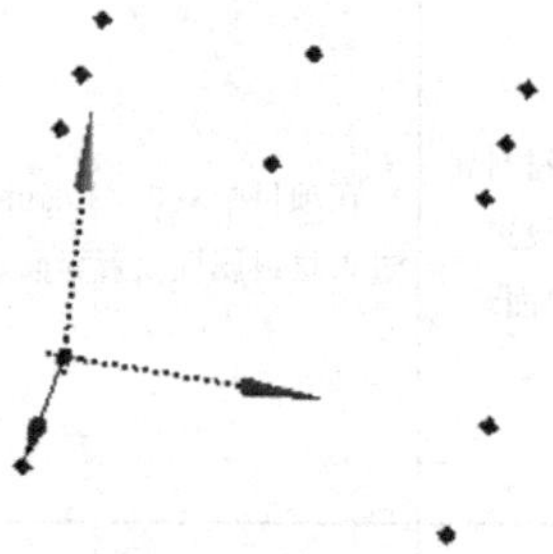
8	连接对应关键点生成线体	（1）单击"Concept"→"Lines From Points"命令。 （2）按住 Ctrl 键，连接点①和点②。 （3）在"Details of Line1"界面中对"Operation"选择"Add Frozen"。 （4）生成线体 Line1	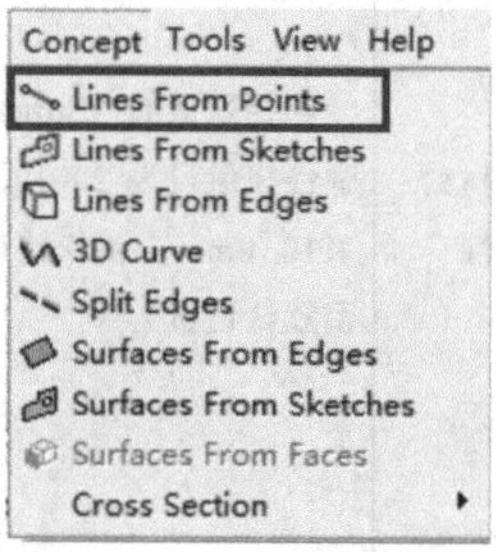 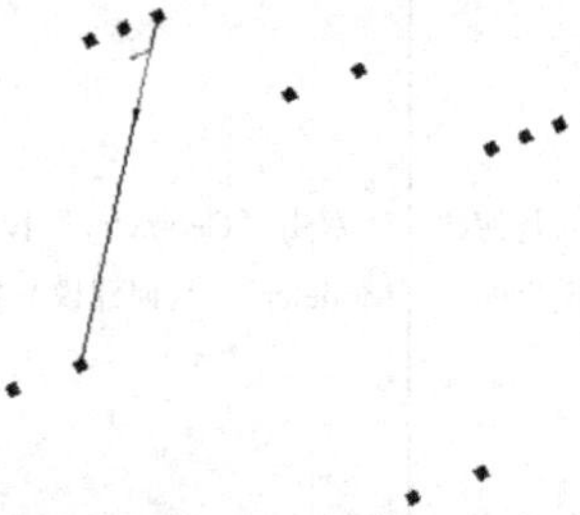 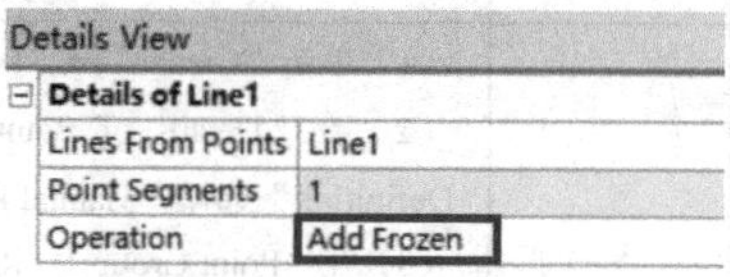
9	生成所有线体	重复第 8 步骤的操作，依次连接点③和点④、点②和点⑨、点⑨和点⑥、点②和点⑪、点⑪和点③、点③和点⑩、点⑩和点⑦、点⑥和点⑫、点⑫和点⑦、点⑤和点⑥、点⑦和点⑧，在对应的"Details of Line1"界面中，对"Operation"选择"Add Frozen"生成空间钢架结构线体模型	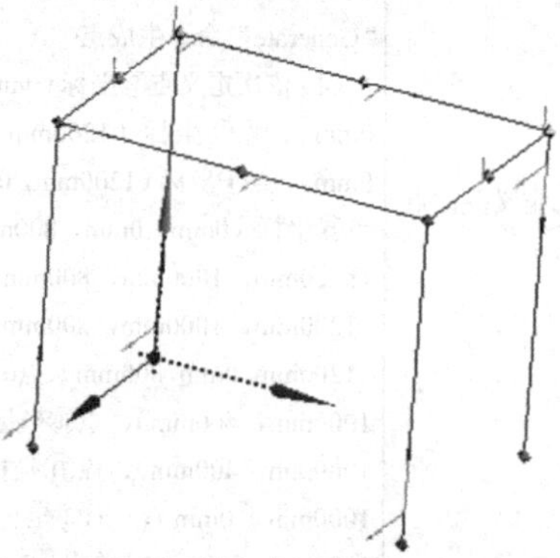

续表

步骤	内容	主要方法和技巧	界面图
10	布尔运算操作	（1）单击"Create"→"Boolean"命令。 （2）单击"Details of Boolean1"→"Tool Bodies"选项，在树状图中选中所有的Line Body。选择完毕，单击"Apply"按钮。 （3）单击"Details of Boolean1"→"Operation"，在对应参数栏中选择"Unite"。 （4）单击"Generate"命令，完成所有线体的合并	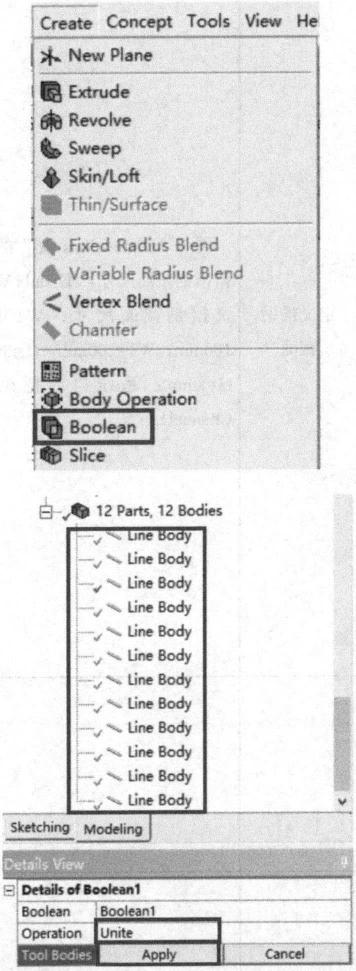
11	选择槽钢截面	单击"Concept"→"Cross Section"→"Channel Section"选项，选择槽钢截面	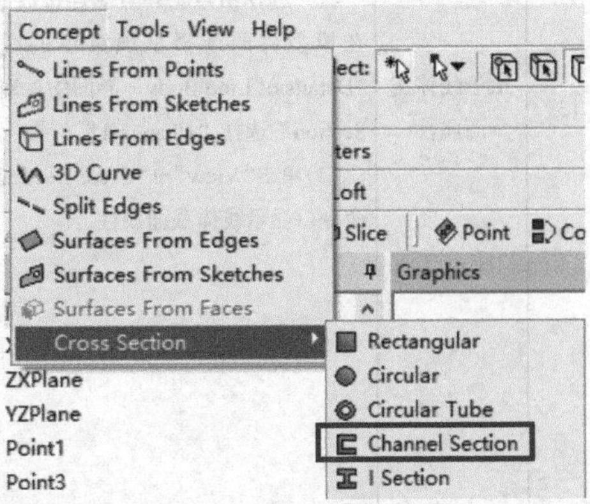

续表

步骤	内容	主要方法和技巧	界面图
12	定义槽钢截面	展开"Dimensions：6"的下拉菜单，根据槽钢截面尺寸，"Details View"界面中定义槽钢截面尺寸：W1=100mm，W2=100mm，W3=200mm，t1=8mm，t2=8mm，t3=8mm；系统自动把该截面命名为Channel1	**Details View** Details of Channel1 Sketch — Channel1 Show Constraints? — No Dimensions: 6 W1 — 100 mm W2 — 100 mm W3 — 200 mm t1 — 8 mm t2 — 8 mm t3 — 8 mm
13	赋予线体截面属性	（1）选择由点①和点②连接成的线体，在模型界面选择呈现黄色的线条，在"Details of Line Body"界面中，对"Cross Section"选择"Channel1"。 （2）单击"View"→"Cross Section Solids"命令，显示线体截面属性	View Help ✓ Shaded Exterior and Edges Shaded Exterior Wireframe Graphics Options ✓ Frozen Body Transparency Edge Joints ✓ Cross Section Alignments Display Edge Direction Display Vertices ✓ Cross Section Solids ✓ Ruler ✓ Triad Outline Windows

续表

步骤	内容	主要方法和技巧	界面图
14	旋转截面角度	在模型界面中选择由点①和点②连接成的线体，选中后，该线体呈现绿色。在"Line-Body Edge"界面中的"Rotate"一栏输入 180°，"Cross Section Alignment"一栏无须输入数值	
15	赋予空间钢架结构截面属性	对其他点连接成的线体，重复第13～14步骤的操作，建立完整的空间钢架结构模型	
16	进入分析界面	（1）返回项目界面。 （2）双击"Model"命令，进入分析界面	

续表

步骤	内容	主要方法和技巧	界面图
17	选择材料属性	（1）单击左侧树状图中的"Geometry"，选中所有"Line Body"。 （2）单击"Details of 'Multiple Selection'"→"Material"→"Assignment"选项，在对应参数栏中选择"Structural Steel"选项	
18	单元尺寸设置	单击左侧树状图中的"Mesh"命令，在弹出的"Details of 'Mesh'"界面中，单击"Sizing"→"Element Size"选项，在对应的参数栏中输入10.0mm	
19	划分网格	单击"Mesh"→"Generate Mesh"命令，完成网格的划分	

续表

步骤	内容	主要方法和技巧	界面图
20	施加约束	（1）单击左侧树状图中的"Static Structural"。 （2）单击"Supports"→"Fixed Support"命令。 （3）单击"Vertex"命令进行约束点选择。 （4）选中底面4个约束点，在"Details of 'Fixed Support'"界面中的"Geometry"一栏单击"Apply"按钮	Supports ▼ Conditions ▼ Fixed Support Displacement Remote Displacement Velocity Impedance Boundary Frictionless Support Compression Only Support Cylindrical Support Simply Supported Fixed Rotation Elastic Support Details of "Fixed Support" Scope Scoping Method — Geometry Selection Geometry — Apply — Cancel Definition Type — Fixed Support Suppressed — No
21	约束视图	完成第20步骤的操作，生成约束视图	A: 空间钢架结构 Fixed Support Time: 1. s Fixed Support
22	给关键点⑨施加载荷	（1）单击"Loads"→"Force"命令。 （2）在"Details of 'Force'"界面中，单击"Scope"→"Geometry"，在对应参数栏中选择点⑨。选择完毕，单击"Apply"按钮。 （3）在"Details of 'Force'"界面中，单击"Definition"→"Define By"，在对应参数栏中选择"Components"。 （4）在"Details of 'Force'"界面中，单击"Definition"→"Y Component"，在对应参数栏中输入"-5000N"	Loads ▼ Supports ▼ Pressure Pipe Pressure Hydrostatic Pressure Force Remote Force Bearing Load Bolt Pretension Moment Details of "Force" Scope Scoping Method — Geometry Selection Geometry — 1 Vertex Definition Type — Force Define By — Components Coordinate System — Global Coordinate System X Component — 0. N (ramped) Y Component — -5000. N (ramped) Z Component — 0. N (ramped) Suppressed — No A: 空间钢架结构 Force Time: 1. s Force: 5000. N Components: 0.,-5000.,0. N

步骤	内容	主要方法和技巧	界面图
23	给关键点⑩、点⑪和点⑫施加载荷	按照第⑪步骤的操作方法给点⑩、点⑪和点⑫施加载荷	**A: 空间钢架结构** Force 4 Time: 1. s A Force: 5000. N B Force 2: 5000. N C Force 3: 5000. N D Force 4: 5000. N
24	输出设置	（1）单击左侧树状图中的"Solution"命令。 （2）单击"Deformation"→"Total"命令，显示空间钢架结构的整体变形。 （3）单击"Deformation"→"Directional"命令，在弹出的"Details of 'Directional Deformation'"界面中，单击"Definition"→"Orientation"，在对应的参数栏中选择"Y Axis"，显示空间钢架结构在 Y 轴方向上的变形。 （4）单击"Tools"→"Beam Tool"命令，输出梁单元结果	Deformation ▼ Strain ▼ Total Directional Total Velocity Directional Velocity Total Acceleration Directional Acceleration Details of "Directional Deformation" Scope Scoping Method — Geometry Selection Geometry — All Bodies Definition Type — Directional Deformation Orientation — Y Axis By — Time Display Time — Last Tools ▼ User Stress Tool Fatigue Tool Contact Tool Beam Tool Fracture Tool
25	求解	单击菜单栏的"Solve"按钮，进行求解计算	Solve ▼ ?√ Show Errors My Computer My Computer, Background MAX MIN 123 Probe

续表

步骤	内容	主要方法和技巧	界面图
26	查看整体位移云图	（1）单击"Solution（A6）"→"Total Deformation"命令，查看整体位移云图。 （2）分别单击菜单栏中的"Max"和"Min"按钮，显示空间钢架结构最大变形和最小变形位置	
27	查看 Y 轴方向上的位移云图	（1）单击"Solution"→"Directional Deformation"命令，查看空间钢架结构在 Y 轴方向上的位移云图。 （2）分别单击菜单栏中的"Max"和"Min"按钮，显示空间钢架结构在 Y 轴方向上的最大变形和最小变形位置	
28	查看正应力	（1）单击"Solution"→"Beam Tool"→"Direct Stress"命令，查看空间钢架结构的应力。 （2）分别单击菜单栏中的"Max"和"Min"按钮，显示空间钢架结构的最大正应力和最小正应力位置	

续表

步骤	内容	主要方法和技巧	界面图
29	查看最小组合应力	（1）单击"Solution（A6）"→"Beam Tool"→"Minimum Combined Stress"命令，查看空间钢架结构的最小组合应力。 （2）分别单击菜单栏中的"Max"和"Min"按钮，显示最小组合应力中的最大应力和最小应力位置	
30	查看最大组合应力	（1）单击"Solution（A6）"→"Beam Tool"→"Maximum Combined Stress"命令，查看空间钢架结构的最大组合应力。 （2）分别单击菜单栏中的"Max"和"Min"按钮，显示最大组合应力中的最大应力和最小位置	

空间钢架结构静力学分析

合理选择梁单元和杆单元进行结构静力学分析，能够同时提高计算精度和效率。杆件结构的静力学分析基本流程如下：

（1）简化杆件结构力学模型。

（2）绘制结构线体模型。

（3）赋予线体模型截面属性。

（4）网格划分和边界条件设置。

（5）求解和后处理分析。

本案例通过 ANSYS Workbench 进行空间钢架结构有限元分析。对其中的梁单元和杆单元模型，采用给线体模型赋予截面属性的方式生成，建模速度快，单元和节点数量相比于实体模型大大降低，极大地提高了计算效率。同时，采用梁单元和杆单元有限元模型的分析结果，能够有效地避免实体模型分析中带来的应力奇异线性，保证了计算结果的准确性。

板壳结构的几何特点是，一个方向的尺寸远小于其他两个方向的尺寸。中性面为平面的，称为板；中性面为曲面的，称为壳。板壳结构在工程上的应用十分广泛，在设计分析中采用板桥单元进行结构的静力学分析，可以得到足够的精度和良好的效果。本节以平面托架为例，进行板壳结构的静力学分析，以此加深读者对板壳结构的静力学分析基本流程的了解。

5.3 平面托架的静力学分析案例

平面托架模型如图 5-14 所示，在其左侧圆孔处施加固定约束，在其右侧圆孔下半圆处施加分布力。下面，利用 ANSYS Workbench 对该平面托架进行静力学分析。平面托架的受力问题属于平面应力问题。

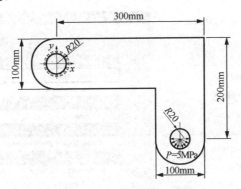

图 5-14 平面托架模型

5.3.1 确定分析方案

针对上述模型确定分析方案，具体步骤如下：

（1）设置单位制。对单位制，选择"Metric（tonne,mm,s,℃,ma,N,mV）"选项，如图 5-15 所示。

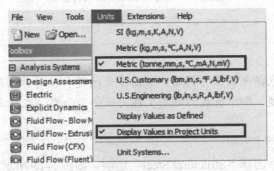

图 5-15 设置单位制

（2）建立结构静力学分析项目，如图 5-16 所示。

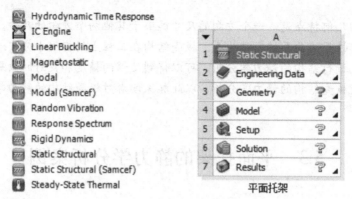

图 5-16　建立结构静力学分析项目

（3）设置分析项目的特性参数，如图 5-17 所示。

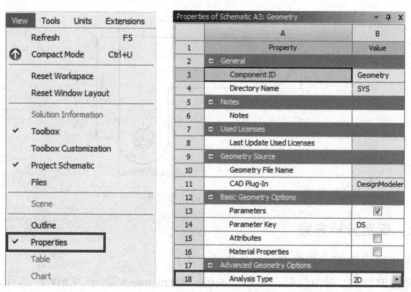

图 5-17　设置分析项目的特性参数

特 别 提 示

　　平面受力问题包括平面应力问题、平面应变问题和轴对称问题，平面托架受力问题属于平面应力问题，即所有应力都发生在同一个平面内，在 Z 轴方向没有任何应力分量。

（4）对材料属性，选择"Structural Steel"选项，如图 5-18 所示。

（5）建立平面托架模型，如图 5-19 所示。

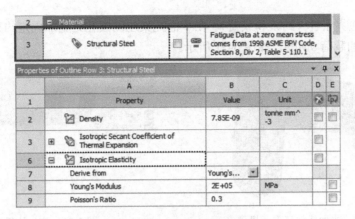

图 5-18　设置材料属性

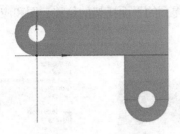

图 5-19　平面托架模型

特别提示

（1）在本例中，平面托架的厚度为 10mm，可在建模界面中设置厚度尺寸，也可在分析界面中修改或重新设置厚度尺寸。

（2）在 ANSYS Workbench 草图绘制过程中无法直接捕捉中点等特殊位置点，因此，很多位置需要通过尺寸标注进行定义，在一定程度上增加了建模的复杂性。

（3）在草图标注过程中，可能会出现多余约束问题。此时，多余的约束被显示为红色。在保证尺寸标注正确的前提下，删除以红色显示的多余约束即可，草图尺寸不会发生变化。

（6）进行网格划分，生成平面托架有限元模型，如图 5-20 所示。

特别提示

（1）ANSYS Workbench 中的板壳结构均采用默认的 Shell181 单元进行模拟。若要选择其他单元类型，则需要采用插入命令流的方法进行修改。

（2）可把单元尺寸设置为 5mm。关于单元尺寸对有限元仿真结果的影响，用户可自行分析研究。

（7）施加边界条件（约束和载荷）。在平面托架左侧圆孔处施加固定约束，在其右侧圆孔下半圆处施加载荷 5MPa，如图 5-21 所示。

图 5-20　平面托架有限元模型　　　　　　　　图 5-21　施加边界条件

（8）求解和后处理。最终得到的平面托架的位移云图和应力云图分别如图 5-22 和图 5-23 所示。

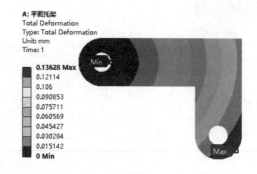
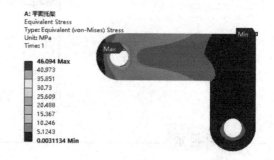

图 5-22　平面托架的位移云图　　　　　　　　图 5-23　平面托架的应力云图

特别提示

　　上述位移云图显示，最大变形值出现在平面托架右下角位置，上述应力云图显示最大应力值出现在约束圆孔处。用户可尝试通过理论分析，验证计算结果的准确性。

5.3.2　板壳单元特点及其理论

板壳结构如图 5-24 所示。

板壳结构可以承受任意方向上的载荷：既有作用在平面内的载荷，又有垂直作用于平面的载荷。一般板壳结构处于三维应力状态。

判定一个结构是否为板壳，需要确定其厚度与其他两个方向尺寸的比值。如果厚度与其他两个方向尺寸的比值为 1/80~1/10，可以把它归为薄板（薄壳）问题；若介于 1/10~1/5 之间，则把它归为厚板（厚壳）问题；若大于 1/5，则不属于板壳结构问题。

（a）板结构 （b）壳结构

图 5-24 板壳结构

板壳单元的力学模型以结构单元的中性面表示，即以各个中性面代表不同厚度的板或壳单元的组合体，以此模拟结构体。在有限元软件设计中，常常将板壳结构划分为薄板、厚板和壳单元。

实际工程结构都存在于三维空间中，但有时可以把它简化为二维问题进行求解，并能在保证计算精度的条件下，降低计算成本。所谓"简化成二维问题"，是指在处理过程中（包括前处理、求解及后处理）只用到二维坐标系统。二维结构问题可以归纳成 3 种情况：平面应力（Plane Stress）问题、平面应变（Plane Strain）问题和轴对称（Axisymmetric）问题。

1. 平面应力问题

平面应力问题是指所有应力都发生在同一个平面内，在 Z 轴方向没有任何应力分量。把工程结构简化为平面应力问题的条件如下：

（1）等厚度的薄板。厚度方向（Z 轴方向）的几何尺寸远远小于 X 轴和 Y 轴方向上的尺寸，在 Z 轴方向上允许具有一定的厚度，但厚度方向（Z 轴方向）没有任何外力及限制。

（2）所有载荷均作用在 XY 平面内且沿板厚方向保持不变。

（3）运动只在 XY 平面内发生，即只有沿 X、Y 两个坐标轴方向的位移。

通常情况下，对只承受平面内载荷的薄板构件，可把它看作平面应力问题。

2. 平面应变问题

平面应变问题是指所有应变都发生在同一个平面内，在 Z 轴方向没有任何应变分量。把工程结构简化为平面应变问题的条件如下：

（1）等截面的柱形体。横截面大小和形状沿柱轴线方向保持不变，在 Z 轴方向上的几何尺寸远远大于 X 轴和 Y 轴方向上的尺寸。

（2）所有载荷和约束均作用在横截面内且沿轴向保持不变。

（3）运动只在 XY 平面内发生，即只有沿 X、Y 两个坐标轴方向的位移。

例如，压力管道、隧道、水坝等可视为平面应变问题。理论上，只有该类结构的长度无限长，Z 轴方向的应变才会消失，但实际上，只要厚度方向没有任何形变，即可视为平面应变问题。

3．轴对称问题

当受力体的几何形状、载荷及约束等都对某一轴形成对称关系时，称其为轴对称问题。轴对称受力体的所有响应，如应力、应变、位移等均对称于该轴。

用 ANSYS Workbench 解决二维轴对称问题时，轴对称模型必须在坐标系的 XY 平面中创建，对称轴必须和 Y 轴重合，需要 X 轴正向绘制模型。ANSYS Workbench 将此模型解释成以此二维断面环绕 Y 轴 360° 而形成的三维模型（如管道、椎体、圆盘等）。

轴对称受力体只能承受对称轴向载荷或径向面力。Y 轴方向代表轴向，X 轴方向代表径向，Z 轴方向代表环向。

求解二维轴对称问题时，可以像对待一般非对称模型那样进行施加约束、压力载荷、温度载荷及 Y 轴方向的角速度。但集中载荷有特殊的含义，它表示的是力或力矩在 360° 范围内的合力，即作用于整个圆周上的总载荷的大小。同理，轴对称模型计算结果输出的反作用力值也是整个圆周上的合力，即力和力矩按总载荷值输出。将三维轴对称结构用二维形式等效，可以大大提高计算速度，同时保证结构分析的精确度。

ANSYS Workbench 中的板壳结构分析默认选用 Shell181 单元，如图 5-25 所示。

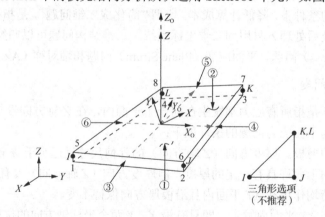

图 5-25　Shell181 单元

Shell181 单元适用于分析薄至中等厚度的壳形结构，它是每个节点具有 6 个自由度的四节点单元。6 个自由度指 X、Y、Z 3 个轴方向的位移和绕 X、Y、Z 3 个轴旋转的转角（若选用膜片，则 Shell181 单元只有位移自由度）。由该单元退化而成的三角形单元仅在划分网格时用作填充单元。

Shell181 单元非常适用于线性、大转角或大应变非线性结构。计算变厚度的壳单元时，应使用非线性分析。在单元范围内支持完全和减缩的积分方法。

Shell181 单元还适用于模拟分层的复合壳或夹层结构。模拟壳的精度取决于第一剪切变形理论。

5.3.3　平面托架静力学分析流程

运行 ANSYS Workbench 对平面托架静力学进行分析计算，具体分析流程见表 5-2。

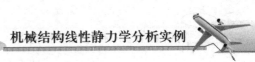

表 5-2　平面托架静力学分析流程

步骤	内容	主要方法和技巧	界面图
1	打开 ANSYS Workbench，设置单位制	打开"Project Page"（项目页），在"Units"菜单栏中，对单位制选择"Metric（tonne,mm,s,℃,mA,N,mV）"和"Display Values in Project Units"选项	
2	建立分析项目	在"Toolbox"项目栏中建立一个"Static Structural"项目，把它命名为"平面托架"	
3	进入材料属性设置界面	双击"Engineering Data"按钮，进入材料属性设置界面	
4	设置材料属性	选择默认的"Structural Steel"选项，把弹性模量设为 $2×10^5$ MPa、密度设为 $7.85×10^{-9}$ t/mm³、泊松比设为 0.3（其他参数保持默认设置）	

续表

步骤	内容	主要方法和技巧	界面图
5	设置平面问题	（1）勾选菜单栏中的"View"→"Properties"选项。 （2）单击分析项目栏中的"Geometry"选项，弹出"Properties of Schematic A3: Geometry"界面。 （3）单击"Advanced Geometry Options"→"Analysis Type"选项，在对应参数栏选择"2D"	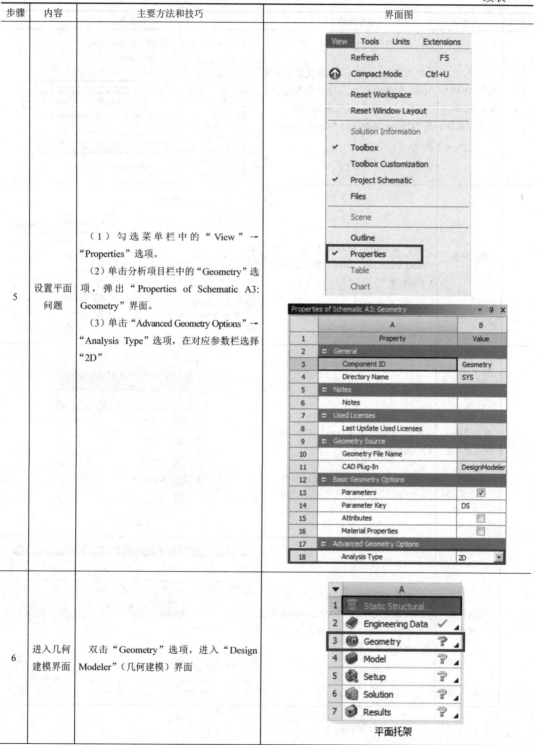
6	进入几何建模界面	双击"Geometry"选项，进入"Design Modeler"（几何建模）界面	平面托架

续表

步骤	内容	主要方法和技巧	界面图
7	选择基准平面	（1）单击树状图中的"XYPlane"选项。 （2）单击菜单栏中的"Look At Face/Plane/Sketch"按钮	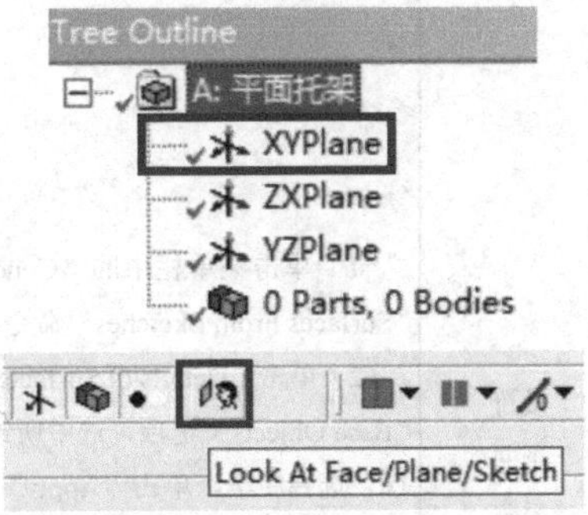
8	进入草图绘制界面	单击树状图中的"Sketching"按钮，进入草图绘制界面	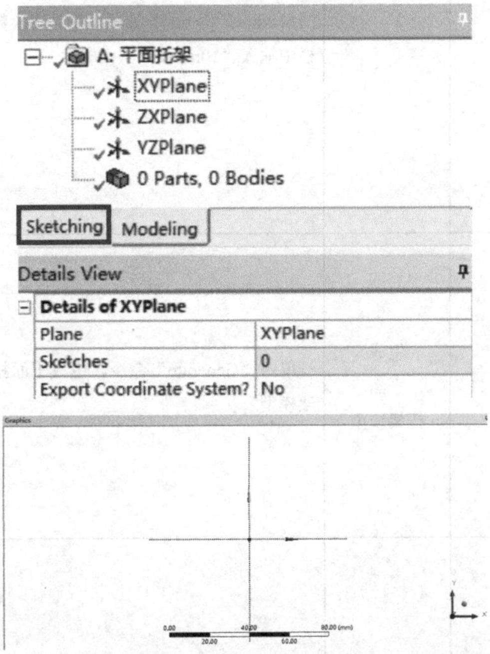
9	绘制草图	按照图 5-14 中标注的尺寸，绘制出平面托架草图	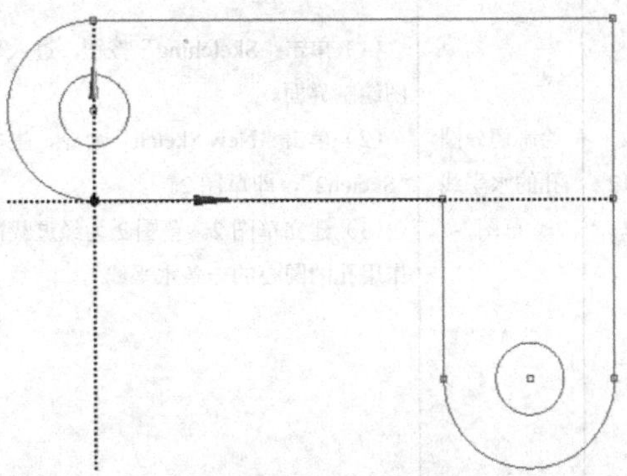

续表

步骤	内容	主要方法和技巧	界面图
10	设置平面参数	（1）单击菜单栏中的"Concept"→"Surfaces From Sketches"命令。 （2）单击"Details of SurfaceSK1"→"Base Objects"选项，选中所绘制的草图。选择完毕，单击"Apply"按钮。 （3）单击"Details of SurfaceSK1"→"Thickness（>=0）"选项，在对应参数栏中输入"10mm"	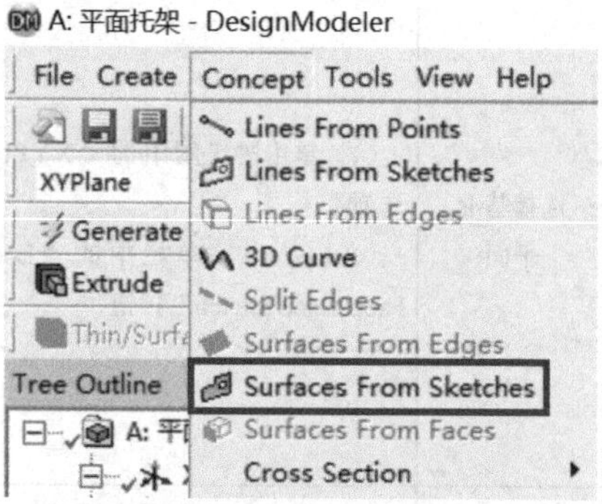 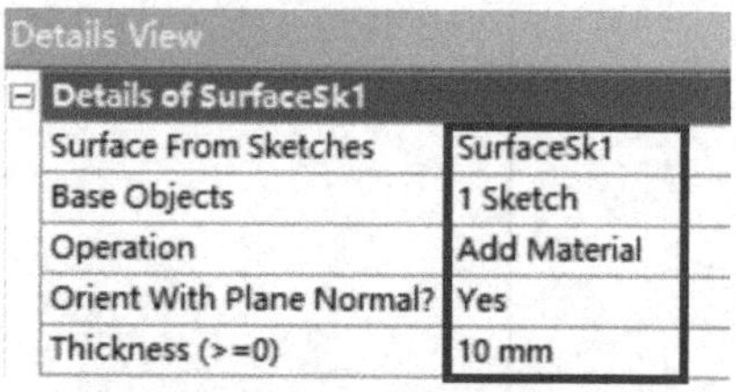
11	生成平面托架模型	单击"Generate"命令，生成平面托架模型	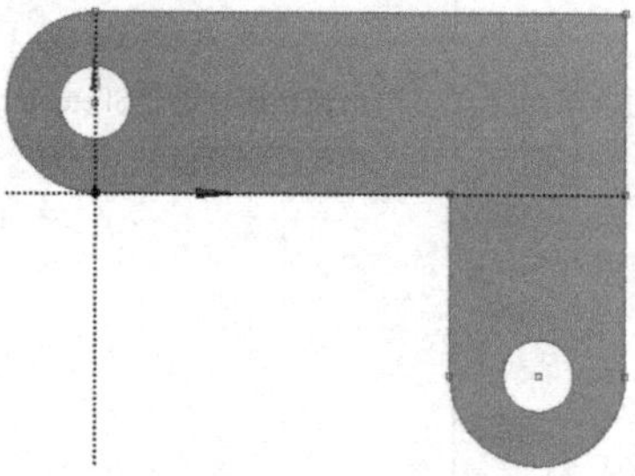
12	绘制切分圆孔的水平线草图	（1）单击"Sketching"按钮，进入草图绘制界面。 （2）单击"New Sketch"命令，生成"Sketch2"，即草图2。 （3）建立草图2。草图2为经过载荷作用孔的圆心的一条水平线	 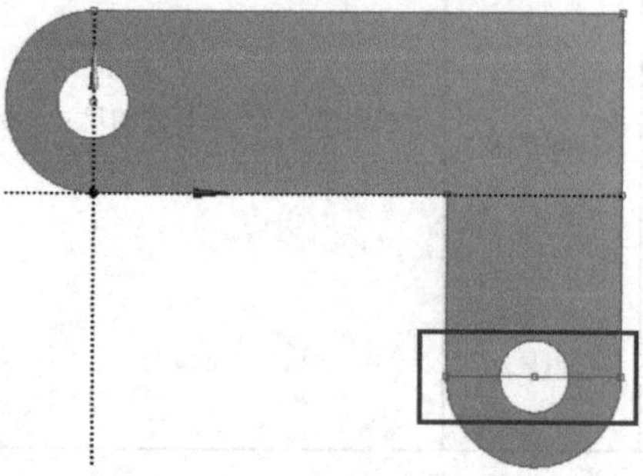

续表

步骤	内容	主要方法和技巧	界面图
13	切分体设置	（1）单击"Extrude"按钮。 （2）在"Details of Extrude1"界面中的"Geometry"一栏中选择"Sketch2"。选择完毕，单击"Apply"按钮。 （3）在"Details of Extrude1"界面中的"Operation"一栏选择"Imprint Faces"	Details View Details of Extrude1 Extrude — Extrude1 Geometry — Sketch2 Operation — Imprint Faces Direction Vector — None (Normal) Direction — Normal Extent Type — To Next As Thin/Surface? — No
14	切分圆孔	单击菜单栏中的"Generate"命令，切分圆孔，以便施加载荷	
15	进入分析界面	（1）返回项目界面。 （2）双击"Model"按钮，进入分析界面	A 1 Static Structural 2 Engineering Data ✓ 3 Geometry ✓ 4 Model 🔁 5 Setup ? 6 Solution ? 7 Results ? 平面托架

续表

步骤	内容	主要方法和技巧	界面图
16	设置材料属性	（1）单击左侧树状图中的"Geometry"选项。 （2）在"Details of 'Geometry'"界面中的"2D Behavior"一栏选择"Plane Stress"选项。 （3）单击左侧树状图中的"Geometry"→"Surface Body"选项。 （4）在"Details of 'Surface Body'"界面中的"Material"一栏选择"Structural Steel"选项	**Details of "Geometry"** Definition Source: C:\Users\Lenovo\AppData\Lo... Type: DesignModeler Length Unit: Millimeters Element Control: Program Controlled 2D Behavior: Plane Stress Display Style: Body Color **Details of "Surface Body"** Coordinate System: Default Coordinate S... Reference Temperature: By Environment Thickness: 10. mm Thickness Mode: Refresh on Update Material Assignment: Structural Steel Nonlinear Effects: Yes Thermal Strain Effects: Yes Bounding Box
17	设置单元尺寸	（1）单击工具栏中的"Mesh Control"→"Sizing"命令。 （2）在"Details of 'Face Sizing'-Sizing"界面中"Geometry"一栏选择所有面。选择完毕，单击"Apply"按钮。 （3）在左下角"Details of 'Face Sizing'-Sizing"界面中的"Element Size"一栏输入"5mm"	Mesh Control ▼ Method Mesh Group Sizing Contact Sizing Refinement **Details of "Face Sizing" - Sizing** Scope Scoping Method: Geometry Selection Geometry: 2 Faces Definition Suppressed: No Type: Element Size Element Size: 5. mm Behavior: Soft Curvature Normal Angle: Default Growth Rate: Default
18	划分网格	单击"Mesh"→"Generate Mesh"命令，完成网格的划分	

续表

步骤	内容	主要方法和技巧	界面图
19	施加约束	（1）单击左侧树状图中的"Static Structural（A5）"选项。 （2）单击工具栏中的"Supports"→"Fixed Support"命令。 （3）单击工具栏中的"Edge"按钮，选择线。 （4）在"Details of 'Fixed Support'"界面中，单击"Scope"→"Geometry"选项，在对应参数栏中选择约束圆孔的选项。选择完毕，单击"Apply"按钮	A: 平面托架 Fixed Support Time: 1. s ◼ Fixed Support
20	施加载荷	（1）单击左侧树状图中的"Static Structural（A5）"选项。 （2）单击工具栏中的"Loads"→"Pressure"命令。 （3）在"Details of 'Pressure'"界面中的"Geometry"一栏选择需要施加载荷的半个圆孔。选择完毕，单击"Apply"按钮。 （4）在"Details of 'Pressure'"界面中，单击"Definition"→"Magnitude"选项，在对应参数栏中输入"5MPa"	A: 平面托架 Pressure Time: 1. s ◼ Pressure: 5. MPa
21	输出设置	（1）单击左侧树状图中的"Solution"选项。 （2）单击工具栏中的"Deformation"→"Total"命令。 （3）单击"Deformation"→"Directional"命令，在弹出的"Details of 'Directional Deformation'"界面中，单击"Definition"→"Orientation"选项，在对应参数栏中选择"Y Axis"选项，显示 Y 轴方向上的变形。 （4）单击工具栏中的"Stress"→"Equivalent（von-Mises）"命令，显示等效应力云图	Solution (A6) Solution Information Equivalent Elastic Strain Directional Deformation Equivalent Stress Details of "Directional Deformation" Scope Scoping Method — Geometry Selection Geometry — All Bodies Definition Type — Directional Deformation Orientation — Y Axis By — Time
22	求解	单击菜单栏中的"Solve"按钮，进行求解计算	Solve ▼ ?√ Show Errors

续表

步骤	内容	主要方法和技巧	界面图
23	查看位移云图	（1）单击"Solution（A6）"→"Total Deformation"命令，显示平面托架的整体位移云图。 （2）分别单击菜单栏中的"Max"和"Min"按钮，显示平面托架的最大变形和最小变形位置	
24	查看Y轴方向上的位移云图	（1）单击"Solution（A6）"→"Directional Deformation"命令，显示平面托架在Y轴方向上的位移云图。 （2）分别单击菜单栏的"Max"和"Min"按钮，显示平面托架在Y轴方向上的最大变形和最小变形位置	
25	查看应力云图	（1）单击"Solution（A6）"→"Equivalent Stress"命令，查看应力云图。 （2）分别单击菜单栏的"Max"和"Min"按钮，显示平面托架的最大应力和最小应力位置	

平面托架案例小结

合理选择板壳结构进行静力学分析，能够同时提高计算精度和效率。板壳结构静力学分析基本流程如下：

（1）简化板壳结构力学模型。

（2）绘制板壳结构模型。

（3）赋予板壳模型厚度尺寸。

（4）网格划分和边界条件设置。

（5）求解和后处理分析。

本案例通过 ANSYS Workbench，对平面托架进行有限元仿真分析。首先需要针对研究对象进行分析，以确定板壳结构问题属于三维问题还是二维问题。如果属于二维问题，还需进一步确定其属于平面应力问题、平面应变问题和轴对称问题中的哪一类。需要针对特定问题在 ANSYS Workbench 中进行合理参数设置，以确保分析结果的准确性。

引例

实体单元一般用于长、宽、高 3 个方向尺寸都差不多的模型分析，其模型特点在于可以完整和详细地反映结构特点及连接关系，每个实体单元都有 3 个自由度；其缺点在于进行有限元分析时，节点及单元数量较多，计算量较大。本节以弧形闸门为例，对其进行静力学分析，以此加深读者对实体结构基本分析流程的了解。

5.4　水电站弧形闸门静力学分析案例

弧形闸门模型如图 5-26 所示，该闸门的门叶及支腿的主要结构材料为 Q345。

打开 ANSYS Workbench，对控制弧形闸门模型的总体坐标系进行如下设定：Z 轴正向为垂直水流向，X 轴正向指向水流下游方向，Y 轴正向指向重力反方向，X 轴、Y 轴、Z 轴符合笛卡儿坐标系右手螺旋法则。弧形闸门特性参数见表 5-3。

表 5-3　弧形闸门特性参数

序号	名称	技术特性	序号	名称	技术特性
1	孔口尺寸（宽×高）	（6.5×8）m	5	启闭水头	7.635m
2	孔口类型	露顶式	6	吊点数量	2 个
3	设计水头	7.635m	7	闸门数量	4 个
4	操作方式	动水启闭	8	吊点距离	6m

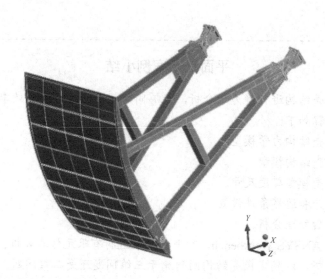

图 5-26　弧形闸门模型

5.4.1　整体分析方案

在 Solidworks 或其他三维建模软件中建立弧形闸门的三维模型，把所建三维模型导入 ANSYS Workbench 进行网格划分及边界条件设定，生成有限元模型。然后，采用 ANSYS Workbench 中的静力学分析模块进行结构有限元分析。

1. 载荷分析

（1）水压力作用在弧形闸门面板的外表面上，水体密度为 1000kg/m³，对弧形闸门面板上分布的水压力，根据水头按下式计算：

$$p = \rho g h$$

式中，p 为水压，ρ 为水体密度，g 为重力加速度，h 为水头高度。

弧形闸门的设计水头为 7.635m。水压力宽度范围为弧形闸门面板上游迎水面上，水压力从该面板底部的 0.0748MPa 向上逐渐减小，水压采用 ANSYS Workbench 中的压力梯度载荷进行施加。

（2）弧形闸门的门叶结构采用 1∶1 比例建模，在计算过程中施加重力加速度即可实现结构自重载荷的加载。

> **特别提示**
>
> （1）施加载荷时，可以利用 "Pressure" 或 "Hydrostatic Pressure"（水柱压力）命令。
>
> （2）对面板局部施加载荷，可以通过 SpaceClaim 软件或 ANSYS Workbench DM 中的面分割或印记面等方式，选定载荷范围。
>
> （3）施加载荷梯度时，可以选择已建立的局部坐标系。

2. 网格划分

采用实体单元对弧形闸门进行网格划分，划分为由四节点四面体单元（Solid187 Element）和八节点六面体单元（Solid185 Element）混合而成的有限元模型。基本上按弧形闸门结构特点采用自动网格划分方式，由 ANSYS Workbench 中的网格处理模块，把面板、横梁等规则构件离散为八节点六面体实体单元，把部分不规则板件离散为四节点四面体单元。完成网格划分后，模型上共 83535 个单元和 242842 个节点，如图 5-27 所示。

图 5-27 弧形闸门网格

特别提示

（1）网格划分前，建议将模型中的部分部件进行合并，有助于计算结果的收敛，但不规则的模型或曲面形状可能导致网格自动划分失败。

（2）可以通过"Sizing"命令，进行局部或全局尺寸控制，单元尺寸并非越小越好。

（3）通过插入"Method"命令，可以控制网格的划分方式。

（4）不要拘泥于单元形状，采用六面体单元的计算结果也不一定比采用四面单元的计算结果精确，可根据模型形状选择单元类型。

（5）对三维连续体，ANSYS Workbench 会自动选择 Solid186 单元和 Solid187 单元；对其他实体单元，可以在"Mechanical"组件的"Geometry"分支下加入"Command"对象，手工设置单元类型和单元选项。

（6）在建模过程，可根据加载情况、分析精度要求和硬件性能等选择单元类型。

3. 设置边界条件

各个部件之间通过设置 Bonded（绑定）接触实现受力传递。弧形闸门在正常挡水工况下的载荷和约束施加方式如下：在弧形闸门支腿端部施加固定约束（Fixed Support），模拟弧形闸门支腿的支持作用；在弧形闸门底部施加无摩擦支撑约束（Frictionless Support），约束弧形闸门在 Y 轴方向的自由度，在门叶结构两侧施加横向位移约束（Displacement Support），约束弧形闸门在 Z 轴方向的自由度，在支铰处施加转动铰（Revolute Joint），释放 Z 轴方向的向自由度。对弧形闸门施加的载荷及约束如图 5-28 所示。

图 5-28　对弧形闸门施加的载荷及约束

特别提示

（1）导入模型后，ANSYS Workbench 会把各个部件的接触位置默认为绑定接触，在连接处添加其他类型的接触时，应该先删除此位置的绑定接触。

（2）先选择"Tolerance Type"栏中的"Value"选项，然后在"Tolerance Value"栏中，对探测范围进行修改，如图 5-29 所示。

Auto Detection	
Tolerance Type	Value
Tolerance Value	8. mm
Use Range	No

图 5-29　自动探测范围设置

（3）各个 Joint（连接）类型可用于模拟物体之间或物体与固定位置之间的相互作用，一般用于模拟运动副。每个 Joint（连接）类型都是在其参考坐标系下定义的，常见的 Joint 类型及其约束自由度见表 5-4。

表 5-4　Joint 类型及其约束自由度

Joint 类型	约束自由度
Fixed Joint	All
Revolute Joint	UX、UY、UZ、ROTX、ROTY
Cylindrical Joint	UX、UY、ROTX、ROTY
Translational Joint	UY、UZ、ROTX、ROTY、ROTZ
Slot Joint	UX、UZ
Universal Joint	UX、UY、UZ、ROTY
Spherical Joint	UX、UY、UZ
Planar Joint	UZ、ROTX、ROTY
Bushing Joint	None

4. 求解并提取各项应力及变形

在提取各项应力及变形时，可以单独在"Model"列表中选择部分组件，查看局部应力及变形。但需要在应力值处，用右键单击"Adjust to Visible"命令，更新应力云图（见图5-30），才能显示出所选结构的局部应力分析结果。

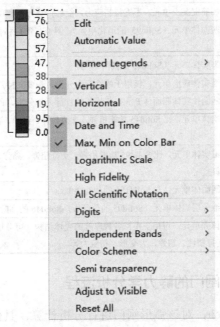

图 5-30　更新应力云图

5.4.2　实体单元特点及理论

在实际应用中，实体单元的应用范围越来越广泛。在 ANSYS Workbench 中，实体单元分为两大类：第一类为六面体单元，如 Solid45、Solid185 等，它们可以退化为四面体或棱柱；第二类为带中间节点的四面体单元，如 Solid92、Solid187 等。

如果模型结构比较简单，建议选用六面体单元，或者以六面体为主，含少量退化的六面体；如果模型结构比较复杂，无法用六面体单元进行网格划分，那么可以选择带中间节点的四面体单元。如果划分模型时选择六面体单元，但由于其结构复杂，单元类型大多为退化的六面体，因此计算精度很低，需要避免此种情况产生。

六面体单元只有 8 个节点，计算量较小，但对模型结构的要求较高；四面体单元有 10 个节点，计算量较大，但便于网格划分。在同一类型的单元中，虽然计算精度差距不明显，但是建议优先选择编号大的单元，因为编号越大，意味着进行了某些方面的优化或增强。对结构简单的模型，在第一类中优先选择 Solid185；对结构复杂的模型，在第二类中优先选择 Solid187。

常用实体单元类型见表 5-5。

表 5-5　常用实体单元类型

单元名称	单元特点	备注
Solid45	八节点三维实体单元，具体塑性、大变形、初应力、蠕变、膨胀等功能	
Solid46	八节点三维分层实体单元（Solid45 的分层版），不支持塑性	
Solid65	八节点三维加筋混凝土单元，不支持初应力，能够计算拉裂和压碎	
Solid92	十节点三维四面体单元（Solid95 的退化单元），具有二次位移特性，非常适合模拟不规则模型	
Solid95	二十节点三维实体单元（Solid45 的高阶单元）	
Solid147	二十节点三维实体砖形单元，仅用于线性静力分析，最多支持八阶多项式	
Solid148	十节点三维四面体实体四面体 P 元，仅用于线性静力学分析，最多支持八阶多项式	可把 P 元的差值函数设置为 2～8 阶
Solid185	八节点三维实体单元，比 Solid45 功能稍强，支持超弹、黏弹、黏塑等，可用于模拟超弹性材料	
Solid186	二十节点三维实体单元，比 Solid95 功能稍强，支持超弹、黏弹、黏塑等，可用于模拟超弹性材料	
Solid187	十节点三维四面体单元，与 Solid186 的功能类似	
Solid191	二十节点三维分层实体单元（Solid95 的分层版，Solid46 的高阶单元），不支持塑性	
Solid190	八节点层实体壳单元，可用于模拟各种厚度的壳体结构（可分层，可与实体单元直接连接），支持塑性、超弹、大变形、初应力等	

5.4.3　水电站弧形闸门的静力学分析流程

运行 ANSYS Workbench，对该弧形闸门进行分析计算，具体分析流程见表 5-6。

表 5-6　水电站弧形闸门的静力学分析流程

步骤	内容	主要方法和技巧	界面图
1	打开 ANSYS Workbench，设置单位制	打开"Project Page"（项目页）界面，在"Units"菜单栏中，对单位制选择"Metric（tonne，mm,s,℃,mA,N，mV）"选项和"Display Values in Project Units"选项	
2	建立分析项目	在"Toolbox"项目栏中建立"Static Structural"项目（通过拖动或双击左键选择），在项目名称位置双击左键，可修改名称	弧形闸门

续表

步骤	内容	主要方法和技巧	界面图
3	进入材料属性设置界面	在项目中双击"Engineering Data"选项,进入材料属性设置界面	
4	设置材料属性	选择默认的"Structural Steel"选项,把弹性模量设为 2×10^5MPa、密度设为 7.85×10^{-9}t/mm^3、泊松比设为 0.3（其他参数保留默认设置）	
5	导入模型	在"Geometry"子模块上单击右键,在弹出的快捷菜单中选择"Import Geometry"选项导入模型	
6	打开模型	双击"Model"命令,打开 Mechanical Application 界面	弧形闸门

续表

步骤	内容	主要方法和技巧	界面图
7	删除与支座连接轴连接的接触	（1）选中连接轴后，用右键单击"Go To"→"Contacts for Selected Bodies"命令，在左侧接触界面会显示与所选部件相连接的接触编号。 （2）在显示的接触编号上，右击"Delete"命令，删除所选接触。 （3）选中固定铰支座，重复步骤（1）～（2）的操作，直到连接轴及上部固定铰支座的所有接触都被删除	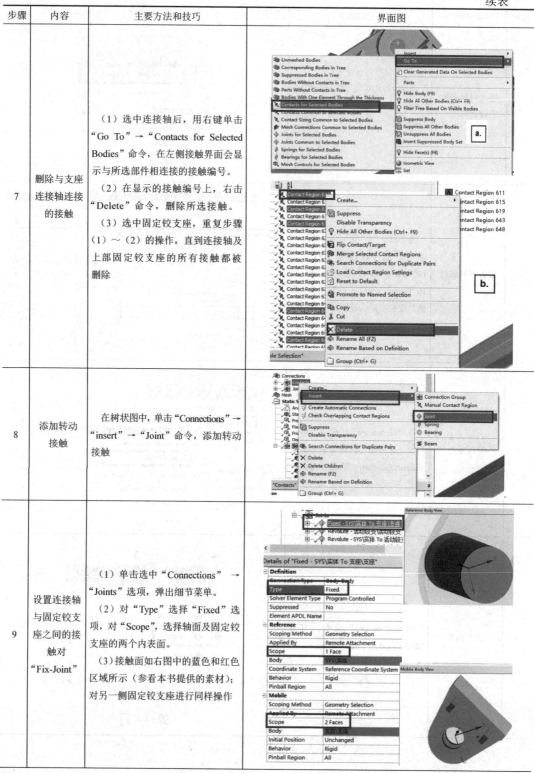
8	添加转动接触	在树状图中，单击"Connections"→"insert"→"Joint"命令，添加转动接触	
9	设置连接轴与固定铰支座之间的接触对"Fix-Joint"	（1）单击选中"Connections"→"Joints"选项，弹出细节菜单。 （2）对"Type"选择"Fixed"选项，对"Scope"，选择轴面及固定铰支座的两个内表面。 （3）接触面如右图中的蓝色和红色区域所示（参看本书提供的素材）；对另一侧固定铰支座进行同样操作	

续表

步骤	内容	主要方法和技巧	界面图
10	设置连接轴与活动铰支座之间的接触对"Revolute-Joint"	（1）对"Connections"选择"Joints"选项，弹出细节菜单。 （2）对"Type"选择"Revolute"选项，对"Scope"选择轴面及活动铰支座的内表面 （3）接触面如右图中的蓝色和红色区域所示；对另一侧活动铰支座进行同样操作	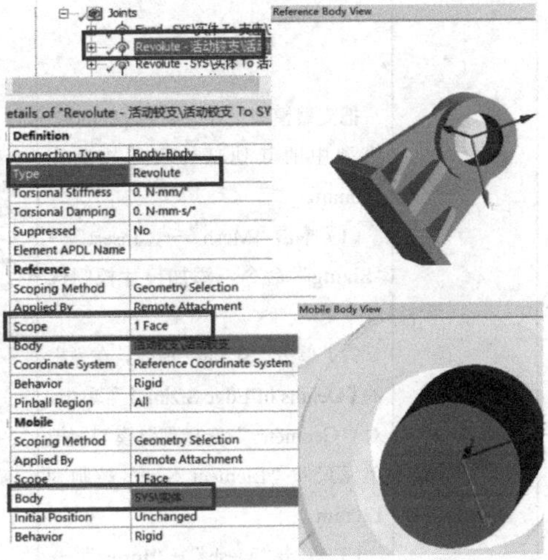
11	划分网格	（1）在"Project Model"界面中，单击"Mesh"命令，可以进行网格划分的相关设置。 （2）单击"Mesh"命令，在弹出的细节菜单中，把网格过渡"Transition"设为"Slow"、跨度角中心"Span Angle Center"设为"Medium"，以提高网格质量	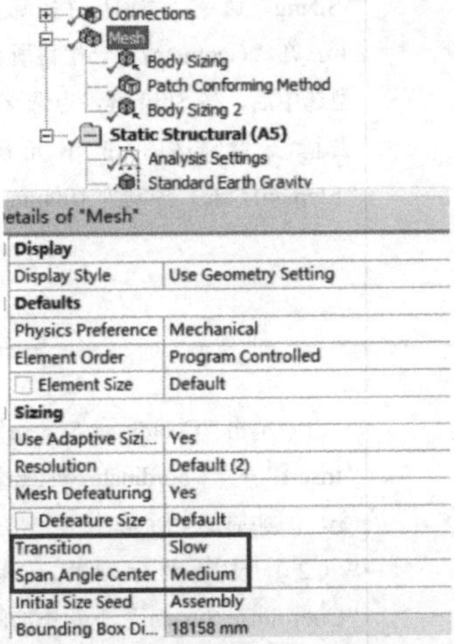
12	设置网格划分方式	（1）因为支腿的支臂结构合并为一个整体，结构比较复杂，所以采用四面体单元进行划分。单击"Mesh"→"Insert"→"Method"命令，插入网格划分选项卡。 （2）在弹出的细节菜单中，对"Geometry"选择支臂模型，把网格划分方式"Method"设为四面体单元"Triangles"	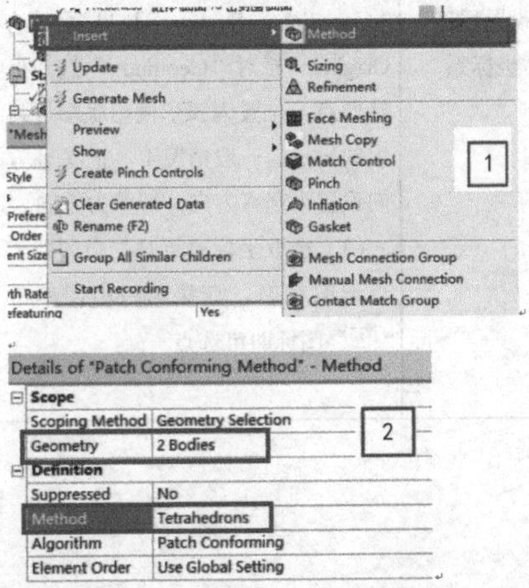

219

步骤	内容	主要方法和技巧	界面图
13	控制单元尺寸	把支臂模型尺寸控制为120mm，模型中的其他部件尺寸控制为100mm。 （1）单击"Mesh"→"Insert"→"Sizing"命令，添加尺寸控制选项卡。 （2）单击"Sizing"命令，在弹出的【Details of Edge Sizing】菜单中，对"Geometry"选择支臂模型，把单元尺寸"Element Size"控制为120mm。 （3）单击"Mesh"→"Insert"→"Sizing"命令，添加尺寸控制选项卡。在"Geometry"一栏将所有模型选中后，按Shift键，点选支臂，去除支臂结构，把单元尺寸"Element Size"控制为100mm	
14	设置局部坐标系	（1）单击"Coordinate System"→"Insert"→"Coordinate System"命令，添加局部坐标系。 （2）设置坐标原点，单击"Coordinate System"下新添加的坐标系名称，在弹出的【Details of "Coordinate System"】界面中的Origin一栏对"Geometry"选择坐标原点，位置为弧形闸门底端边角上的一点。一般情况下，把 Y 轴方向设置为竖直方向，即重力方向。 （3）选取坐标原点时，必须处于点选取状态，在菜单栏中，单击"▶"图标即可选点	

续表

步骤	内容	主要方法和技巧	界面图
15	设定重力方向	在树状图中，选择"Static Structural"选项。然后单击右键，在弹出的快捷菜单中，单击"Insert"→"Acceleration"命令，弹出重力加速度选项卡。在该选项卡中，用左键单击"Direction"选项对应的文本框，在弹出的下拉列表中，选择"-Y Direction"选项，完成重力方向的设定	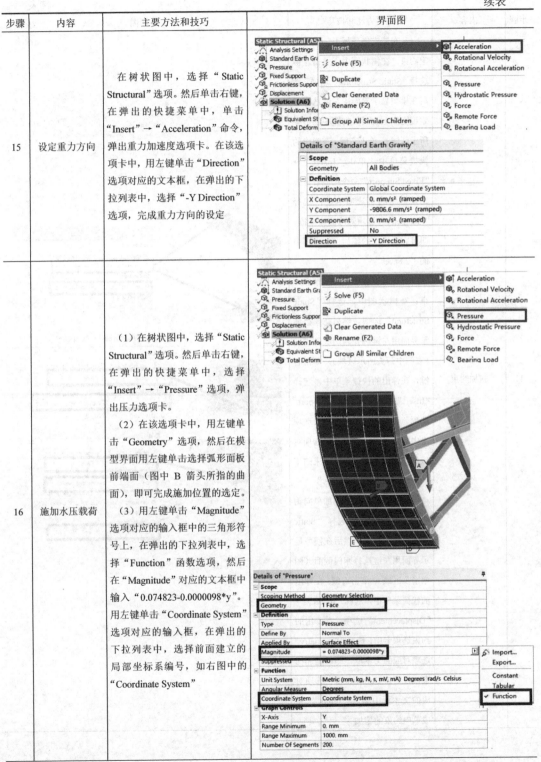
16	施加水压载荷	（1）在树状图中，选择"Static Structural"选项。然后单击右键，在弹出的快捷菜单中，选择"Insert"→"Pressure"选项，弹出压力选项卡。 （2）在该选项卡中，用左键单击"Geometry"选项，然后在模型界面用左键单击选择弧形面板前端面（图中 B 箭头所指的曲面），即可完成施加位置的选定。 （3）用左键单击"Magnitude"选项对应的输入框中的三角形符号上，在弹出的下拉列表中，选择"Function"函数选项，然后在"Magnitude"对应的文本框中输入"0.074823-0.0000098*y"。用左键单击"Coordinate System"选项对应的输入框，在弹出的下拉列表中，选择前面建立的局部坐标系编号，如右图中的"Coordinate System"	

步骤	内容	主要方法和技巧	界面图
17	施加约束	（1）在铰支座顶板上，施加固定约束：在树状图中，单击左键选择"Static Structural"选项，然后在模型显示界面用左键选择固定铰支座上表面（右图中的箭头所示区域），单击右键，在弹出的快捷菜单中，单击"Insert"→"Fixed Support"命令；最后在弹出的固定约束选项卡中，选择"Geometry"选项对应的文本框，即可完成约束的施加，如右图中的"2 Faces"。 （2）在面板底面施加无摩擦约束：在树状图中，选择"Static Structural"选项。然后在模型显示界面用左键选择闸门底部表面（右图中箭头所示区域），单击右键，在弹出的快捷菜单中，选择"Insert"→"Frictionless Support"选项。在弹出的无摩擦约束选项卡中，选择"Geometry"选项对应的文本框，即可完成约束的施加，如右图中的"1 Faces"。 （3）在门叶的侧面施加单向约束：在树状图中，选择"Static Structural"选项，然后在模型显示界面用左键选择闸门侧面（图中箭头区域），单击右键，在弹出的快捷菜单中，选择"Insert"→"Displacement"选项。在弹出的约束选项卡中，选择"Geometry"选项对应的文本框，即可施加约束；在"Z Component"选项对应的文本框中输入"0mm"，完成单向约束的施加	

续表

步骤	内容	主要方法和技巧	界面图
18	添加求解项并求解	（1）设置整体变形：在树状图中，用左键单击"Solution"选项，然后单击右键，在弹出的快捷菜单中，选择"Insert"→"Deformation"→"Total"命令，完成整体变形计算结果的设置。 （2）添加等效应力：在树状图中，用左键单击"Solution"选项，然后单击右键，在弹出的快捷菜单中，依次单击"Insert"→"Stress"→"Equivalent （von-Mises）"命令，完成提取等效应力的设定。 （3）根据需要也可以完成"Normal"轴向应力和"Shear"剪应力的计算结果的提取，并通过建立局部坐标系选定方向	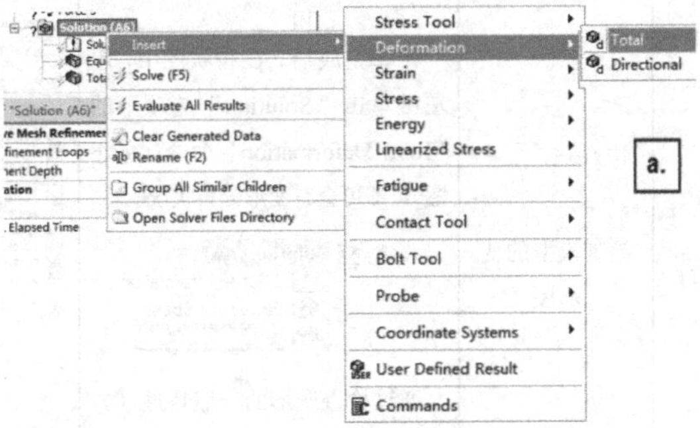 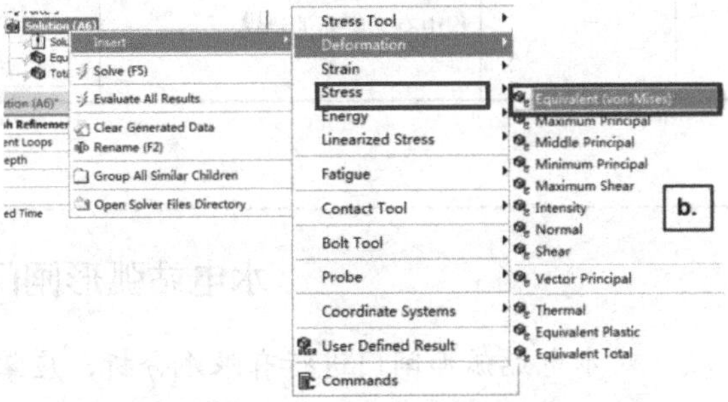
19	求解模型	在树状图中，用左键单击"Solution"选项，然后单击右键，在弹出的快捷菜单中，选择"Solve"选项，进行求解或者单击上侧菜单栏中的"Solve"图标，软件自动进行求解	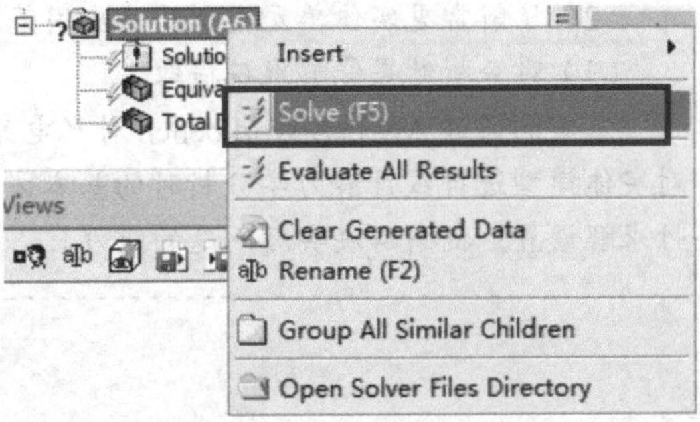
20	查看结果	计算完成后，在树状图中，用左键单击选中"Solution"选项下的"Equivalent Stress"命令（如下图），即可查看应力分布状况 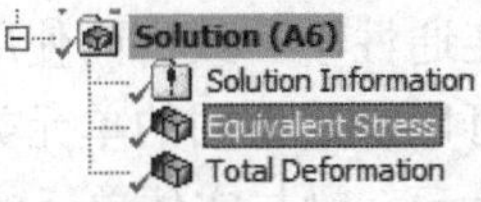	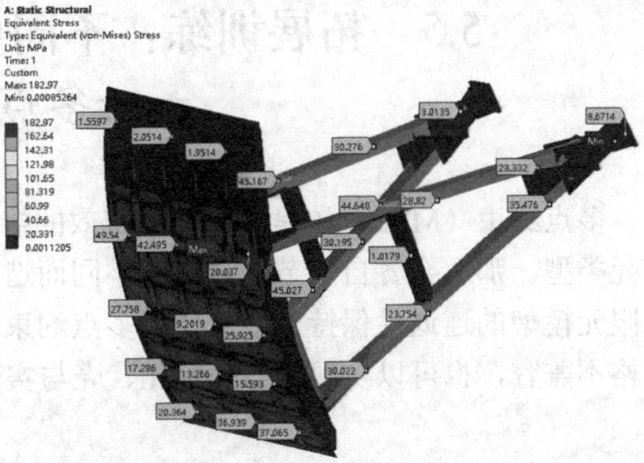

续表

步骤	内容	主要方法和技巧	界面图
21	绘制模型的变形图	计算完成后，在树状图中，用左键单击"Solution"选项下的"Total Deformation"命令（如下图），即可查看变形分布状况。 通过检查变形的一般特性（方向和大小）可以初步判定建模过程中有无明显的错误	

水电站弧形闸门案例小结

对水电站弧形闸门进行有限元分析，应掌握以下内容：

（1）掌握实体模型的基本分析流程。

（2）了解常见实体单元类型及其应用范围。

（3）对分析结果能够准确提取。

本案例通过 ANSYS Workbench 对水电站弧形闸门进行有限元分析。读者需要掌握对实体模型进行线性静力学分析时的基本方法和流程，能够举一反三，完成复杂的线性求解设置，提高解决实际问题的能力。

5.5 拓展训练：不同单元之间的连接方法
——多点约束法

多点约束（MPC）法是一个极为有效的接触模拟算法。如果在连接区域使用了不同的单元类型，那么会各自的节点自由度不同而造成连通性不一致，而使用多点约束法可以使有限元模型的连通性保持一致。使用多点约束法可以绑定不同的单元类型，即使交界面的网格不兼容，也可以实现梁与壳单元、壳与实体单元、梁与实体单元的连接。

为什么不使用已试用过的接触算法？原因如下：

（1）计算结果可能依赖于接触刚度。现有的 Bonded 接触算法使用了惩罚方法（Penalty Method），由于接触刚度（引起病态条件）和穿透，可能会影响计算结果的精度。

（2）即使对小变形问题也需要大量迭代才能达到满意的平衡效果。例如，即使是线性问题，通常也需要大量迭代。

（3）在模态分析中，有时会出现虚假的自然频率，这是因为使用了接触刚度。

（4）只处理平移自由度。对接触面与目标面的距离非零的情况，不能处理 Shell 与 Beam 装配。

（5）只适用于小应变的情况，因为现有的方法总是使用初始的节点定位。

多点约束法具有以下优点：

（1）不需要用户手工定义 MPC 方程，用户只须把连接方法视为"绑定"（Bonded）接触，ANSYS Workbench 将自动生成 MPC 方程。

（2）不需要输入接触刚度，也不需要通过多次尝试保证求解精度。

（3）不仅可以约束平移自由度，而且可以约束转动自由度，可以改善求解精度，使梁与壳单元（Beam-Shell）、壳与实体单元（Shell-Solid）、梁与实体单元（Beam-Solid）之间的连接更加合理。

（4）对于小变形问题，MPC 方程表现出"真线性接触"特性，求解系统方程时不需要迭代。

（5）对于大变形问题，在每次迭代时更新 MPC 方程。

多点约束法在点与点接触中不适用。

5.5.1 梁与壳单元的连接方法

梁与壳单元的连接设置过程如下：

（1）把壳表面作为接触面，把梁的节点作为目标的 Pilot 节点，不需要添加目标面。

（2）设置接触单元类型。

KEYOPT（2）=2	激活多点约束法
KEYOPT（12）=5 或 6	设为绑定接触
KEYOPT（4）=1	力分布表面
KEYOPT（4）=2	刚性约束表面

（3）执行分析。梁与壳的连接模型如图 5-31 所示，其中，壳的尺寸为 100mm×100mm，厚度为 5mm；梁的长度为 100mm，截面是直径为 6mm 的圆形，梁的轴线通过壳中心位置。

网格划分后得到的梁与壳连接的有限元模型如图 5-32 所示，单元尺寸设为 5mm，壳的网格划分方法为映射网格划分方法。

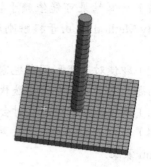

图 5-31　梁与壳的连接模型　　　　　图 5-32　梁与壳连接的有限元模型

梁与壳的 MPC 法连接设置如图 5-33 所示。

Details of "Bonded - Line Body To Surface Body"	
Scope	
Scoping Method	Geometry Selection
Contact	1 Edge
Target	1 Face
Contact Bodies	Line Body
Target Bodies	Surface Body
Target Shell Face	Program Controlled
Shell Thickness Effect	No
Definition	
Type	Bonded
Scope Mode	Manual
Trim Contact	Program Controlled
Suppressed	No
Advanced	
Formulation	MPC
Constraint Type	Target Normal, Couple U to ROT
Pinball Region	Program Controlled
Geometric Modification	
Target Geometry Correction	None

图 5-33　梁与壳的 MPC 法连接设置

特 别 提 示

（1）在 "Mechanical" 界面中，用右键单击 "Connections" → "Insert" → "Manual Contact Region" 命令，建立梁与壳的连接。

（2）在 MPC 法连接设置中，对 "Contact Bodies" 选择梁的线体或接触点，对 "Target Bodies" 选择壳接触面。

（3）在 "Advanced" 分支下，对 "Formulation" 选择 MPC，对 "Constraint Type" 选择 "Target Normal，Couple U to ROT"。

5.5.2 壳与实体单元的连接方法

壳网格与实体网格不需要对齐，分析过程如下：

（1）把壳与实体单元的连接处设为接触，对实体单元使用目标单元 Target170，对壳使用接触单元 Contact175。

（2）设置接触单元 Contact175 的类型。

KEYOPT（2）=2　　　　　　激活 MPC 方程

KEYOPT（12）=5 或 6　　　　设为绑定接触

（3）设置目标单元 Target170 的类型。

KEYOPT（2）=2　　　　　　Shell-Solid 约束（Shell 边界同时约束平移和旋转自由度；实体表面上只约束平移自由度）

（4）执行分析。壳与实体单元的连接模型如图 5-34 所示，实体单元尺寸为 100mm×50mm×5mm；壳尺寸为 100mm×50mm，厚度为 5mm，壳平面与实体单元的中面对齐。

网格划分得到的壳与实体单元连接的有限元模型如图 5-35 所示，单元尺寸设为 5mm，壳的网格划分方法为映射网格划分方法。

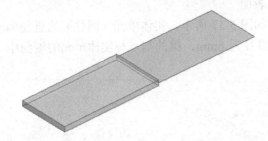
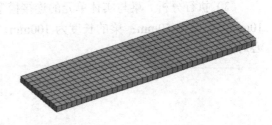

图 5-34　壳与实体单元的连接模型　　　　图 5-35　壳与实体单元连接的有限元模型

壳与实体单元的 MPC 法连接设置如图 5-36 所示。

Details of "Bonded - Surface Body To Solid"	
Scope	
Scoping Method	Geometry Selection
Contact	1 Edge
Target	1 Face
Contact Bodies	Surface Body
Target Bodies	Solid
Shell Thickness Effect	No
Definition	
Type	Bonded
Scope Mode	Manual
Trim Contact	Program Controlled
Suppressed	No
Advanced	
Formulation	MPC
Constraint Type	Target Normal, Couple U to ROT
Pinball Region	Program Controlled
Geometric Modification	
Target Geometry Correction	None

图 5-36　壳与实体单元的 MPC 法连接设置

在 MPC 法连接设置中，对"Contact Bodies"选择壳的接触线，对"Target Bodies"选择实体单元的接触面。

5.5.3 梁与实体单元的连接方法

梁与实体单元的连接设置过程如下：

（1）把实体单元表面作为接触面，把梁的节点作为目标的 Pilot 节点，不需要添加目标面。

（2）设置接触单元类型。

KEYOPT（2）=2	激活 MPC 方程
KEYOPT（12）=5 或 6	设为绑定接触
KEYOPT（4）=1	力分布表面
KEYOPT（4）=2	刚性约束表面

（3）执行分析。梁与实体单元的连接模型如图 5-37 所示，实体单元（圆柱）的直径为 10mm，长度为 50mm；梁的长度为 100mm，直径为 6mm，梁的端点与实体单元的端面中心对齐。

图 5-37 梁与实体单元的连接模型

网格划分得到的梁与实体单元连接的有限元模型如图 5-38 所示，单元尺寸设为 5mm，实体单元的网格划分方法为扫略网格划分方法。

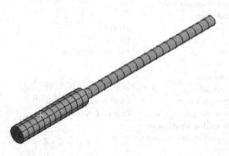

图 5-38 梁与实体单元连接的有限元模型

梁与实体单元的 MPC 法接触设置与梁与壳的 MPC 法接触设置过程一致。同时，梁与实体单元之间可通过转动副（Joint）进行连接，如图 5-39 所示。

Details of "Fixed - Line Body To Solid"	╄
Definition	
Connection Type	Body-Body
Type	Fixed
Solver Element Type	Program Controlled
Suppressed	No
Reference	
Scoping Method	Geometry Selection
Applied By	Remote Attachment
Scope	1 Vertex
Body	Line Body
Coordinate System	Reference Coordinate System
Pinball Region	All
Mobile	
Scoping Method	Geometry Selection
Applied By	Remote Attachment
Scope	1 Face
Body	Solid
Initial Position	Unchanged
Behavior	Rigid
Pinball Region	All

图 5-39 梁与实体单元的转动副（Joint）连接设置

特别提示

（1）梁与实体单元之间需要通过运动副（Joint）进行连接，在【Mechanical】界面中，用右键单击 "Connections" → "Insert" → "Joint" 命令，建立梁与实体单元的连接。

（2）连接设置时，在 "Reference（参考体）" 分支下对 "Scope" 选择梁的接触点，在 "Mobile（运动体）" 分支下对 "Scope" 选择实体单元的接触面。

（3）用户可自行研究 MPC 法与转动副的设置对仿真结果的影响。

课 后 练 习

5-1　图 5-40 所示为双跨悬臂梁模型。该悬臂梁左侧使用固定铰支座，中间使用活动铰支座；从左到右，在该悬臂梁的 100mm 处施加 1000N 的竖直向下的集中力；从右到左，在该悬臂的 200mm 处施加 5N/mm 的竖直向下的均布载荷。根据以上条件，试利用 ANSYS Workbench 得到双跨悬臂梁结构的剪力图、弯矩图和变形，并与理论结果进行对比分析。

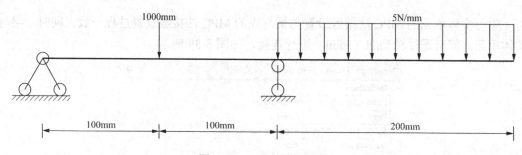

图 5-40 双跨悬臂梁模型

5-2　某平面钢闸门的工程图纸可通过二维码下载，试利用 ANSYS Workbench 对该闸门的强度和刚度进行校核计算。

第 **6** 章　机械结构非线性有限元分析及其应用实例

了解机械结构非线性有限元分析的基本理论和非线性问题类型，能够根据不同类型，选择合适的分析方法，利用 ANSYS Workbench 完成非线性有限元分析。

能力目标	知识要点	权重	自测分数
了解机械结构非线性有限元分析的基本理论和非线性问题类型	掌握机械结构非线性有限元分析的基本理论思想和概念	10%	
了解非线性有限元分析的求解算法原理和收敛判据	了解非线性有限元分析的求解算法和收敛判据，加深对有限元分析专用软件的理解	20%	
利用 ANSYS Workbench，完成接触非线性有限元分析	以"螺栓连接快速接头"为例，进行接触非线性有限元分析，掌握接触非线性有限元分析方法和分析流程，深刻理解接触设置的关键性和选择的合理性	40%	
能够利用 ANSYS Workbench，完成材料非线性有限元分析	以橡胶密封圈为例，进行超弹体的非线性有限元分析，掌握超弹体的非线性有限元分析方法和分析流程，理解非线性有限元分析的设置要求	30%	

6.1 机械结构非线性有限元分析

机械结构非线性问题广泛存在于现实生活中，例如，汽车飞速行驶时被压瘪的轮胎、金属冲压及钣金时的变形等，都属于结构非线性问题。

对非线性问题而言，其载荷与变形曲线不再遵循胡克定理 $F=Ku$，结构刚度不再是常量，而是函数变量 KT。

典型的非线性分为以下 3 种类型：

（1）应力超过屈服极限进入塑性变形。

（2）大变形分析，如竹竿弯曲变形。

（3）状态的变化，如零件之间的接触关系、ANSYS 中单元的生（存在）和死（消亡）。

6.1.1 非线性有限元分析的基本理论

一般来说，非线性有限元可归结为一系列线弹性问题。因而，线弹性有限元是非线性有限元的基础。两者不仅在分析方法和求解步骤上有相似之处，而且后者要不断调用前者的结果。在非线性力学中，无论是哪一类非线性问题，经过有限元离散后，它们可都归结为求解一个非线性代数方程组：

$$\psi_1\left(\delta_1\delta_2\cdots\delta_n\right)=0$$
$$\psi_2\left(\delta_1\delta_2\cdots\delta_n\right)=0$$
$$\cdots\cdots \tag{6-1}$$
$$\psi_n\left(\delta_1\delta_2\cdots\delta_n\right)=0$$

式中，$\delta_1\delta_2\cdots\delta_n$ 是未知量，$\psi_1\psi_2\cdots\psi_n$ 是 $\delta_1\delta_2\cdots\delta_n$ 的非线性表达，现引用矢量记号：

$$\delta=\left[\delta_1\delta_2\cdots\delta_n\right]^{\mathrm{T}}$$
$$\psi=\left[\psi_1\psi_2\cdots\psi_n\right]^{\mathrm{T}}$$

式（6-1）可表示为

$$\psi(\delta)=0$$

可以把它改写为

$$\psi(\delta)\equiv F(\delta)-R=K(\delta)\delta-R=0$$

式中，$K(\delta)$ 为 $n\times n$ 的矩阵，其元素 K_{ij} 是矢量 δ 的函数；R 为已知矢量。

在位移有限元中，δ 代表未知的节点位移，$F(\delta)$ 是等效节点力，R 为等效节点载荷，方程 $\psi(\delta)=0$ 表示节点平衡方程。

在线弹性有限元中，线性方程为

$$K(\delta)-R=0$$

对线性方程，在线性分析过程中，可以非常容易地得到精确解，但是对非线性方程 $\psi(\delta)=0$，要求得一个精确解并不容易，需要按照数值分析方法，把非线性问题转化为一系列线性问题，才能求解。选择何种求解方法，可以根据所求解的非线性问题类型来选择。

6.1.2　非线性问题类型

1. 几何非线性

在构件经历大的刚体位移和转动后，固连于物体坐标系中的应变分量仍被假设为小量，即大位移小应变情况。也就是说，构件的形状变化导致整体结构发生非线性响应。几何非线性问题属于大变形问题，位移和应变或它们中的一个是有限量。例如，钓鱼竿被拉起时发生的弯曲现象、壳体结构发生屈曲的现象，都属于几何非线性问题。

在几何非线性问题中，一般认为应力 σ 与应变 ε 呈线性关系，即应力在弹性范围内。在采用有限元法求解时，结构的整体刚度矩阵 K 不再是常量矩阵，而是节点位移列阵 δ 的函数。

2. 材料非线性

材料非线性也称为物理非线性，它是指材料的本构方程是非线性的，属于小变形问题，即位移和应变是微量，其几何方程是线性的。材料非线性的本构特点：应力 σ 与应变 ε 是非线性变化的，一般和加载过程有关。加载和卸载的路径不同，因而其物理方程 $\sigma = D\varepsilon$ 中的弹性矩阵 D 是应变 ε 的函数。

材料非线性分为两大类：一类是非线性弹性问题，例如，橡胶、塑料、岩石等材料在加载时应力与应变的关系并不是呈线性变化的，当去除载荷时，会恢复原状；另一类是指材料的弹塑性问题，即当材料超过屈服极限时呈现的非线性变化。

在机械结构分析中，常见的本构方程主要有线弹性和非线性弹性模型，其特点是应力仅是应变的函数，加载和卸载的规律相同。方程如下：

$$\sigma_{ij} = C_{ijkl}\varepsilon_{kl}$$

其中，对线弹性材料，C_{ijkl} 是常数；对非线性弹性材料，C_{ijkl} 是 ε_{kl} 的函数。

此外，还有超弹性模型、次弹性模型、弹塑性模型等。对于弹塑性模型，可以认为弹塑材料发生塑性变形时，其总应变可以分解为两部分：

$$\varepsilon_{ij} = \varepsilon_{ij}^{e} + \varepsilon_{ij}^{p}$$

即总应变 ε_{ij} 为弹性应变 ε_{ij}^{e} 和塑性应变 ε_{ij}^{p} 之和。加载时遵循一定规律，例如，遵循朗特-罗伊斯（Prandtl-Reuss）方程，而卸载时为弹性特征。承受的应力足够大时的金属、土壤、岩石等材料，都有此类性质。

在进行非线性动力学有限元分析时，具有黏性特性的模型十分重要。对于黏弹性模型，一般包括松弛模型和蠕变模型。典型的松弛模型是麦克斯韦（Maxwell）模型：

$$\dot{\varepsilon} = \frac{\dot{\sigma}}{E} + \frac{\sigma}{\varphi}$$

式中，$\dot{\varepsilon}$ 为应变的变化率；$\dot{\sigma}$ 为应力的变化率；E 为弹性模量；σ 为应力；φ 为断面收缩率。

蠕变模型如开尔文-沃伊特（Voigt-Kelvin）模型：

$$\sigma = E\varepsilon + \varphi\dot{\varepsilon}$$

式中，σ 为应力，其他同上。

进行材料非线性的动力学分析时，除了考虑材料的非线性本构关系，还应该考虑大应变和大变形等因素。例如，利用虚功原理对有限元动力方程进行时间积分。

知识拓展

（1）材料的非线性本构关系是指材料的力学性质，即应力与应变的关系。

（2）率无关性。如果材料的应力响应和载荷速率（或变形速率）无关，那么该材料为率无关性材料。低温时（小于 1/4 或 1/3 的熔点温度），大多数材料呈现率无关性和低应变速率。

（3）超弹体材料。超弹体材料是指在外力作用下，产生远超过弹性极限应变量的应变，而且卸载时应变可恢复到原来状态的材料，如橡胶、海绵等材料。对超弹体材料，一般假设材料是各向同性的、等温和弹性的、完全或接近不可压缩的。

（4）蠕变。蠕变是指固体材料在保持应力不变的条件下，应变随时间的延长而增加的现象。它与塑性变形不同，塑性变形通常在应力超过弹性极限之后才出现，而对蠕变来说，只要应力的作用时间足够长，在应力小于弹性极限内所施加的力时也会出现蠕变。许多材料（如金属、塑料、岩石和冰）在一定条件下都表现出蠕变的性质。

3. 接触非线性

当接触体发生形变时，由于接触边界的摩擦现象导致部分边界条件在加载过程发生不可恢复的变化。由这种边界条件的可变性和不可逆性产生的非线性问题，称为接触非线性问题，也称为边界非线性问题。在实际工程中，接触现象非常普遍，如火车轮与钢轨之间的关系、齿轮的啮合等现象。

在有限元法中，解决接触问题的一般方法是，先假定接触状态，求出接触力，检验接触条件；若与假定的接触状态不符，则重新假定接触状态，直到由迭代计算得到的接触状态与假定状态一致为止。方法如下：

对弹性接触的两个物体，通过有限元离散，建立支配方程：

$$K_1\delta_1 = R_1$$

式中，K_1 为初始刚度矩阵，它是指根据经验和实际情况假定的接触状态；δ_1 为节点位移；R_1 为节点载荷。

求解上述方程，得到节点位移 δ_1。然后计算接触点的接触力 P_1，将 δ_1 和 P_1 代入方程并与假定状态的接触条件对比。如果不相符，那么重新修正接触状态，建立新的刚度矩阵 K_2 和新的方程：$K_2\delta_2 = R_2$。重新对比计算结果，不断迭代计算，直到接触条件满足、求得精确解为止。

需要指出的是，上述分析没有考虑摩擦力。如果考虑摩擦力，该问题就是不可逆接触，需要采用增量加载的方式求解，即利用 ANSYS Workbench 中的载荷步功能。

在实际接触中，改变的只是局部接触区域。因此，每次迭代不再从整体上定义刚度矩阵，而是从局部定义，这样可以简化计算内容，即柔度法；还可以把接触点当成"单元"来分析：

（1）接触单元。依据接触点与位移和力之间的接触条件建立接触单元，将其直接组装到整体刚度矩阵中，对支配方程进行"静力凝聚"，保留接触面各点的自由度，从而得到接触点凝聚的支配方程。由于接触点数量远小于节点数量，凝聚后的支配方程的阶数与未凝聚时的支配方程的阶数相比，降低很多。当接触状态改变时，只需对凝聚后的支配方程进行修正和求解，就可节约计算时间。

（2）连接单元。该单元是依据虚功原理推导出的单元。连接单元包含接触面的接触特性，通过改变该单元的某些参数，反映不同的接触状态。

（3）间隙单元。该单元是一种虚设的、具有一定物理性质的特殊接触单元，其内部的应力与应变关系反映接触状态。可利用塑性力学中的"应力不变"准则，模拟接触状态。

特 别 提 示

（1）在 ANSYS Workbench 中，提供了一系列常用的接触类型，供用户选择。其实质就是提供现成的表面接触单元或自由度约束方程模拟接触状态，进行求解。

（2）合理选择接触类型对求解极其关键。

（3）在 ANSYS Workbench 中提供了一系列的工具和算法，用于常见的工程接触分析。例如，"Formulation"（协调接触）选项：防止各个接触体的相互渗透；"Detection Method"（探测方法）选项：自动寻找接触节点；通过"Normal Stiffness"（法向接触刚度）选项、"Behavior"（接触行为）选项、"Pinball Region"（探测球）选项，可以通过合理设置并模拟工程实践中的各种接触状态。

6.2　非线性求解与收敛

通过前面所介绍的基础理论可知，非线性求解的方法有很多。在迭代和计算过程中，如果求解方程达到一定条件，即求解方程达到收敛状态，就可以停止迭代。这一情况反映到有限元工程实例中，就是收敛判据。下面以直接迭代法为例，讲解非线性求解过程。

6.2.1　非线性求解方法

进行非线性求解时，一般先把非线性问题线性化，然后进行求解。常用的非线性求解方法包括迭代法、增量法和混合法。

1. 迭代法

迭代法是指对总载荷进行线性化处理，用总载荷作用下不平衡的线性解去逼近平衡的非线性解，迭代的过程就是消除失衡力的过程，即在每次迭代过程中都施加全部载荷，但逐步修改位移和应变，使之满足非线性的应力-应变关系。

迭代法分为直接迭代法、牛顿-辛普森（Newton-Raphson）迭代法、修正的牛顿-辛普森迭代法、拟牛顿迭代法。

1）直接迭代法

对非线性方程组：

$$K(\delta)\delta - R = 0 \tag{6-2}$$

设其初始的近似解为 $\delta = \delta^0$，由此确定近似的 K 矩阵

$$K^0 = K(\delta^0)$$

根据式（6-2）改进的近似解：$\delta^1 = (K^0)^{-1} R$

重复这一过程，以第 i 次近似解求出第 $i+1$ 次近似解的迭代公式为

$$K^i = K(\delta^i)$$

$$\delta^{i+1} = (K^i)^{-1} R$$

直到 $\Delta\delta^i = \delta^{i+1} - \delta^i$ 变得充分小，即近似收敛时，终止迭代。

在迭代过程中，得到的近似解一般不会满足 $K(\delta)\delta - R = 0$，则有

$$\psi(\delta^i) \equiv K(\delta^i)\delta^i - R \neq 0$$

$\psi(\delta)$ 作为对平衡偏离的一种度量，称为失衡力。

对于单变量问题，这一迭代过程是收敛的，但在多自由度情况下，由于未知量通过矩阵 K 耦合，因此迭代过程可能不收敛。

2）牛顿-辛普森迭代法

牛顿-辛普森迭代法是一种近似线性化的迭代求解方法。对非线性方程（具有一阶导数），在 $\psi(x) = 0$ 点，进行一阶泰勒级数展开。

牛顿-辛普森迭代法可以用来求解非线性方程组：

$$\psi(\delta) \equiv F(\delta) - R = 0 \tag{6-3}$$

设 $\psi(\delta)$ 为具有一阶导数的连续函数，$\delta = \delta^i$ 是式（6-3）所示非线性方程组的第 i 个近似解。若设

$$\psi^i = \psi(\delta^i) \equiv F(\delta^i) - R \neq 0 \tag{6-4}$$

则式（6-3）所示非线性方程组的一个近似解为

$$\delta = \delta^{i+1} = \delta^i + \Delta\delta^i \tag{6-5}$$

将式（6-5）代入式（6-4），在 $\delta = \delta^i$ 附近按一阶泰勒级数展开，则 $\psi(\delta)$ 在 δ^i 处的线性近似公式为

$$\psi^{i+1} = \psi^i + \left(\frac{\partial\psi}{\partial\delta}\right)^i \Delta\delta^i$$

其中，

$$\left(\frac{\partial \boldsymbol{\psi}}{\partial \boldsymbol{\delta}}\right)^i = \left(\frac{\partial \boldsymbol{\psi}}{\partial \boldsymbol{\delta}}\right)_{\boldsymbol{\delta}=\boldsymbol{\delta}^i}$$

$$\left(\frac{\partial \boldsymbol{\psi}}{\partial \boldsymbol{\delta}}\right)^i \equiv \begin{pmatrix} \dfrac{\partial}{\partial \delta_1} \\ \dfrac{\partial}{\partial \delta_1} \\ \vdots \\ \dfrac{\partial}{\partial \delta n} \end{pmatrix} [\psi_1 \psi_2 \cdots \psi_n]$$

记为

$$\boldsymbol{K}_T^i = \boldsymbol{K}_T \left(\boldsymbol{\delta}^i\right) \equiv \left(\frac{\partial \boldsymbol{\psi}}{\partial \boldsymbol{\delta}}\right)^i$$

假设上述方程的真实解为 $\boldsymbol{\delta}^{i+1}$，则由方程 $\boldsymbol{\psi}\left(\boldsymbol{\delta}^{i+1}\right) = \boldsymbol{\psi}\left(\boldsymbol{\delta}^i + \Delta \boldsymbol{\delta}^i\right) = \boldsymbol{\psi}^i + \boldsymbol{K}_T^i \Delta \boldsymbol{\delta}^i = \boldsymbol{0}$，可求出修正量 $\Delta \boldsymbol{\delta}^i$，即

$$\Delta \boldsymbol{\delta}^i = -\left(\boldsymbol{K}_T^i\right)^{-1} \boldsymbol{\psi}^i = \left(\boldsymbol{K}_T^i\right)^{-1} \left(\boldsymbol{R} - \boldsymbol{F}^i\right)$$

因为仅考虑了泰勒级数的线性项，所以求得的解仍是近似解。牛顿-辛普森迭代法的公式可归纳为

$$\Delta \boldsymbol{\delta}^i = -\left(\boldsymbol{K}_T^i\right)^{-1} \boldsymbol{\psi}^i = \left(\boldsymbol{K}_T^i\right)^{-1} \left(\boldsymbol{R} - \boldsymbol{F}^i\right)$$

$$\boldsymbol{K}_T^i = \left(\frac{\partial \boldsymbol{\psi}}{\partial \boldsymbol{\delta}}\right)^i = \left(\frac{\partial \boldsymbol{F}}{\partial \boldsymbol{\delta}}\right)^i$$

$$\boldsymbol{\delta}^{i+1} = \boldsymbol{\delta}^i + \Delta \boldsymbol{\delta}^i$$

牛顿-辛普森迭代法的收敛性是比较好的，但对于某些非线性问题，如理想塑性和塑性软化问题，在迭代过程中 $\boldsymbol{K}_T$ 可能是奇异或病态的。于是，$\boldsymbol{K}_T$ 的求逆就会出现困难。为此，可引入一个阻尼因子 η，使 $\boldsymbol{K}_T^i + \eta^i \boldsymbol{I}$ 成为非奇异的，或者使它的病态减弱。这里 $\boldsymbol{I}$ 为 $n \times n$ 阶单位矩阵。η^i 的作用是改变矩阵 $\boldsymbol{K}_T^i$ 主对角线元素不占优势的情况。当 η^i 变大时，收敛速度变慢；当 $\eta^i \to 0$ 时，收敛速度最快。引入 η^i 后，将 $\Delta \boldsymbol{\delta}^i = -\left(\boldsymbol{K}_T^i\right)^{-1} \boldsymbol{\psi}^i = \left(\boldsymbol{K}_T^i\right)^{-1} \left(\boldsymbol{R} - \boldsymbol{F}^i\right)$ 代替如下：

$$\Delta \boldsymbol{\delta}^i = -\left(\boldsymbol{K}_T^i + \eta^i \boldsymbol{I}\right)^{-1} \boldsymbol{\psi}^i$$

3）修正的牛顿-辛普森迭代法

用直接迭代法和牛顿-辛普森迭代法求解时，每次迭代都要重新计算 $\boldsymbol{K}_T^i$。若没 $\boldsymbol{K}_T^0 = \boldsymbol{K}_T \left(\boldsymbol{\delta}^0\right)$，则仅第一步需要完全求解线性方程组。还可把将三角分解后的 $\boldsymbol{K}_T^0$ 保存起来，在每次迭代时都可采用：

$$\Delta \boldsymbol{\delta}^i = -\left(\boldsymbol{K}_T^0\right)^{-1} \boldsymbol{\psi}^i$$

采用修正的牛顿-辛普森迭代法时每次迭代所用的计算时间较少，但收敛速度降低。为

了提高收敛速度，可引入过量修正因子 w^i。求解 $\Delta\delta^i$ 后，使用 $\delta^{i+1} = \delta^i + w^i\Delta\delta^i$ 重新求解。$w^i > 1$，使用一维搜索确定 w^i。此时，将 $\Delta\delta^i$ 看作 n 维空间中的搜索方向，希望在这一方向上找到一个更好的近似值，即使不能得到精确解（使 $\psi(\delta) = 0$ 的解），也但可以通过选择 w^i 使 $\psi(\delta)$ 在搜索方向上的分量为 0，即

$$\left(\Delta\delta^i\right)^{\mathrm{T}}\psi\left(\delta^i + w^i\Delta\delta^i\right) = 0$$

这是一个关于 w^i 的单变量非线性方程。在应用修正的牛顿-辛普森迭代法时，还可以在若干次迭代后再重新计算一个新的 K_T^0，达到提高收敛速度的目的。

4）拟牛顿迭代法

拟牛顿迭代法的主要特点是，每次迭代后用一个简单的方法修正 K，K 的修正要满足以下的拟牛顿方程：

$$K^{i+1}(\delta^{i+1} - \delta^i) = \psi(\delta^{i+1}) - \psi(\delta^i)$$

仿照位移的迭代公式，建立刚度矩阵的逆矩阵的迭代公式：

$$(K^{i+1})^{-1} = (K^i)^{-1} + (\Delta K^i)^{-1}$$

只要由 $\Delta\delta^i$ 和 $\Delta\psi^i$ 求出 $(\Delta K^i)^{-1}$，就可以得到。修正矩阵 $(\Delta K^i)^{-1}$ 的秩 $m \geqslant 1$，通常，$m = 1$ 或 $m = 2$。对于秩为 m 的 $n \times n$ 阶矩阵，总可以将它表示为 AB^{T} 的形式，A 和 B 均为 $n \times m$ 阶矩阵。得到 $(K^{i+1})^{-1}$ 后，再由它求出 $\Delta\delta^i$，即

$$\Delta\delta^i = (K^{i+1})^{-1}\Delta\psi^i$$

迭代法就是用总载荷作用下不平衡的线性解去逼近平衡的非线性解，迭代的过程就是消除失衡力的过程。对于不同的迭代法，这一过程的快慢（也就是收敛速度）是不同的。

> **特别提示**
>
> （1）一般来说，牛顿-辛普森迭代法的收敛速度最快，拟牛顿迭代法的收敛速度次之，修正的牛顿-辛普森迭代法的收敛速度最慢。理论上可以证明，牛顿-辛普森迭代法的收敛速度为二次幂，修正的牛顿-辛普森迭代法的收敛速度只有一次幂，拟牛顿迭代法的收敛速度介于一次幂和二次幂之间。不过，各种迭代法的效率不仅与收敛速度有关，还与每次迭代所需的计算量有关。
>
> （2）牛顿-辛普森迭代法的每步计算量最大，拟牛顿迭代法的计算量次之，修正的牛顿-辛普森迭代法的计算量最小。因此，对某个具体问题，需要进行数值实验，才能判断哪种方法合适。一般来说，针对不同问题，可选用不同迭代法，究竟选用哪一种，与所研究问题的性质、计算规模及容许误差等因素有关。
>
> （3）在 ANSYS Workbench 中进行非线性分析时，默认采用牛顿-辛普森迭代法。

2. 增量法

在用线性方法求解非线性方程组时，若对载荷增量进行线性化处理，则称该方法为增

量法。它的基本思想是把总载荷分成许多小的载荷增量，每次施加一个载荷增量。前提条件是，假定方程组是线性的，刚度矩阵 K 为常数矩阵。在不同级别的载荷增量下，求出位移增量 $\Delta\delta$ 并累加，就可得到总位移。增量法包括欧拉法、修正的欧拉法、混合法（逐步迭代法）。

1）欧拉法

设总载荷为 $\bar{R}$，载荷因子为 λ，令 $R = \lambda\bar{R}$，得到如下非线性方程组：

$$\psi(\delta,\lambda) = F(\delta) - R = F(\delta) - \lambda\bar{R} = 0 \tag{6-6}$$

把式（6-6）按照泰勒级数展开，得

$$\psi(\delta + \Delta\sigma, \lambda + \Delta\lambda) = \psi(\delta,\ \lambda) + \frac{\partial\psi}{\partial\sigma}\Delta\sigma + \frac{\partial\psi}{\partial\lambda}\Delta\lambda + \dots$$

略去上式中的高次项，令 $K_T(\delta,\lambda) = \frac{\partial\psi}{\partial\sigma}$，并且根据 $\frac{\partial\psi}{\partial\sigma} = -\bar{R}$ 和式（6-6）可得

$$\Delta\delta = K_T^{-1}\bar{R}\Delta\lambda$$

将 λ（$0 \leqslant \lambda \leqslant 1$）分成 m 个增量：

$$\Delta\lambda_m = \lambda_m - \lambda_{m-1} \qquad \sum_{m=1}^{M}\Delta\lambda_m = 1$$

迭代公式变为

$$\Delta\delta_m = K_T^{-1}(\delta_{m-1}\lambda_{m-1})\bar{R}\Delta\lambda_m = K_{T,m-1}^{-1}\Delta R_m$$

$$\delta_m = \delta_{m-1} + \Delta\delta_m$$

对初始值，选择 $\lambda_0 = 0$，$R_0 = 0$，$\delta_0 = 0$；对 $\Delta\lambda_m$，选择等分值，根据位移增量 $\Delta\delta_m$，可知应变 $\Delta\varepsilon_m$ 即应力增量 $\Delta\sigma_m$。

2）修正的欧拉法

把由欧拉法第 m 级载荷增量求得的 δ_m 作为中间结果，记为 δ'_m，与前一级结果 δ_{m-1} 进行加权平均，得

$$\delta_{m-\theta} = \theta\delta_{m-1} + (1-\theta)\delta'_m$$

式中，θ 为加权系数，由 $\delta_{m-\theta}$ 确定 $K_{T,m-\theta}^{-1}$，则，迭代公式变为

$$\Delta\sigma_m = K_{T,m-\theta}^{-1}\Delta R_m$$

$$\delta_m = \Delta\delta_{m-1} + \Delta\delta_m$$

3. 混合法

如果同时使用增量法和迭代法，就称为混合法，该方法也称逐步迭代法。其特点是，总体上采用欧拉法，而在同一级的载荷增量内使用迭代法。

6.2.2 收敛与收敛判据

如果借助迭代法和混合法求解非线性方程组，就需要提前列出收敛要求；否则，计算可能进入无限循环中。选择合适的收敛准则，有助于提高计算精度和节省计算时间。通常，使用位移准则、失衡力准则和能量准则作为收敛准则。

（1）位移准则。当材料硬化明显时，位移增量的微小变化将引起失衡力的很大偏差。但是，若相邻两次迭代得到的位移增量范数之比跳动较大，则会使一个应当能收敛的问题被判定为不收敛。对上述两种情况，不能使用位移收敛准则。

（2）失衡力准则。当材料表现出明显软化或材料接近理想塑性时，失衡力的微小变化将引起位移增量的很大偏差。此时，不能采用失衡力准则。

（3）能量准则。这是一种比较合适的收敛准则，因为它同时考虑了位移增量和失衡力。能量准则是指把每次迭代后的内能增量与初始内能增量相比较。内能增量是指失衡力在位移增量上所作的功。

仅当初始构型在收敛半径以内时，牛顿-辛普森方程才能保证所求解收敛。为此，ANSYS Workbench 采用渐变式加载和扩大收敛半径的方式，加快收敛，如图 6-1 所示。

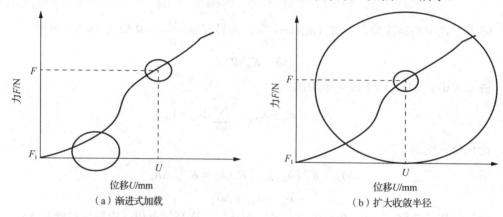

（a）渐进式加载　　　　　　　　　　　（b）扩大收敛半径

图 6-1　ANSYS Workbench 采用的收敛方式

在 ANSYS Workbench 中，提供了一系列的非线性控制选项，默认的收敛准则基本符合大多数的迭代过程。对默认的收敛容差，用户可以自行修改，使其更利于收敛，但修改可能会影响计算精度。默认的收敛准则选项如下：

（1）"Force Convergence"（力收敛）选项。

（2）"Moment Convergence"（力矩收敛）选项。

（3）"Displacement Convergence"（位移收敛）选项。

（4）"Rotation Convergence"（旋转收敛）选项。

知识拓展

（1）对力/力矩，默认的收敛容差是 0.5%；对位移/旋转增量，默认的收敛容差是 5%。

（2）"Line Search"（线性搜索）选项：线性搜索的设置有利于收敛，可以通过 0～1 的比例因子影响位移增量，以帮助收敛。该选项适用于施加载荷、薄壳/细长杆结构或求解收敛振荡情况。

（3）"Stabilization"（稳定性）选项：适用于非线性屈曲分析。

引例

在进行结构计算时可以发现，大多数机械结构是由多个零件构成的，各个零件之间的组合关系称为装配。装配分为间隙配合和过盈配合等；而各个零件之间有焊接、铰接、螺栓连接等多种连接关系。各个零件之间的接触分析大部分属于非线性，如果通过人工计算来完成非线性接触分析，其计算量是很庞大的，而且计算结果也不能全面反映机构结构的应力变形状态。为了解决非线性接触问题，ANSYS Workbench 为用户提供了相应的分析模块，但是非线性接触分析的计算量一般较大，需要设置和权衡取舍的参数比较多，出错的概率也高。因此，适当了解接触算法的基本原理和方法，可以做到有针对性地选用各种参数，从而提升计算效率和计算精度。本节以螺栓连接快速接头为例，进行非线性接触分析，以此加深读者对接触概念的理解，熟悉接触分析的基本流程。

6.3 螺栓连接模拟分析实例

各类大型工程机械如架桥机、轮胎式动臂吊机、门式起重机及大型液压悬挂动力平板运输车辆等，由于结构庞大，需要解体经长途汽运到使用现场，再重新组装起来。解体是指把它们的主结构分成几个独立的组装单元（模块），模块之间用可拆装的接头连接，而模块之间的连接接头将对整机的拆装速度、性能都产生重要影响。

图 6-2（a）为应用于箱梁现场拼装的快速接头图样，其结构如下：中间两节为下主梁接头，其盖板采用 M30B（10.9 级）级精制螺栓以双剪方式连接，螺栓孔直径为 30.5mm；对于下主梁，上盖板两侧共 84 个螺栓孔，下盖板两侧共 130 个螺栓孔；主梁腹板使用 M27B（10.9 级）级精制螺栓，螺栓孔直径为 27.5mm；主梁腹板每侧共 64 个螺栓孔，双侧腹板共 128 个螺栓孔。根据快速接头图样建立的实体模型如图 6-2（b）所示。

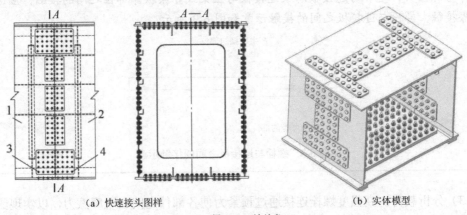

（a）快速接头图样　　　　　　　　　　　　　　（b）实体模型

1,2—梁；3,4—法兰盘

图 6-2　快速接头图样和实体模型

6.3.1 接触非线性有限元仿真方案

针对上述模型确定有限元仿真方案：

（1）建立简化的模型。对结构稍微复杂的模型，建议使用 SolidWorks、UG、Pro/ENGINEER 等第三方建模软件，建模效率更高，格式转化为通用格式，如"x_t"格式。把建好的模型导入 ANSYS Workbench 中，进行有限元分析。

> **特别提示**
>
> 在本实例中，由于梁是对称结构，因此在进行有限元分析时，为了简化计算，提高运行速度，可以建立一半模型进行分析。对单个螺栓，建模时可以省略螺纹结构，因为螺纹的结构过于微小，计算所需要的单元尺寸极小。如果建立螺纹，那么数百个螺栓的运算会导致计算量极其庞大。螺栓失效时，主要表现为螺杆的断裂，载荷主要由螺杆承受，因此，对螺栓模型的简化符合力学分析要求。
>
> 在接触设置中的"Contact Geometry Correction"模型修正选项下，选择"Bolt Thread"螺纹模拟命令；通过合理的参数设置，能够在光滑的螺杆上模拟出螺纹交错的变形结果。这样，可以节省建立螺纹细节的时间和避免网格细化的问题，提高螺纹仿真效率。对此感兴趣的读者可以自行探索。

（2）分析结构中的接触关系。在快速接头中，存在大量的螺栓连接。如何真实地反映螺栓之间的连接关系，需要应用到接触模块（详细内容见 6.3.2 节）。

> **特别提示**
>
> 因为高强度螺栓连接主要依靠预紧力使板材之间产生摩擦，以约束板材，所以对垫片与螺栓头、垫片与连接板以及连接板与主梁或导梁板等部位之间的接触，应选择摩擦接触。螺栓与连接板之间的接触示意如图 6-3 所示。
>
>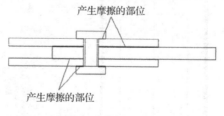
>
> 图 6-3　螺栓与连接板之间的接触示意

（3）分析载荷。高强度螺栓连接通过预紧力使各部件之间出现摩擦力，以实现约束的目的。由于螺栓头部被拧紧，使螺杆受拉，将板件夹在中间，产生夹力，即预紧力。若预紧力过大，则会使螺杆断裂失效，若过小，则无法固定板件，使板件侧移，螺栓松动，进而结构发生损坏。预紧力对高强度螺栓的承载力有直接的影响，因此需要施加预紧力。

特别提示

高强度螺栓的预紧力的力矩计算如下：

$$M_t = 0.001KP_0d \ (\text{N·m})$$

式中，K 为拧紧系数，与润滑及表面粗糙度有关，取值 3.2；d 为螺纹公称直径；P_0 为预紧力。

根据施工规范，确定螺栓拧紧范围。接头处的螺栓预紧力见表 6-1。

表 6-1 接头处的螺栓预紧力

螺栓型号	M24B（10.9级）	M27B（10.9级）	M30B（10.9级）
预紧力/kN	45	48	52

螺栓预紧力的施加可以通过预紧力单元或 "Bolt pretension" 命令施加。把预紧力载荷锁定，然后施加其他载荷，通过定义两个载荷步来实现螺栓预紧力的加载。

（4）施加约束和求解。因为接头两端连接箱梁，所以接头两端为固定约束。求解过程涉及非线性接触，因此，需要进行相应设置。

使用技巧

1. "Solver Type"（求解类型）选项
（1）"Program Controlled"（程序控制）选项。该选项用于自动选择求解器。
（2）"Direct"（稀疏矩阵求解器）选项。该选项适用于梁和壳等结构的求解。
（3）"Iterative"（预条件求解器）选项。该选项适用于大型结构求解。
2. "Weak Springs"（弱弹簧）选项
该选项用于防止因结构刚体位移而引起的计算结果不收敛，相当于给计算结果施加一个弹簧效果。由于此弹簧刚度极小，因此不会明显影响结构计算结果。
3. "Large Deflection" 大变形选项
该选项设置为 "on" 时开启大变形功能，即考虑大变形、大旋转和大应变引起的单元形状和方向的改变，使计算结果更准确。

（5）施加约束后，求解位移变形及应力。在主梁侧面施加固定约束，收敛判据为第四强度理论：根据材料屈服应力及变形量，判定螺栓的工作状态。

6.3.2 接触分析和接触类型

1. 接触分析

螺栓连接属于接触分析的范畴。接触分析是指假设空间上多个物体可以接触但无法贯

穿所进行状态的非线性分析。

接触分析存在两个较大的难点：

（1）在求解之前，不知道接触区域，也不知道各部件的表面之间是接触还是分开的，或者是突然变化的，这些问题因载荷、材料、边界条件和其他因素而定。

（2）大多数情况下，接触分析需要计算摩擦，有几种摩擦和模型可供用户挑选，它们都是非线性的。摩擦使收敛变得困难。

在 ANSYS Workbench 有限元模型中，通过指定的接触单元识别可能的接触类型，接触单元是指覆盖在模型接触面上的一层单元。在 ANSYS MAPDL 中需要手动添加接触单元，在 ANSYS Workbench 中可以自动添加接触单元。

使用接触单元时，不需要预先知道确切的接触位置，接触面之间也不需要保持尺寸一致的网格，并且允许有大的变形和较大的相对滑动。

在接触面附近划分网格时，由于一个目标面可能由两个或多个面组成，因此用户应该尽可能地通过定义多个目标面，使接触区域足够大，以便准确描述目标面的形状。

特别提示

（1）过粗的网格可能导致计算结果收敛困难，因此在试算中应逐步细分网格。

（2）如果接触面上有一个尖角，那么求解时将很难获得收敛结果。为了避免这些问题，在实体模型上，使用线或面的倒角使尖角平滑化，或者在曲率突然变化的区域使用更细的网格。

对所有的接触问题，都需要定义接触刚度，因为两个表面之间渗透量的大小取决于接触刚度。过大的接触刚度可能会引起总体刚度矩阵的病态，从而造成收敛困难。

一般应选取足够大的接触刚度，以保证接触面之间的渗透量小到可以接受。也应该让接触刚度足够小，避免引起总体刚度矩阵的病态问题，从而保证收敛性。因此，在求解接触问题时，需要进行多次试算。

处理约束时，最常用的方法是罚函数法、拉格朗日乘数法和增广拉格朗日函数法。

特别提示

（1）罚函数法用于研究高泊松比（接近 0.5）的材料，例如，用于解决几乎不可压缩的固体和流体的仿真分析。

（2）拉格朗日乘数法可以完全阻止从节点穿过接触面，即无穿透，但计算量大。

（3）增广拉格朗日函数法是拉格朗日乘数法和罚函数法的组合，使用该方法时可能需要更多次迭代计算，特别是在变形后网格扭曲明显的情况下。

2. 接触类型

两个分离的表面接触并相互剪切的状态称为接触状态。

特别提示

处于接触状态的表面具有如下特点：

（1）不能相互穿透。

（2）能够传递法向压力和切向摩擦力。

（3）通常不传递法向拉力。

上述特点使接触面之间可以自由地分开并远离。

接触是强非线性的，而且随着接触状态的改变，接触面的法向量和切向刚度都有显著变化。

对于大的刚度突变，收敛问题的挑战性较大。另外，接触区域的不确定性、除了摩擦及部件接触不再有其他约束，都会导致接触问题复杂化。

一般可以考虑两类接触问题：刚性体—柔性体和柔性体—柔性体。其中，刚性体不计算应力等。ANSYS Workbench 中的 Mechanical 模块提供的接触类型和接触方式选项如图 6-4 所示。

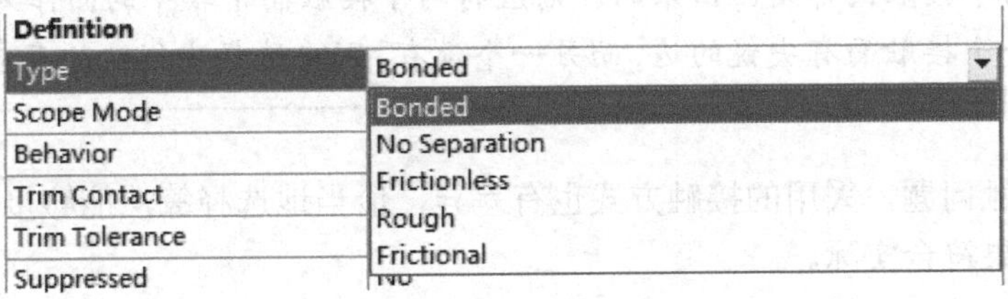

图 6-4　接触类型和接触方式选项

ANSYS Workbench 中定义的接触方式、类型及特点见表 6-2。

表 6-2　接触方式、类型及特点

接触方式	类型/迭代次数	法向行为	切向行为	特点
Boned（绑定）	线性/一次	无间隙	无滑移	相当于刚性接触，不允许移动
No separation（不分离）	线性/一次	无间隙	允许滑移	在垂直方向不能分离，在平行方向能小范围移动
Rough（粗糙）	非线性/多次	允许间隙存在	允许滑移	接触面的阻力无限大，不会滑移
Frictional（有摩擦）	非线性/多次	允许间隙存在	允许滑移	定义摩擦系数，能够滑移
Frictionless（无摩擦）	非线性/多次	允许间隙存在	无滑移	接触面光滑，能随意滑动

在接触分析中都会遇到的问题，就是如何控制接触面的渗透量。实际生活中的接触一般不存在相互渗透的问题。例如，手轻轻地按压在木质桌面上，手掌上的细胞是无论如何不会渗透进桌子的木纤维中的。但是在接触分析中，由于零件是柔性体，因此会出现一部分节点渗透到接触面另一侧的零件中的情况。若出现渗透量不符合实际规律的情况，应严格限制并尽可能消除。

对无摩擦接触和绑定接触来说，接触单元刚度矩阵是对称的。摩擦接触属于不对称的刚度接触，对该问题进行求解时，每次迭代计算使用不对称求解器比使用对称求解器需要更多的计算时间。因此 ANSYS Workbench 中采用对称化算法。通过这种算法，大多数摩擦接触问题能够使用对称求解器来求解。如果摩擦应力在整个位移范围内有相当大的影响，并且摩擦应力的大小高度依赖于求解过程，那么对刚度矩阵的任何对称近似，都可能导致收敛性的降低。在这种情况下，选择不对称求解器会改善收敛性。

使用技巧

关于接触面和目标面的选择：

（1）对称接触方式。选择该接触方式时，不需要考虑哪个面是接触面，哪个面是目标面。

（2）非对称接触方式。选择该接触方式时，应遵循以下规则。

① 若一个接触面是平的或凹进去的，而另一个接触面是尖锐的或凸出来的，则应该将凹进去的接触面作为目标面。

② 若两个接触面都是平的，则可以任意选择。

③ 若两个接触面都是凸出来的，则应将两个接触面中较平的面作为目标面。

④ 若一个接触面有尖锐的边，而另一个没有，则应选择尖锐边的面应作为接触面。

对不同接触问题，采用的接触方式也有差异，恰当地选择算法能够接近实际地反映工况，使计算结果符合实际。

本实例中对垫片与螺栓头部、垫片与连接板以及连接板与主梁或导梁板等部位之间的接触，可以选择非线性接触类型中的摩擦接触，摩擦系数定义为 0.3，螺栓与螺母之间的接触方式为绑定接触。

6.3.3　螺栓连接有限元仿真流程

螺栓连接有限元仿真基本流程见表 6-3。

表 6-3　螺栓连接有限元仿真基本流程

步骤	内容	主要方法和技巧	界面图
1	设置单位制	在"Project Page"（项目页）界面的"Units"下拉菜单中，选择"Metric（kg,mm,s,℃,mA,N,mV）"选项	

续表

步骤	内容	主要方法和技巧	界面图
2	建立分析项目	在"Toolbox"项目栏中,选择"Static Structural(ANSYS)"选项,按住鼠标左键不松,把它拖放至右侧的"Project Schematic"工作区	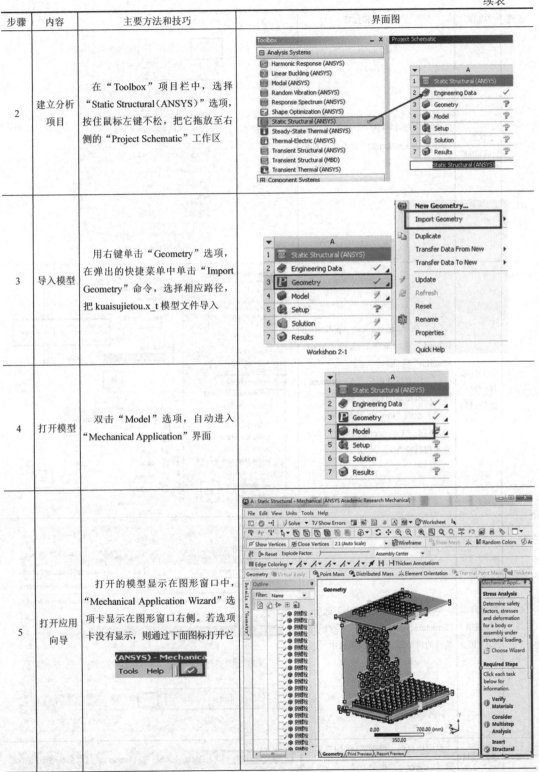
3	导入模型	用右键单击"Geometry"选项,在弹出的快捷菜单中单击"Import Geometry"命令,选择相应路径,把 kuaisujietou.x_t 模型文件导入	
4	打开模型	双击"Model"选项,自动进入"Mechanical Application"界面	
5	打开应用向导	打开的模型显示在图形窗口中,"Mechanical Application Wizard"选项卡显示在图形窗口右侧。若选项卡没有显示,则通过下面图标打开它	

续表

步骤	内容	主要方法和技巧	界面图
6	设置单位制	在主菜单中单击"Units→Metric (mm,kg,N,s,mV,mA)"命令,设置单位制	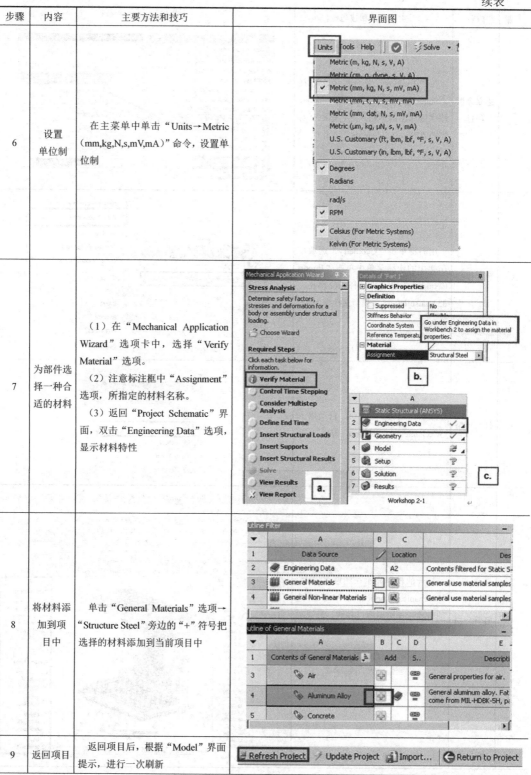
7	为部件选择一种合适的材料	(1)在"Mechanical Application Wizard"选项卡中,选择"Verify Material"选项。 (2)注意标注框中"Assignment"选项,所指定的材料名称。 (3)返回"Project Schematic"界面,双击"Engineering Data"选项,显示材料特性	
8	将材料添加到项目中	单击"General Materials"选项→"Structure Steel"旁边的"+"符号把选择的材料添加到当前项目中	
9	返回项目	返回项目后,根据"Model"界面提示,进行一次刷新	

步骤	内容	主要方法和技巧	界面图
10	刷新项目数据	用右键单击"Model"选项,在弹出的快捷菜单中,选择"Refresh"选项,数据自动刷新并自动返回"Mechanical"窗口	
11	添加材料	在树状图中,选择所有模型。在弹出的"Material"选项卡中,选择"Assignment"选项,可以改变材料特性,本次选择钢铁。 系统默认的材质选项为"Structural Steel",但可以改变默认设置。添加到项目中的材料名称都会在"Assignment"选项的下拉列表中出现	
12	定义接触类型	在树状图中,通过"Model"菜单下的"Connections"子菜单选项,可以添加、修改各种接触类型。 ANSYS Workbench 会自动识别模型的接触面,单击任一接触对,会弹出对应的信息表。一般情况下,默认的接触类型为绑定接触	
13	设置接触类型	把螺栓与螺母之间的接触设置为绑定接触,即在"Type"选项对应的文本框的下拉列表中,选择"Bonded"选项。把其他各个接触面设置为摩擦接触,即在"Type"选项对应的文本框的下列表中,选择"Frictional"选项。在"Friction Coefficient"摩擦系数对应的文本框中,输入0.3。 因为摩擦接触为非线性接触,所以在"Formulation"算法选项对应的下拉列表中,应选择"Augmented Lagrange"选项,即选择拉格朗日准则。 依次设置每个接触对,或者先选中所有接触对,把它们设置为摩擦接触,再选定所有螺母与螺杆,把它们设置为绑定接触	

续表

步骤	内容	主要方法和技巧	界面图
14	划分网格	因为体网格的层数必须大于 1 才有意义，而本模型的长度与厚度的差距过于悬殊，所以要对面网格进行尺寸控制。 （1）单击树状图中的"Mesh"选项，在模型界面选中一个面（或按住 Ctrl 键的同时，单击选择多个面）。单击右键，在弹出的快捷菜单中依次单击"Insert"→"Sizing"命令，弹出"Details of Face Sizing"选项卡。在"Element Size"选项后的文本框中输入 8mm。对厚度尺寸，可以定义为 8mm，侧面方向的尺寸，可以稍大一些。螺栓孔的内表面尤其需要进行尺寸控制，否则，计算结果严重失真。尺寸越小，网格越多，计算时间越长。 （2）在树状图中，依次选择"Project"→"Model（A4）"→"Mesh"选项，然后单击右键，在弹出的快捷菜单中，选择"Generate Mesh"选项，进行网格划分	

步骤	内容	主要方法和技巧	界面图
15	网格划分效果	网格划分效果如右图所示，网格越密集，计算时间越长	
16	施加载荷	（1）在树状图中，单击"Static Structural（A5）"选项的"Analysis Setting"命令，在弹出的选项卡中，单击"Step Controls"选项，在其子选项"Number Of Steps"对应的文本框中，输入"2"，即把载荷步设为由于是非线性分析，因此需要打开弱弹簧选项，即"Weak Springs"选项，在其对应的文本框中用左键单击，在弹出的下拉列表中，选择"On"选项；在"Large Deflection"（大变形）选项对应的文本框中单击，在弹出的下拉列表中，选择"On"选项。 （2）在模型界面中，单击选中需要施加载荷的面，如本实例中螺栓接头的左右两个端面。然后单击右键，在弹出的快捷菜单栏中依次选择"Insert"→"Force"选项，进行集中载荷的施加。 （3）在"Force"选项卡中，用左键单击"Define By"选项对应的文本框，在弹出的下拉列表中，选择"Components"选项，就可以在坐标轴的 X、Y、Z 三个方向施加载荷。例如，本实例在"Y Component"选项对应的文本框中，输入"-92730N（ramped）"	

续表

步骤	内容	主要方法和技巧	界面图
17	施加螺栓预紧力	（1）在模型界面中，选择一个螺栓，单击右键依次在弹出的快捷菜单中，选择"Insert"→"Bolt Pretension"选项，弹出螺栓预紧力选项卡（施加预紧力时，只能对单个螺栓依次施加，不能多个螺栓一起施加）。 （2）在"Bolt Pretension"选项卡中，单击"Preload"选项对应的文本框，输入预紧力的值"52000N"。 （3）在模型界面下方的"Tabular Data"选项卡中，将预应力在第二载荷步中锁定：在标题栏"Define By"下单击"Load"选项，在弹出的下拉菜单中，选择"Lock"选项。 依据螺栓尺寸，依次施加45kN、48kN、52kN的预紧力	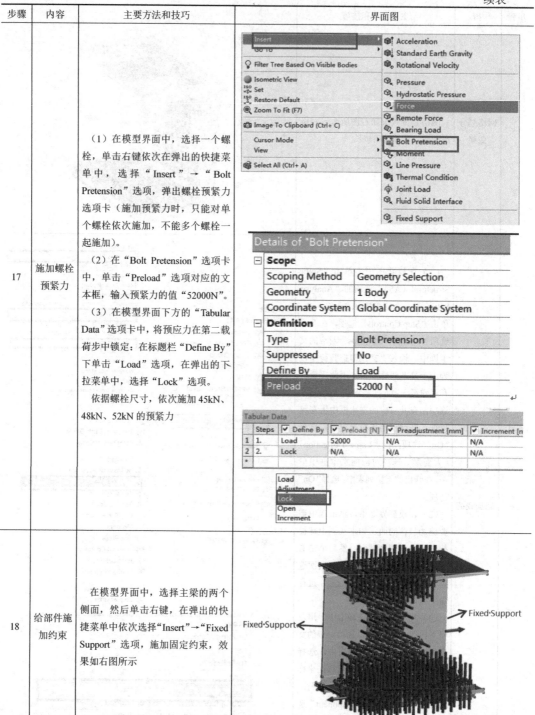
18	给部件施加约束	在模型界面中，选择主梁的两个侧面，然后单击右键，在弹出的快捷菜单中依次选择"Insert"→"Fixed Support"选项，施加固定约束，效果如右图所示	

续表

步骤	内容	主要方法和技巧	界面图
19	添加求解项并求解	（1）设置整体变形。在树状图中，先选择"Solution"选项，然后单击右键，在弹出的快捷菜单中，依次选择"Insert"→"Deformation"→"Total"选项，完成整体变形计算结果的设定。 （2）添加等效应力。在树状图中，先选择"Solution"选项，然后单击右键，在弹出的快捷菜单中，选择"Insert"→"Stress"→"Equivalent（von-Mises）"选项，完成等效应力的添加	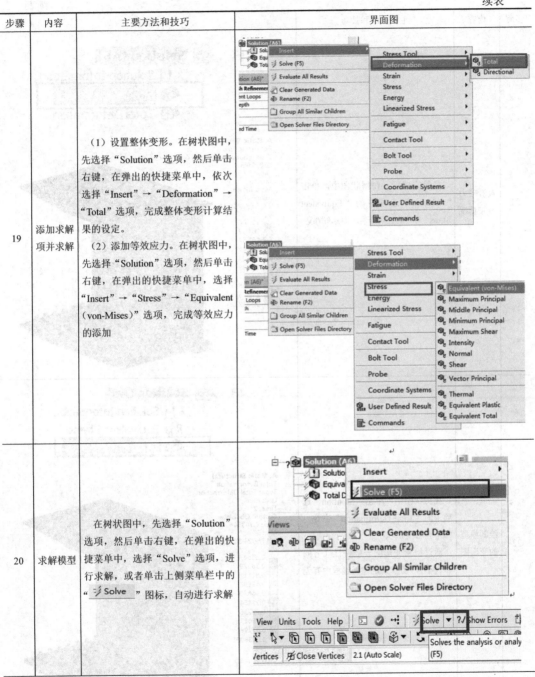
20	求解模型	在树状图中，先选择"Solution"选项，然后单击右键，在弹出的快捷菜单中，选择"Solve"选项，进行求解，或者单击上侧菜单栏中的"Solve"图标，自动进行求解	

续表

步骤	内容	主要方法和技巧	界面图
21	查看应力分布情况	计算完成后，在树状图中，单击"Solution"选项下的"Equivalent Stress"命令，即可查看应力分布情况	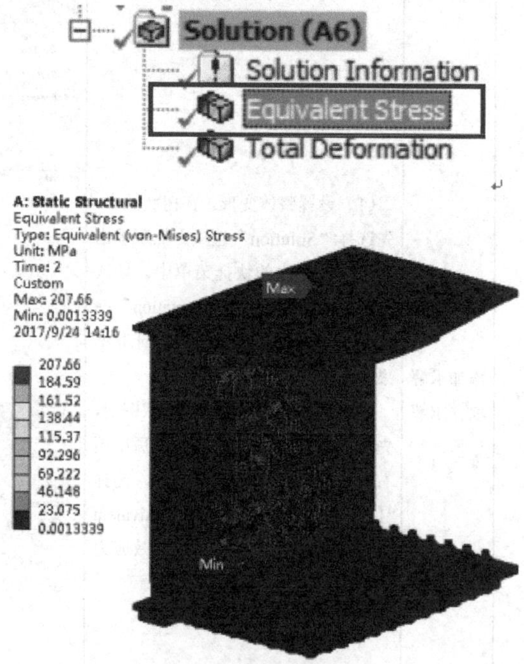
22	绘制模型的变形图	在树状图中，单击"Solution"选项下的"Total Deformation"命令，即可查看变形状况。 通过检查变形的一般特性（方向和大小），初步判定建模过程中有无明显的错误	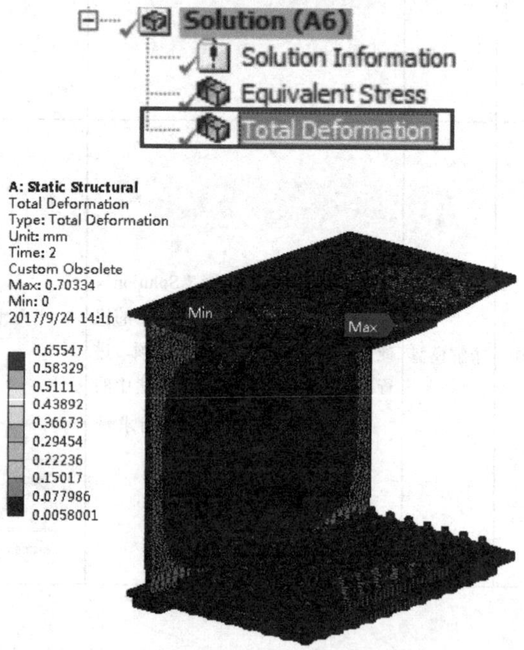

螺栓连接实例小结

在分析本实例过程中，利用先进的分析工具对产品进行辅助设计具有很多优势。方式，例如，通过 SolidWorks 软件对各节梁的接头建立实体模型，然后把该模型导入 ANSYS Workbench 中，选择合适的接触方式，模拟螺栓连接，利用 "Bolt Pretension" 命令对螺栓施加预紧力并进行仿真分析，计算结果准确直观，大大解放人力，提高设计效率。

通过本实例的学习，要求读者掌握以下知识点：

（1）了解各种接触类型及特点，能够根据实际接触方式设置合适的接触类型。

（2）掌握螺栓连接有限元仿真基本流程。

（3）能够正确地施加螺栓预紧力，初步了解载荷步的概念。

引例

在日常生活中，橡胶的应用是非常广泛的，如橡胶密封圈、轮胎。橡胶类材料具有典型的超弹体特性，超弹体材料是橡胶理想化的一种物理模型，具有各向同性、等温、弹性、完全或近似于不可压缩等特性。针对橡胶这种非线性材料，本节以"橡胶密封圈的挤压分析"为例，进行超弹分析，以此加深读者对非线性材料的理解并掌握超弹分析的基本流程。

6.4 橡胶密封圈挤压分析实例

在日常生活中，有一些应用非常广泛但却很少被关注的橡胶小零件，而这些不起眼的小零件，却发挥着非常大的作用。例如橡胶圈密封，平时很少人关注它，但各个行业都离不开它。常见橡胶密封圈如图 6-5 所示。

图 6-5 常见橡胶密封圈

本实例以孔系橡胶密封圈为例，当上端活塞下降挤压橡胶密封圈时，分析该密封圈的变形及应力状态。橡胶密封圈模型如 6-6 所示。

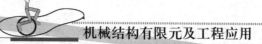

活塞

缸体

橡胶密封圈

图 6-6　橡胶密封圈模型

6.4.1　橡胶密封圈非线性有限元仿真方案

针对上述模型确定有限元仿真方案：

1. 建立简化的几何模型并选择合适的有限元模型

知识拓展

超弹体常用模型如下：

（1）Polynomial（多项式）形式：基于第一和第二应变不变量，可输入实验数据进行拟合。

$$W = \sum_{i+j=1}^{N} c_{ij}(\bar{I}_1 - 3)^i(\bar{I}_2 - 3)^j + \sum_{k=1}^{N} \frac{1}{d_k}(J-1)^{2k}$$

其中，初始体积模量和初始剪切模量分别为

$$u_0 = 2(c_{10} + c_{01}) \qquad \kappa_0 = \frac{2}{d_1}$$

材料属性通常由 c_{ij} 和 d_i 决定，也可以通过实验进行曲线拟合得到。

（2）Mooney-Rivlin 形式：一般分为 2 项、3 项、5 项和 9 项形式的 Mooney-Rivlin 模型，可看作多项式的特殊形式。其中，2 项形式最常见，该形式如下：

$$W = c_{10}(\bar{I}_1 - 3) + c_{01}(\bar{I}_2 - 3) + \frac{1}{d}(J-1)^2$$

初始体积模量和初始剪切模量分别为

$$u_0 = 2(c_{10} + c_{01}) \qquad \kappa_0 = \frac{2}{d}$$

（3）Yeoh 模型：基于第一应变不变量，对 N 一般选取 3。

$$W = \sum_{i=1}^{3} c_{i0}(\bar{I}_1 - 3)^i + \sum_{k=1}^{3} \frac{1}{d_k}(J-1)^{2k}$$

初始体积模量和初始剪切模量分别为

$$u_0 = 2c_{10} \qquad \kappa_0 = \frac{2}{d_1}$$

（4）Neo-Hookean 形式：属于多项式形式的子集。

$$W = \frac{\mu}{2}(\bar{I}_1 - 3) + \frac{1}{d}(J-1)^2$$

初始体积模量和初始剪切模量分别为

$$u_0 = 2c_{10} \qquad \kappa_0 = \frac{2}{d}$$

（5）Ogden 形式：基于主延展率，而不是基于应变不变量。

在本实例中，橡胶密封圈整体的受力非常均匀。因此，为减小计算量，可以把实体模型简化为橡胶密封圈单个截面的受力分析，以加快分析速度。简化的几何模型如图 6-7 所示。

2. 设置材料属性

在本实例中，对密封圈材质，选择基于"Mooney-Rivlin2 Parameter"的橡胶材料，可以自定义材料属性；对其他部分的材质，选择结构钢"Structural Steel"选项。

超弹体曲线拟合方案如下：

ANSYS Workbench 提供曲线拟合方案，可以把实验数据转化为超弹体模型，并且进行分析和自动计算，获取计算所需的应变能量密度函数系数。

图 6-7 简化的几何模型

在 ANSYS Workbench 的材料库中有 7 种实验数据输入类型，即"Hyperelastic Experimental Data"列表中的 7 个选项，具体如下：

（1）"Uniaxial Test Data"（单轴受力实验）。

（2）"Biaxial Test Data"（双轴受力实验）。

（3）"Shear Test Data"（剪切受力实验）。

（4）"Volumetric Test Data"（体积变化实验）。

（5）"Simple Shear Test Data"（简化剪切实验）。

（6）"Uniaxial Tension Test Data"（单轴拉伸实验）。

（7）"Uniaxial Compression Test Data"（单轴压缩实验）。

在输入实验数据时，体积变化实验结果需要真实的应力，其他实验数据为工程应力与应变。塑性曲线拟合需要转换为真实的应力与应变。

知识拓展

在"Engineering Data"属性面板中，进行超弹体曲线拟合，具体操作流程如下：

（1）在"Toolbox"（工具箱）项目栏中，双击"Hyperelastic Experimental Data"列表中的"Uniaxial Test Data"选项，或者单击右键，在弹出的快捷菜单中选择"Include Property"选项，添加材料库和输入参数，如图6-8所示。

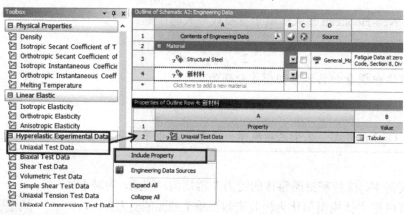

图6-8　添加材料库和输入参数

（2）在右侧"Table of Properties"数据选项卡中输入材料数据，或者通过复制粘贴输入材料数据，如图6-9所示。

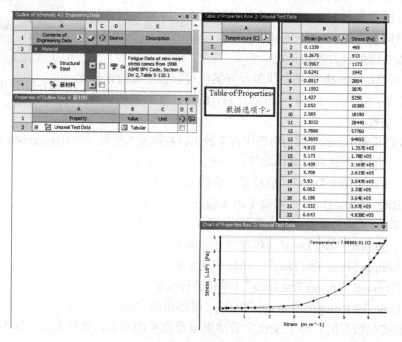

图6-9　输入材料数据

（3）在左侧"Toolbox"项目栏中，选择超弹体模型进行曲线拟合，本次案例选择"Hyperelastic"超弹性选项下的"Mooney-Rivlin 2 Parameter"选项，即两参数拟合公式，如图6-10所示。

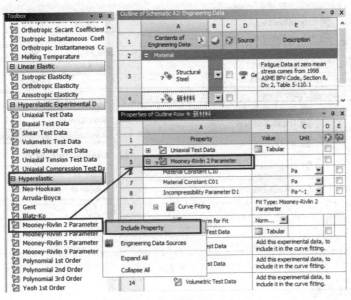

图6-10　选择两参数拟合公式

（4）在"Curve Fitting"选项上单击右键，在弹出的快捷菜单中，单击"Solve Curve Fit"命令，ANSYS Workbench 会使用最小二乘法对曲线进行拟合，自动求出应变能量密度函数系数，如图6-11所示。

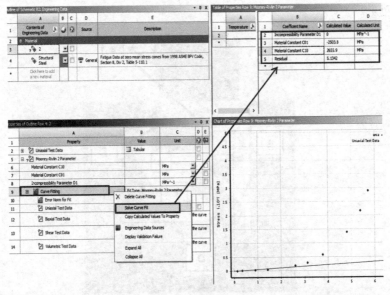

图6-11　自动求出应变能量密度函数系数

（5）在表格中的"Curve Fitting"选项上单击右键，在弹出的快捷菜单中，选择"Copy Calculated Values To Property"选项，ANSYS Workbench 会自动导入已求出的系数，如图 6-12 所示。

1		Property	Value	Unit	
2	⊞	Uniaxial Test Data	Tabular		
5	⊟	Mooney-Rivlin 2 Parameter			
6		Material Constant C10	2655.9	MPa	▼
7		Material Constant C01	-2503.8	MPa	▼
8		Incompressibility Parameter D1	0	MPa^-1	▼
9	⊟	Curve Fitting			
10		Error Norm for Fit	✕ Delete Curve Fitting		
11		Uniaxial Test Data	Solve Curve Fit		
12		Biaxial Test Data	Copy Calculated Values To Property		
13		Shear Test Data	Engineering Data Sources		
14		Volumetric Test Data	Expand All		
			Collapse All		

图 6-12　导入系数

3. 确定接触类型

在橡胶密封圈被压缩的过程中，存在顶部活塞与橡胶密封圈的接触和底部橡胶密封圈与缸体之间的接触，两者都为摩擦接触（见图 6-13 中的 a 和 b 处），摩擦系数为 0.4，接触刚度为 0.1，接触类型为非对称接触；橡胶密封圈自身之间的接触为无摩擦自接触（见图 6-13 中的 c、d 和 e 处）；橡胶密封圈边缘与缸体之间的接触为无摩擦接触（见图 6-13 中的 f 和 g 处）。

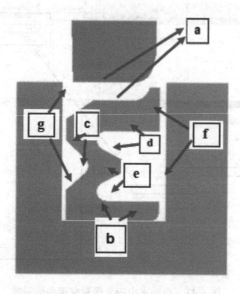

图 6-13　各处的接触类型示意

4. 划分网格

可以通过全局网格控制和局部网格控制提高单元质量。由于橡胶密封圈为曲面结构，因此应采用三角形单元进行划分，这样比较合理。进行非线性分析时，在网格划分类型中，应该选择非线性结构分析，否则，无法完成迭代收敛计算。

5. 施加约束与求解设置

对缸体底面施加固定约束，对活塞低端施加单向约束，方向位竖直向下-9mm。对非线性方程的求解，采用迭代求解器；打开重启动选项和稳定性设置，使计算结果能够及时保存，并且进行持续迭代，以防止因计算结果不收敛而导致求解失败。

6. 求解并提取分析结果

插入变形及应力选项，分别对变形及应力结果进行提取，查看模型变形及应力结果。

6.4.2　橡胶密封圈有限元仿真基本流程

橡胶密封圈有限元仿真基本流程见表 6-4。

表 6-4　橡胶密封圈有限元仿真基本流程

步骤	内容	主要方法和技巧	界面图
1	设定单位制	在"Units"下拉菜单中选择"Metric（tonne,mm,s,℃,mA，N,mV）"选项，然后选择"Display Values in Project Units"选项，完成单位制的设置	
2	建立分析项目	在"Toolbox"项目栏的工作区，通过拖放或双击选择"Static Structural（ANSYS）"选项，在名称位置双击即可修改名称	

步骤	内容	主要方法和技巧	界面图
3	添加材料类型	在项目界面，双击"Engineering Data"选项，进入材料属性设置界面。或者在选择"Engineering Data"选项后，单击右键，在弹出快捷的菜单中选择"Edit…"选项，也可以进入材料属性设置界面	
4	添加橡胶材料属性	（1）添加材料名称。在"Structural Steel"选项下方的单元格内输入材料名"xiangjiao"，如右图中的1所示。 （2）添加材料类型。单击"xiangjiao"选项，然后在左侧的"Toolbox"菜单中选择"Hyperelastic"目录下的"Mooney-Rivlin 2 Parameter"选项，如右图中的2所示。 （3）输入参数。在中间区域下方的材料选项卡中，单击"Material Constant C10"对应的文本框，输入"0.5"；单击"Material Constant C01"对应的文本框，输入"0.06"；单击"Incompressibility Parameter D1"对应的文本框，输入"0"，如右图中的3所示。 也可以依据实验结果输入参数，自动求取	
5	导入模型	在"Geometry"选项上单击右键，在弹出的快捷菜单中单击"Import Geometry"选项→"Browse…"命令，选择需要导入的"密封圈截面.scdoc"文件	

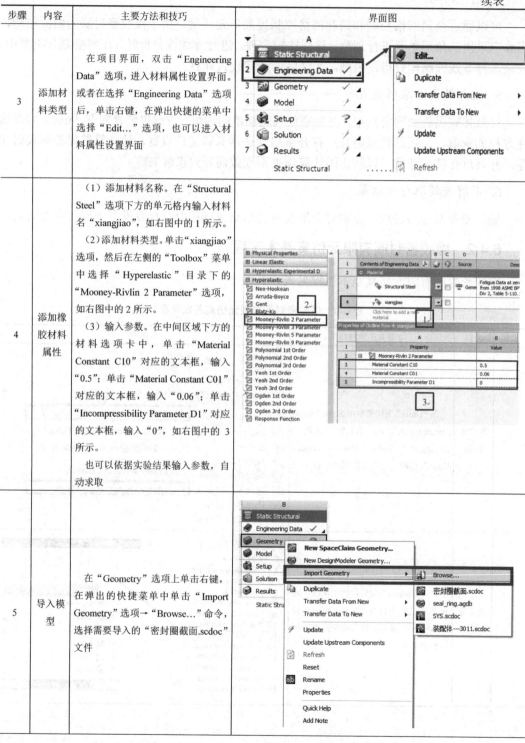

续表

步骤	内容	主要方法和技巧	界面图
6	修改分析类型	（1）在项目工作区，单击"Geometry"选项，在软件界面右侧弹出"Properties of Schematic A3 Geometry"选项卡，单击"Analysis Type"选项对应的文本框，在弹出的下拉列表中，选择"2D"选项。 （2）双击项目界面中的"Model"选项，进入分析界面	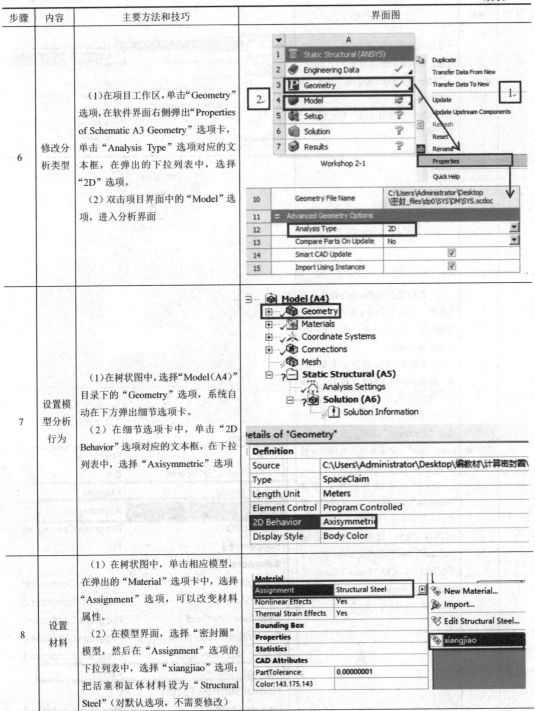
7	设置模型分析行为	（1）在树状图中，选择"Model（A4）"目录下的"Geometry"选项，系统自动在下方弹出细节选项卡。 （2）在细节选项卡中，单击"2D Behavior"选项对应的文本框，在下拉列表中，选择"Axisymmetric"选项	
8	设置材料	（1）在树状图中，单击相应模型，在弹出的"Material"选项卡中，选择"Assignment"选项，可以改变材料属性。 （2）在模型界面，选择"密封圈"模型，然后在"Assignment"选项的下拉列表中，选择"xiangjiao"选项；把活塞和缸体材料设为"Structural Steel"（对默认选项，不需要修改）	

续表

步骤	内容	主要方法和技巧	界面图
9	添加接触对	·在树状图中，单击"Connections"选项，在弹出的快捷菜单中，"insert"→"Manual Contact Region"命令，添加接触对。 若有默认接触对生成，则先删除已有接触对	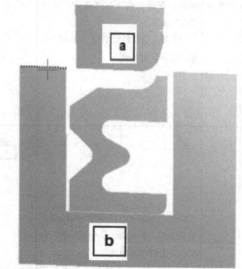
10	选择摩擦接触类型	（1）在模型上端密封圈与活塞之间的接触（见右图中的 a 处）及下端密封圈与缸体的接触（见右图中的 b 处）都属于摩擦接触。 （2）在模型界面，选择 a、b 处的线条，添加接触对（参考步骤9）。在弹出的选项卡中，单击"Type"选项对应的文本框，在弹出的下拉列表中，选择"Frictional"选项；在"Friction Coefficient"（摩擦系数）选项对应的文本框中，输入"0.4"。 （3）在上述选项卡中，选择"Behavior"（接触行为）选项，在弹出的下拉菜单中，选择"Asymmetric"（不对称式接触）选项；单击"Normal Stiffness"选项对应的文本框，在弹出下拉列表中，选择"Factor"选项；单击"Normal Stiffness Factor"选项对应的文本框中，输入"0.1"	

Definition

Type	Frictional
☐ Friction Coefficient	0.4
Scope Mode	Manual
Behavior	Asymmetric
Trim Contact	Program Controlled
Suppressed	No
Advanced	
Formulation	Program Controlled
Small Sliding	Program Controlled
Detection Method	Program Controlled
Penetration Tolerance	Program Controlled
Elastic Slip Tolerance	Program Controlled
Normal Stiffness	Factor
Normal Stiffness Factor	0.1
Update Stiffness	Program Controlled
Stabilization Damping Factor	0.

续表

步骤	内容	主要方法和技巧	界面图
11	确定自接触方式	（1）橡胶密封圈受到挤压后，其中间部分会发生内部接触。此时，接触面和目标面都是一样的，属于自接触行为。 （2）在模型界面，选择 c、d、e 处的线条，添加接触对（参考步骤 9）。在弹出的选项卡中，单击"Type"选项对应的文本框，在弹出的下拉列表中，选择"Frictionless"选项，把自接触方式设为无摩擦接触	Scoping Method — Geometry Selection Contact — 4 Edges Target — 4 Edges Contact Bodies — 密封圈\曲面 Target Bodies — 密封圈\曲面 Shell Thickness Effect — No Protected — No **Definition** Type — Frictionless Scope Mode — Manual Behavior — Program Controlled Trim Contact — Program Controlled Suppressed — No
12	确定侧面接触方式	（1）橡胶密封圈被压缩后，与缸体内表面发生接触行为，该接触属于无摩擦接触。 （2）在模型界面，选择 f、g 处的线条，添加接触对（参考步骤 9）。在弹出的选项卡中，单击"Type"选项对应的文本框，在弹出的下拉列表中，选择"Frictionless"选项，把侧面接触方式设为无摩擦接触	**Scope** Scoping Method — Geometry Selection Contact — 1 Edge Target — 2 Edges Contact Bodies — 缸体\曲面 Target Bodies — 密封圈\曲面 Shell Thickness Effect — No Protected — No **Definition** Type — Frictionless Scope Mode — Manual Behavior — Program Controlled Trim Contact — Program Controlled Suppressed — No **Advanced**
13	选定单元类型	在树状图中，单击"Model"菜单下的"Mesh"选项，弹出对应的细节选项卡，单击"Physics Preference"（分析类型）选项对应的文本框，在弹出的下拉列表中，选择"Nonlinear Mechanical"选项	Mesh All Triangles Method Edge Sizing Static Structural (A5) Analysis Settings Solution (A6) Details of "Mesh" **Display** Display Style — Use Geometry Setting **Defaults** Physics Preference — Nonlinear Mechanical Element Order — Program Controlled

步骤	内容	主要方法和技巧	界面图
14	选择网格划分方式	因为橡胶密封圈的截面为复杂曲线，所以采用三角形单元进行划分。 （1）在树状图中，选择"Mesh"选项，单击右键，在弹出的快捷菜单中，选择"Insert"→"Method"选项，弹出"Method"选项卡，如右图中的1所示。 （2）在"Method"选项卡中，单击"Geometry"选项对应的文本框，然后在模型界面中选定橡胶密封圈模型，完成模型的添加。选择"Method"选项对应的文本框，在弹出的下拉菜单中，选择"Triangles"选项，完成网格划分方式的设置，如右图中的2所示	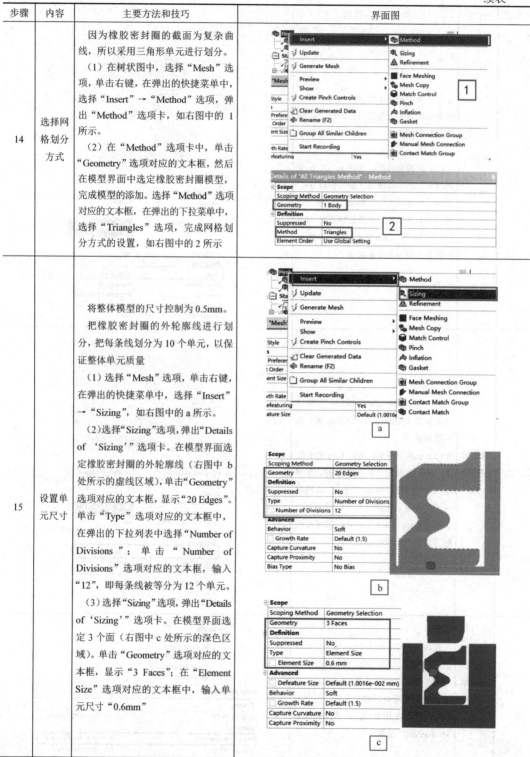
15	设置单元尺寸	将整体模型的尺寸控制为0.5mm。 把橡胶密封圈的外轮廓线进行划分，把每条线划分为10个单元，以保证整体单元质量 （1）选择"Mesh"选项，单击右键，在弹出的快捷菜单中，选择"Insert"→"Sizing"，如右图中的a所示。 （2）选择"Sizing"选项，弹出"Details of 'Sizing'"选项卡。在模型界面选定橡胶密封圈的外轮廓线（右图中b处所示的虚线区域），单击"Geometry"选项对应的文本框，显示"20 Edges"。单击"Type"选项对应的文本框中，在弹出的下拉列表中选择"Number of Divisions"；单击"Number of Divisions"选项对应的文本框，输入"12"，即每条线被等分为12个单元。 （3）选择"Sizing"选项，弹出"Details of 'Sizing'"选项卡。在模型界面选定3个面（右图中c处所示的深色区域）。单击"Geometry"选项对应的文本框，显示"3 Faces"；在"Element Size"选项对应的文本框中，输入单元尺寸"0.6mm"	

续表

步骤	内容	主要方法和技巧	界面图
16	施加约束	（1）在缸体低端施加固定约束。在树状图中，选中“Static Structural”选项，然后在模型显示界面用选择缸体底面的线条（图 a 中的 A 区域），单击右键，在弹出的快捷菜单中，选择“Insert”→“Fixed Support”选项；在弹出的固定约束选项卡中，单击“Geometry”选项对应的文本框，完成固定约束的施加，如图 b 所示。 （2）在活塞底端施加单向约束。在树状图中，选择“Static Structural”选项，在模型显示界面选择活塞底端的线条（图 a 中的 B 区域），单击右键，在弹出的快捷菜单中，选择“Insert”→“Displacement”选项，在弹出的约束选项卡中，单击“Geometry”选项对应的文本框，即可施加约束；在“Y Component”选项对应的文本框中输入“-9mm（ramped）”，完成单向约束，如图 c 所示	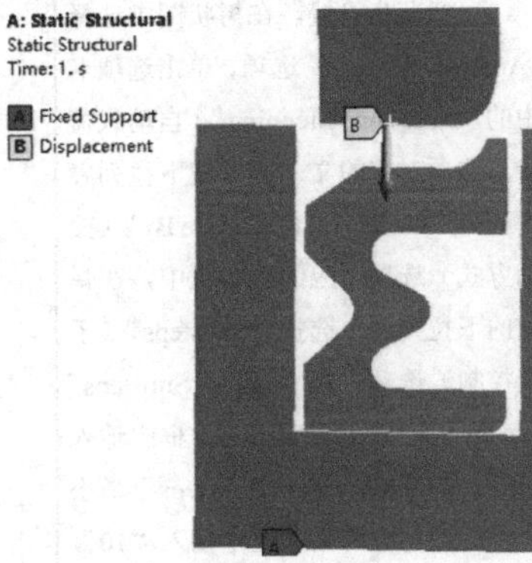 a 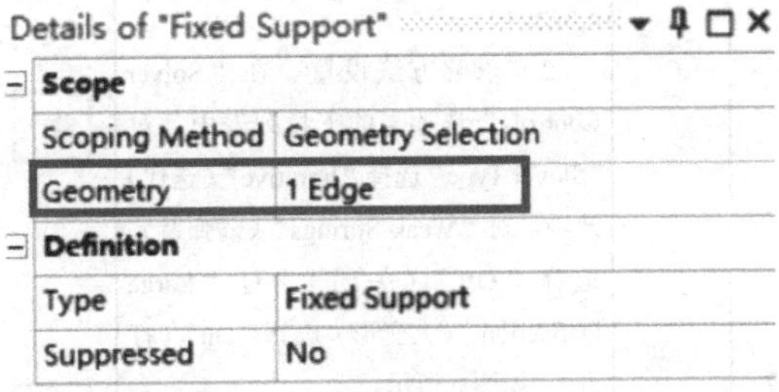 b 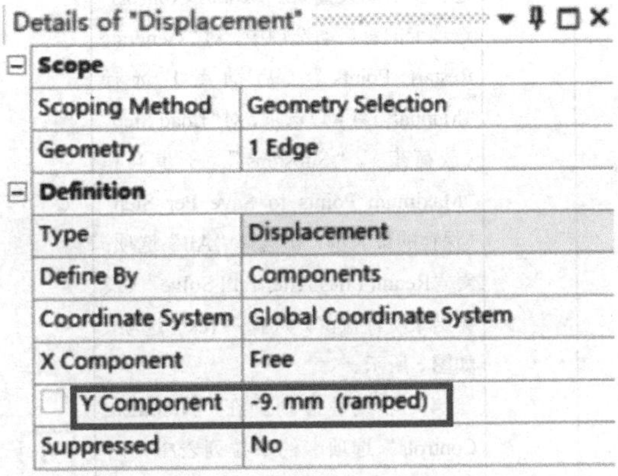 c

Details of "Fixed Support"

Scope	
Scoping Method	Geometry Selection
Geometry	1 Edge
Definition	
Type	Fixed Support
Suppressed	No

Details of "Displacement"

Scope	
Scoping Method	Geometry Selection
Geometry	1 Edge
Definition	
Type	Displacement
Define By	Components
Coordinate System	Global Coordinate System
X Component	Free
Y Component	-9. mm (ramped)
Suppressed	No

续表

步骤	内容	主要方法和技巧	界面图
17	求解设置	（1）载荷步设置。在树状图中选择"Analysis Settings"选项，单击选项卡中的"AutoTime Stepping"（自动载荷步）选项对应的文本框，在下拉列表中选择"On"；单击"Define By"（控制方式）选项对应的文本框中，在弹出的下拉列表中选择"Substeps"（子步控制）选项；在"Initial Substeps"（起始子步）选项对应的文本框中输入"10"；在"Minimum Substeps"最小子步选项对应的文本框中输入"10"，"Maximum Substeps"（最大子步）选项对应的文本框中输入"300"，如图a所示 （2）求解方法设置。在"Solver Controls"选项卡的下拉列表中，对"Slover Type"选择"Iterative"（迭代）选项，对"Weak Springs"（弱弹簧）选择"Off"（关闭），对"Large Deflection"（大变形）选择"On"（打开），如图b所示。 （3）为避免求解过程不收敛，需要进行重启动设置。在"Restart Controls"选项卡的重启动选项中，对"Generate Restart Points"（启动点）选择"Manual"（手动）选项，对"Load Step"（载荷步）、"Substeps"（子步）和"Maximum Points to Save Per Step"（保存的最大步）都选择"All"选项；对"Retain Files After Full Solve"（最终结果文件保留）选择"Yes"选项，如图c所示。 （4）非线性控制。在"Nonlinear Controls"选项卡的下拉列表中，对"Line Search"（线性搜索）选择"On"（打开）选项，对"Stabilization"（稳定性）选择"Constant"（设为常量）选项，对"Activation For First Substep"（激活初始步）选择"Yes"选项 通过稳定性设置，可以防止计算结果不收敛	

界面图内容：

□─∠─ **Static Structural (A5)**
　└─⌂ Analysis Settings
　└─ Fixed Support

Details of "Analysis Settings"

Step Controls
Number Of Steps	1.
Current Step Number	1.
Step End Time	1. s

a:
Auto Time Stepping	On
Define By	Substeps
Initial Substeps	10.
Minimum Substeps	10.
Maximum Substeps	300.

Solver Controls

b:
Solver Type	Iterative
Weak Springs	Off
Solver Pivot Checking	Program Controlled
Large Deflection	On
Inertia Relief	Off

Rotordynamics Controls
Restart Controls

c:
Generate Restart Points	Manual
Load Step	All
Substep	All
Maximum Points to Save Per Step	All
Retain Files After Full Solve	Yes
Combine Restart Files	Program Controlled

Nonlinear Controls
Newton-Raphson Option	Program Controlled
Force Convergence	Program Controlled
Moment Convergence	Program Controlled
Displacement Convergence	Program Controlled
Rotation Convergence	Program Controlled

d:
Line Search	On
Stabilization	Constant
--Method	Energy
--Energy Dissipation Ratio	1.e-004
--Activation For First Substep	Yes
--Stabilization Force Limit	0.2

Output Controls
Analysis Data Management
Visibility

续表

步骤	内容	主要方法和技巧	界面图
18	添加求解项	（1）添加整体变形。在树状图中，选择"Solution（A6）"选项，单击右键，在弹出的快捷菜单中，选择"Insert"→"Deformation"→"Total"选项，完成整体变形计算结果的设定。 （2）添加等效应力。在树状图中，选择"Solution（A6）"选项，单击右键，在弹出的快捷菜单中，选择"Insert"→"Stress"→"Equivalent（von-Mises）"选项，完成等效应力的设定	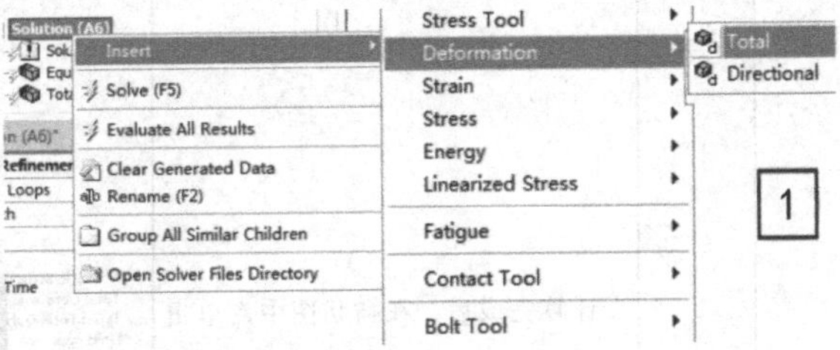 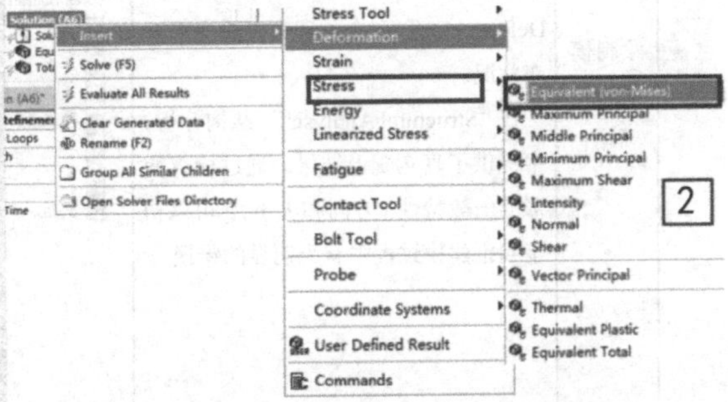
19	求解	在树状图中，选择"Solution（A6）"选项，单击右键，在弹出的快捷菜单中，选择"Solve（F5）"进行求解，或者单击菜单栏中的"⚡Solve"图标，自动进行求解	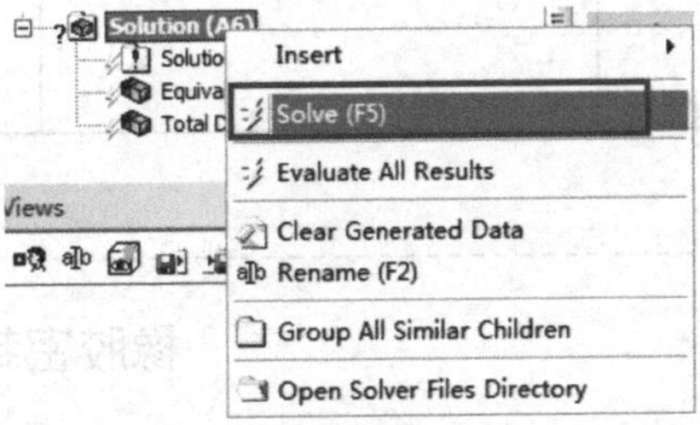
20	查看应力结果	计算完成后，在树状图中，单击"Solution（A6）"选项下的"Equivalent Stress"命令，即可查看应力结果	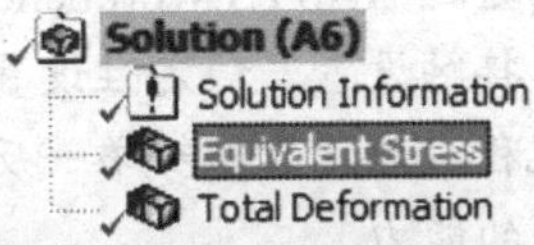 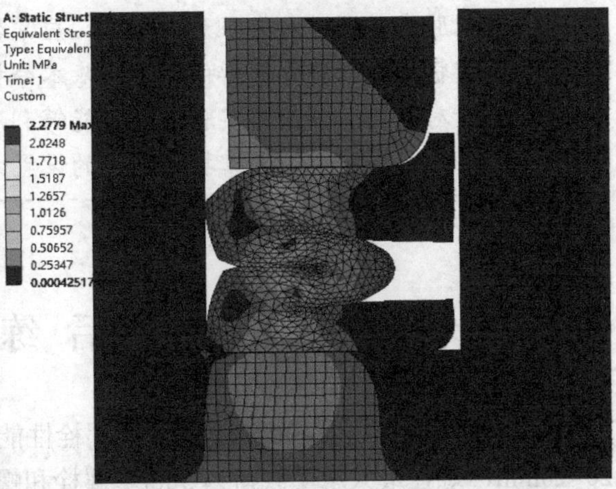

续表

步骤	内容	主要方法和技巧	界面图
21	绘制模型的变形图	计算完成后，在树状图中，单击"Solution（A6）"选项下的"Total Deformation"命令，即可查看变形分布状况。 在"Structural Analysis"（结构分析）中提供了真实变形结果。通过检查变形的一般特性（方向和大小），可以初步判定建模过程中有无明显的错误	

橡胶密封圈实例小结

本实例通过 ANSYS Workbench 对橡胶密封圈的进行有限元仿真分析。在分析过程中，通过自接触设置、稳定性设置、重启动设置，介绍超弹体非线性静力学分析的基本方法和流程，使读者能够举一反三，掌握较为复杂的非线性求解设置步骤，提高解决实际问题的能力。

在对橡胶密封圈进行有限元分析时，应掌握以下内容：

（1）掌握橡胶材料等超弹体材料的基本分析过程。

（2）针对材料拉伸变形实验数据，能够利用 ANSYS Workbench 完成曲线拟合。

（3）对非线性分析，要掌握各参数的设置方式。

课 后 练 习

6-1　梯形螺纹采用 42CrMo 锻件，螺栓性能等级为 10.9 级高强度螺栓。螺纹直径为 220×20mm，螺栓最大承受载荷为 308t。螺栓和螺母模型如图 6-14 所示。

螺栓尺寸：螺栓头部高度为 105mm，最大直径为 210mm，带螺纹部分的杆长为 200mm，螺栓头部与螺杆连接部分的高度为 50mm，截面是边长为 99mm 的正六边形。

　　螺母尺寸：长度为 300mm，宽度为 300mm，高度为 150mm，中间螺纹孔的直径为 220mm。

　　试利用有限元软件，在最大载荷工况下，分析螺栓的变形与应力结果。

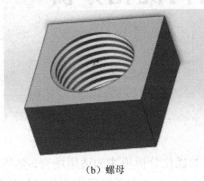

（a）螺栓　　　　　　　　　　（b）螺母　　　　　　　　　　（c）装配体

图 6-14　螺栓和螺母模型

　　6-2　一个圆柱螺旋弹簧的材料属性如下：弹性模量=2×10^{11}Pa，泊松比为 0.3，屈服强度为 300MPa，该弹簧在栓超过屈曲强度后，应变保持不变；剪切模量为 0，弹簧一端受力为 X 轴方向 1000N、Y 轴方向 500N，另一端完全固定。试分析此圆柱螺旋弹簧的变形及应力结果。圆柱螺旋弹簧模型如图 6-15 所示。

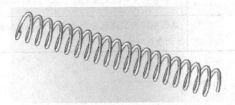

图 6-15　圆柱螺旋弹簧模型

特别提示

　　弹簧铁芯直径为 10mm，螺距为 40mm，圈数为 20 圈，弹簧中心半径为 50mm。

第 **7** 章 结构优化分析

了解 ANSYS Workbench 中的优化分析模块的适用场合，熟练掌握优化分析流程，包括响应曲面优化分析及 Six Sigma Analysis（六西格玛优化分析）流程。

能力目标	知识要点	权重	自测分数
了解 ANSYS Workbench 中的优化分析模块的适用场合	了解优化分析的主要目的	40%	
熟练掌握优化分析流程	掌握响应曲面优化分析及 Six Sigma Analysis（六西格玛优化分析）方法	60%	

7.1　吊钩结构响应曲面优化分析

7.1.1　基于 ANSYS Workbench 的结构优化分析简介

结构优化是指在众多方案中选择最佳方案的技术。一般而言，设计主要有两种形式，即功能设计和优化设计。功能设计强调的是该设计能达到预定的设计要求，但仍能在某些方面进行改进；优化设计是一种寻找和确定最佳方案的技术。

传统的结构优化设计是由设计者提供几个不同的设计方案并进行比较，从中挑选出最佳的方案。这种方法往往建立在设计者经验的基础上，同时又因为时间有限，可供选择的方案数量有限，而且不一定有最佳方案。

如果想获得最佳方案，就需要提供更多的设计方案进行比较，这就需要花费大量的时间，单靠人力往往难以做到，需要借助计算机来完成。ANSYS Workbench 作为通用的有限元分析工具，除了拥有强大的前后处理器，还有很强大的优化设计功能——既可以进行结构尺寸优化，又能进行拓扑优化，其自带的算法就能满足工程需要。

ANSYS Workbench 中的优化分析有以下 5 个选项：

（1）"Direct Optimization（Beta）"（直接优化）。该选项用于设置优化目标，利用默认参数进行优化分析，从中得到期望的组合方案。

（2）"Goal Driven Optimization"（多目标驱动优化分析）。该选项用于从给定的一组样本中得到最佳的设计点。

（3）"Parameters Correlation"（参数相关性优化分析）。选择该选项，可通过图表形式动态地显示输入参数和输出参数之间的关系。

（4）"Response Surface"（响应曲面优化分析）。选择该选项可以得出某一输入参数对响应曲面影响的大小。

（5）"Six Sigma Analysis"（六西格玛优化分析）。该选项基于 6 个标准误差理论对产品的可靠性概率进行，判断产品是否满足六西格玛准则。

7.1.2　响应曲面优化分析

"Response Surface"（响应曲面优化分析）主要用于直观地观察输入参数的影响，通过图表形式能够动态地显示输入与输出参数之间的关系。优化分析通常包括以下 5 个步骤：

（1）参数化建模。利用 CAD 软件的参数化建模功能，把将要参与优化的数据（设计变量）定义为模型参数，为以后修正模型提供可能。

（2）CAE 求解。对 CAD 参数化模型进行加载与求解。

（3）后处理。把约束条件和目标函数（优化目标）提取出来供优化处理器进行优化参数评价。

（4）优化参数评价。优化处理器把本次循环提供的优化参数（设计变量、约束条件、状态变量及目标函数）与上次循环提供的优化参数进行比较之后，确定本次循环的目标函

数是否达到最小，或者说结构是否达到最优。如果达到最优，就完成迭代，退出优化循环圈；否则，进行下一次循环。

（5）根据已完成的优化循环和当前优化变量的状态修正设计变量，重新投入循环。

7.1.3 案例设置

在本案例中，吊钩被施加了 10000N 的载荷，当其顶部圆孔面固定时，对吊钩的宽度（200mm）、高度（200mm）及厚度（20mm）参数进行优化，优化后的输出参数为最大变形、最大应力和质量。本案例所用吊钩的实体模型如图 7-1 所示。

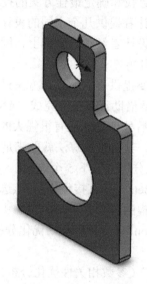

图 7-1 吊钩的实体模型

7.1.4 吊钩响应曲面优化分析流程

启动 ANSYS Workbench，对吊钩进行响应曲面优化分析，具体分析流程见表 7-1。

表 7-1 吊钩响应曲面优化分析流程

步骤	内容	主要方法和技巧	界面图
1	设置单位制	（1）启动 ANSYS Workbench，进入用户工作界面。 （2）在菜单栏单击 "Units" 按钮，在下拉菜单中选择 "Metric（kg,mm, s,℃,mA,N,mV）" 选项，设置模型的单位制，如右图所示	

续表

步骤	内容	主要方法和技巧	界面图
2	建立分析项目	在"Toolbox"（工具箱）项目栏中，双击"Analysis Systems"列表下的"Static Structural"选项，即可在项目管理区的"Project Schematic"界面创建分析项目 A，如右图所示	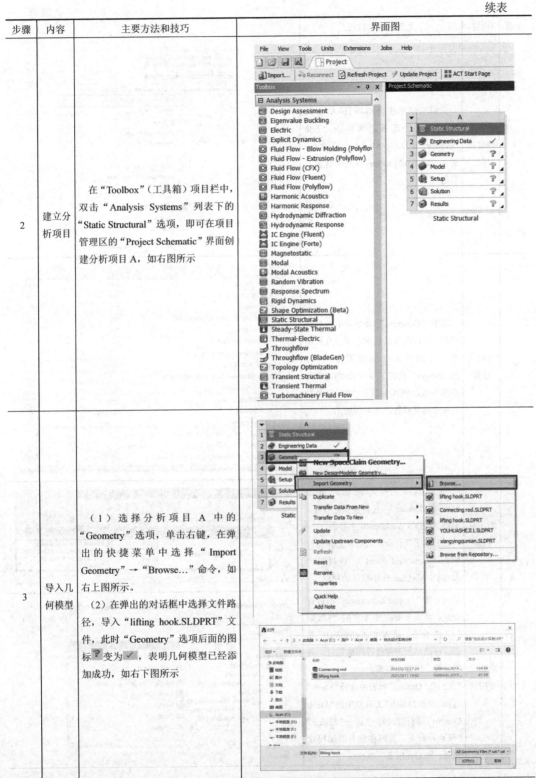
3	导入几何模型	（1）选择分析项目 A 中的"Geometry"选项，单击右键，在弹出的快捷菜单中选择"Import Geometry"→"Browse…"命令，如右上图所示。 （2）在弹出的对话框中选择文件路径，导入"lifting hook.SLDPRT"文件，此时"Geometry"选项后面的图标 ❓ 变为 ✓，表明几何模型已经添加成功，如下图所示	

续表

步骤	内容	主要方法和技巧	界面图
4	进入几何建模界面	先用右键单击分析项目 A 中的"Geometry"选项，再单击"Edit Geometry in DesignModeler…"命令，进入"DesignModeler"（几何建模）界面	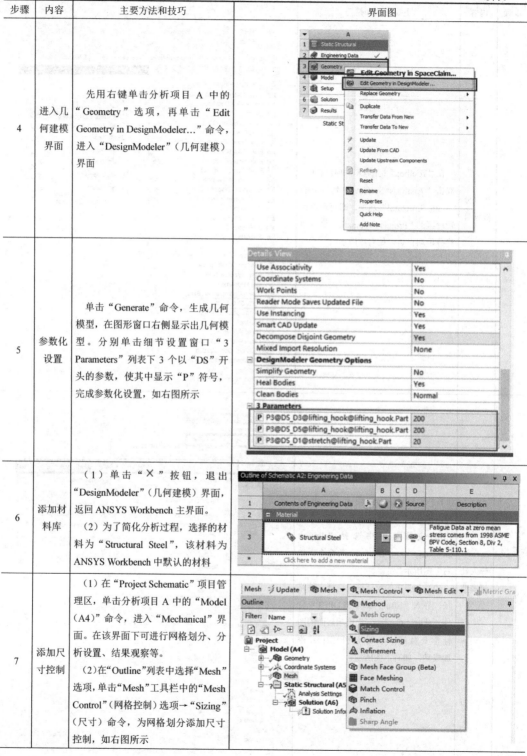
5	参数化设置	单击"Generate"命令，生成几何模型，在图形窗口右侧显示出几何模型。分别单击细节设置窗口"3 Parameters"列表下 3 个以"DS"开头的参数，使其中显示"P"符号，完成参数化设置，如右图所示	
6	添加材料库	（1）单击"╳"按钮，退出"DesignModeler"（几何建模）界面，返回 ANSYS Workbench 主界面。 （2）为了简化分析过程，选择的材料为"Structural Steel"，该材料为 ANSYS Workbench 中默认的材料	
7	添加尺寸控制	（1）在"Project Schematic"项目管理区，单击分析项目 A 中的"Model（A4）"命令，进入"Mechanical"界面。在该界面下可进行网格划分、分析设置、结果观察等。 （2）在"Outline"列表中选择"Mesh"选项，单击"Mesh"工具栏中的"Mesh Control"（网格控制）选项→"Sizing"（尺寸）命令，为网格划分添加尺寸控制，如右图所示	

续表

步骤	内容	主要方法和技巧	界面图
8	单元尺寸设置	单击图形工具栏选择模式下的"Box Select"（框选）按钮→"Body"（选择体）按钮，在弹出的"Details of 'Body Sizing' Sizing"列表中单击"Scope"选项下的"Scope Method"命令，框选所有实体。选择完毕，单击"Geometry"选项中的"Apply"按钮，在"Element Size"对应的文本框中输入10.0mm，如右图所示	
9	生成网格	在"Outline"列表中选择"Mesh"选项，单击"Mesh"工具栏中的"Mesh"（网格）选项→"Generate Mesh"（生成网格）命令。此时，弹出生成网格的进度显示条，表明正在划分网格。网格划分完成后，进度显示条自动消失。最终的网格划分效果如右图所示	
10	施加约束	（1）在"Outline"列表中选择"Static Structural（A5）"选项，出现"Environment"工具栏。 （2）先单击"Environment"工具栏中的"Supports"选项→"Cylindrical Support"命令，再单击图形工具栏选择模式下的→"Face"（选择面）按钮，在弹出的"Details of 'Cylindrical Support'"列表中单击"Scope"选项下的"Scoping Method"选项，选择一个圆曲面。选择完毕，单击"Geometry"选项中的"Apply"按钮，完成约束的施加，效果如右图所示	

步骤	内容	主要方法和技巧	界面图
11	施加载荷	先单击"Environment"工具栏中的"Loads"选项→"Force"命令，再单击图形工具栏选择模式下的"Single Select"（单选）按钮→"Face"（选择面）按钮 ，在弹出的"Details of 'Force'"列表中，单击"Scope"选项下的"Scoping Method"命令，选择一个圆曲面。选择完毕，单击"Geometry"选项中的"Apply"按钮，把"Define By"选项改为"Components"选项，在"X Component"对应的文本框中输入"-10000N（ramped）"，如右上图所示	
12	对最大变形进行参数化设置	（1）在"Outline"列表中选择"Solution（A6）"选项，出现工具栏。 （2）单击"Solution"工具栏中的"Deformation"选项→"Total"命令，此时树状图中被插入"Details of 'Total Deformation'"对话框。在对应的细节设置列表中，单击"Maximum"选项前面的方框，使其中显示"P"符号，完成参数化设置，如右图所示	
13	对最大应力进行参数化设置	单击"Solution"工具栏中的"Stress"选项→"Equivalent（von-Mises）"命令，此时树状图中被插入"Details of 'Equivalent Stress'"对话框。在对应的细节设置列表中，单击"Maximum"选项前面的方框，使其中显示"P"符号，完成参数化设置	

续表

步骤	内容	主要方法和技巧	界面图
14	对质量进行参数化设置	在"Outline"列表中，单击"Model（A4）"选项→"Geometry"选项→"lifting hook"命令。在弹出的"Details of 'lifting hook'"列表中单击"Properties"选项。在该选项下拉列表中，单击"Mass"选项前面的方框，使其中显示"P"符号，完成参数化设置，如右图所示	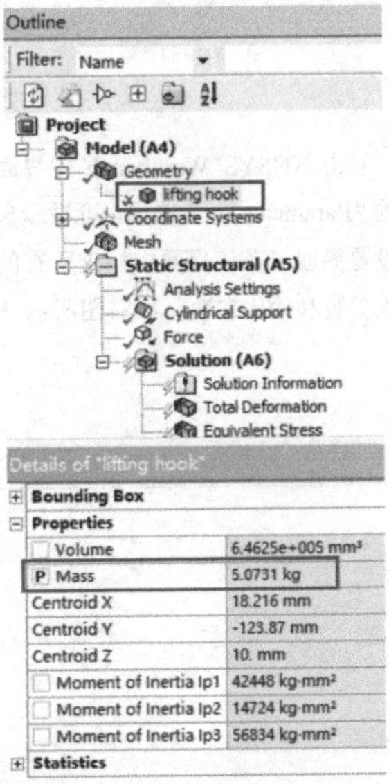
15	求解	单击工具栏中的"Solution"按钮→"Solve"命令，弹出求解进度显示条，表示正在求解，如右图所示。求解完成后，进度显示条自动消失	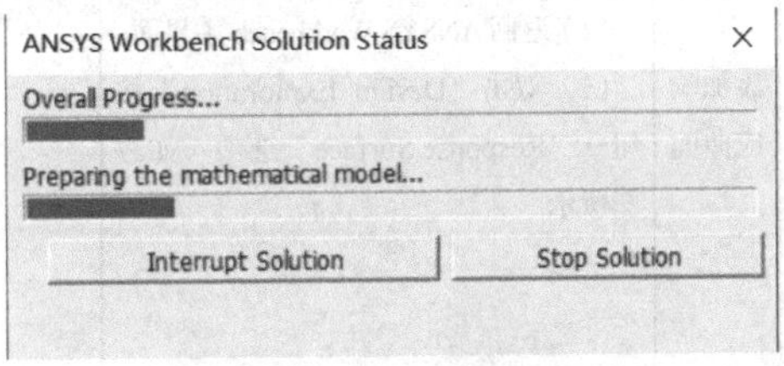
16	查看变形云图	在"Outline"列表中选择"Solution（A6）"选项，单击其下拉列表中的"Total Deformation"命令，在图形窗口显示出变形云图，如右图所示	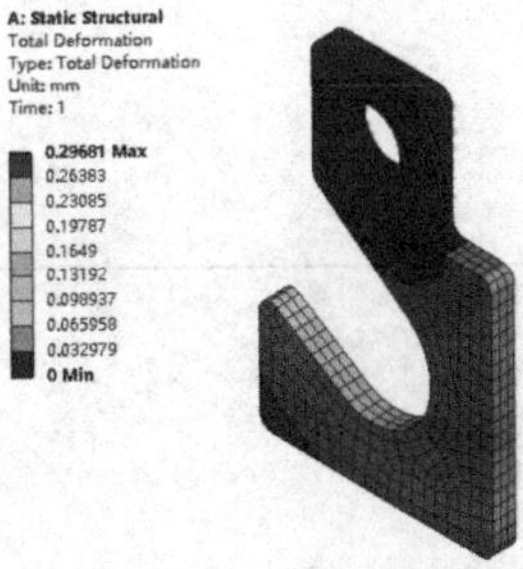
17	查看应力云图	（1）在"Outline"列表中选择"Solution（A6）"选项，单击其下拉列表中的"Equivalent Stress"命令，在图形窗口显示出应力云图，如右图所示。 （2）返回 ANSYS Workbench 主界面	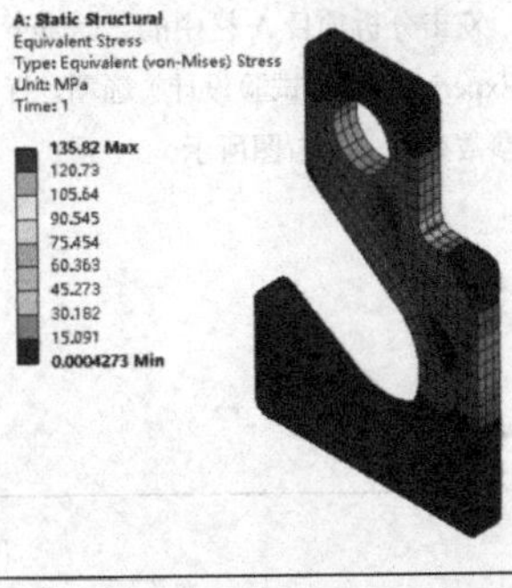

续表

步骤	内容	主要方法和技巧	界面图
18	检查输入参数和输出参数	双击 ANSYS Workbench 主界面中的"Parameter Set"选项,可显示参数设置界面。在该界面中检查所有的输入参数和输出参数,如右图所示	Outline of All Parameters 表: A 列 ID / B 列 Parameter Name / C 列 Value / D 列 Unit 2 Input Parameters 3 Static Structural (A1) 4 P1　P3@DS_D3@lifting_hook@lifting_hook.Part　200 5 P2　P3@DS_D5@lifting_hook@lifting_hook.Part　200 6 P3　P3@DS_D1@stretch@lifting_hook.Part　20 * New input parameter　New name　New expression 8 Output Parameters 9 Static Structural (A1) 10 P4　Total Deformation Maximum　0.15286　mm 11 P5　Equivalent Stress Maximum　63.22　MPa 12 P6　lifting hook Mass　5.0731　kg * New output parameter　New expression 14 Charts
19	添加响应曲面	(1)返回 ANSYS Workbench 主界面。 (2)双击"Design Exploration"按钮→"Response Surface"选项,如右图所示	Toolbox: Analysis Systems / Component Systems / Custom Systems / Design Exploration(Direct Optimization, Parameters Correlation, Response Surface, Response Surface Optimization, Six Sigma Analysis) / ACT Project Schematic A: Static Structural(1 Static Structural, 2 Engineering Data, 3 Geometry, 4 Model, 5 Setup, 6 Solution, 7 Results, 8 Parameters) Parameter Set B: Response Surface(1 Response Surface, 2 Design of Experiments, 3 Response Surface)
20	打开参数列表	双击分析项目 A 栏中的"Design of Experiments"(试验设计)选项,打开参数列表,如右图所示	Outline of Schematic B2: Design of Experiments A 列 / B 列 Enabled 2 Design of Experiments 3 Input Parameters 4 Static Structural (A1) 5 P1 - P3@DS_D3@lifting_hook@lifting_hook.Part　✓ 6 P2 - P3@DS_D5@lifting_hook@lifting_hook.Part　✓ 7 P3 - P3@DS_D1@stretch@lifting_hook.Part　✓ 8 Output Parameters 9 Static Structural (A1) 10 P4 - Total Deformation Maximum 11 P5 - Equivalent Stress Maximum 12 P6 - lifting hook Mass 13 Charts

续表

<table>
<tr><th>步骤</th><th>内容</th><th>主要方法和技巧</th><th>界面图</th></tr>
<tr><td>21</td><td>确定输入数值的初始值及其上下限</td><td>确定输入数值的初始值及其上下限，如右图所示</td><td>
</td></tr>
<tr><td>22</td><td>生成设计点</td><td>单击 ANSYS Workbench 主界面工具栏中的“Update Project”命令，计算完成后双击“Design of Experiments”选项，生成试验设计表，该表中列出 15 个设计点，如右图所示</td><td>
Table of Outline A7: Design Points of Design of Experiments
<table>
<tr><th></th><th>A</th><th>B</th><th>C</th><th>D</th><th>E</th><th>F</th><th>G</th></tr>
<tr><td>1</td><td>Name</td><td>P1 - P3@DS_D3@lift... .Part</td><td>P2 - P3@DS_D5@lift... .Part</td><td>P3 - P3@DS_D1@stretch... .Part</td><td>P4 - Total Deformation Maximum (mm)</td><td>P5 - Equivalent Stress Maximum (MPa)</td><td>P6 - lifting hook Mass (kg)</td></tr>
<tr><td>2</td><td>1 DP</td><td>200</td><td>200</td><td>20</td><td>0.15286</td><td>63.22</td><td>5.0731</td></tr>
<tr><td>3</td><td>2</td><td>180</td><td>200</td><td>20</td><td>0.15722</td><td>59.643</td><td>4.7117</td></tr>
<tr><td>4</td><td>3</td><td>220</td><td>200</td><td>20</td><td>0.15742</td><td>65.941</td><td>5.4239</td></tr>
<tr><td>5</td><td>4</td><td>200</td><td>180</td><td>20</td><td>0.13894</td><td>63.178</td><td>4.8181</td></tr>
<tr><td>6</td><td>5</td><td>200</td><td>220</td><td>20</td><td>0.16708</td><td>63.164</td><td>5.3254</td></tr>
<tr><td>7</td><td>6</td><td>200</td><td>200</td><td>18</td><td>0.16985</td><td>70.438</td><td>4.5657</td></tr>
<tr><td>8</td><td>7</td><td>200</td><td>200</td><td>22</td><td>0.13896</td><td>57.505</td><td>5.5804</td></tr>
<tr><td>9</td><td>8</td><td>183.74</td><td>183.74</td><td>18.374</td><td>0.15633</td><td>66.078</td><td>4.2015</td></tr>
<tr><td>10</td><td>9</td><td>216.26</td><td>183.74</td><td>18.374</td><td>0.15746</td><td>72.017</td><td>4.7331</td></tr>
<tr><td>11</td><td>10</td><td>183.74</td><td>216.26</td><td>18.374</td><td>0.18129</td><td>66.025</td><td>4.5802</td></tr>
<tr><td>12</td><td>11</td><td>216.26</td><td>216.26</td><td>18.374</td><td>0.18306</td><td>72.064</td><td>5.1118</td></tr>
<tr><td>13</td><td>12</td><td>183.74</td><td>183.74</td><td>21.626</td><td>0.13281</td><td>56.007</td><td>4.9452</td></tr>
<tr><td>14</td><td>13</td><td>216.26</td><td>183.74</td><td>21.626</td><td>0.13378</td><td>60.967</td><td>5.5709</td></tr>
<tr><td>15</td><td>14</td><td>183.74</td><td>216.26</td><td>21.626</td><td>0.15402</td><td>55.851</td><td>5.3909</td></tr>
<tr><td>16</td><td>15</td><td>216.26</td><td>216.26</td><td>21.626</td><td>0.15553</td><td>61.069</td><td>6.0166</td></tr>
</table></td></tr>
<tr><td>23</td><td>查看整体变形对应设计点的关系曲线</td><td>单击“Design Points vs Parameter”选项，出现如右下图所示的整体变形对应设计点的关系曲线</td><td>

</td></tr>
</table>

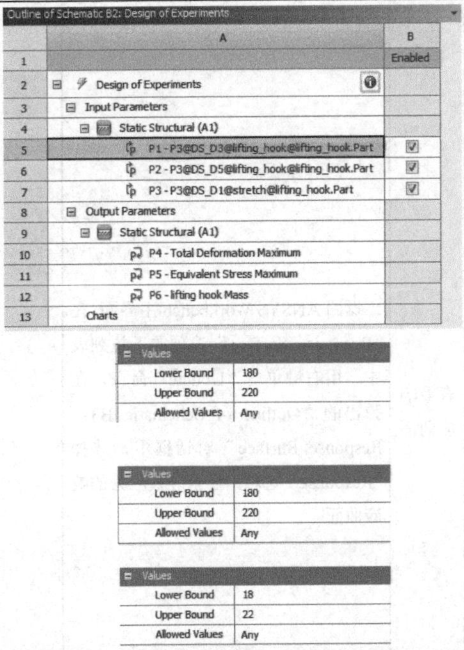

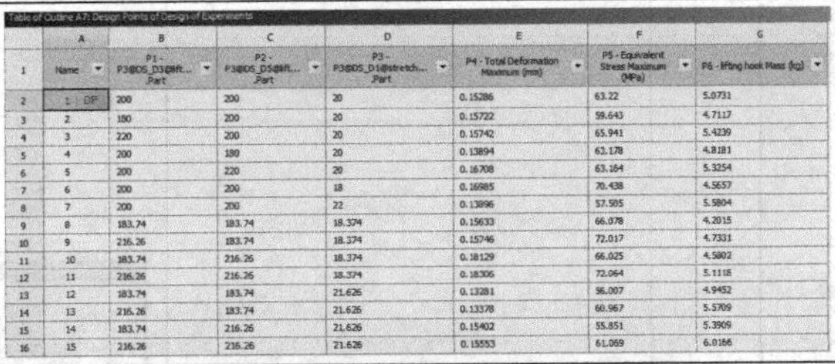

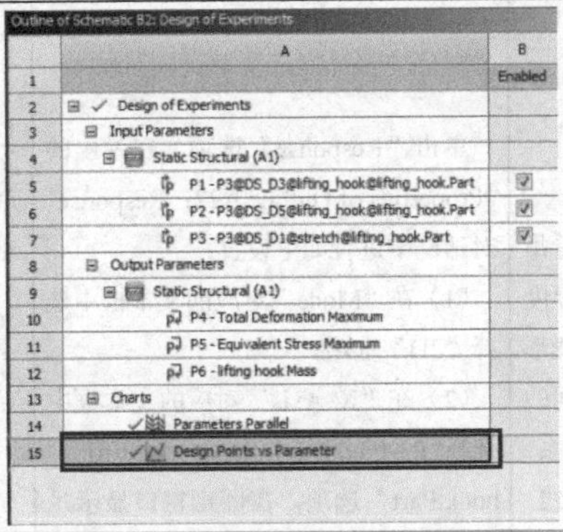

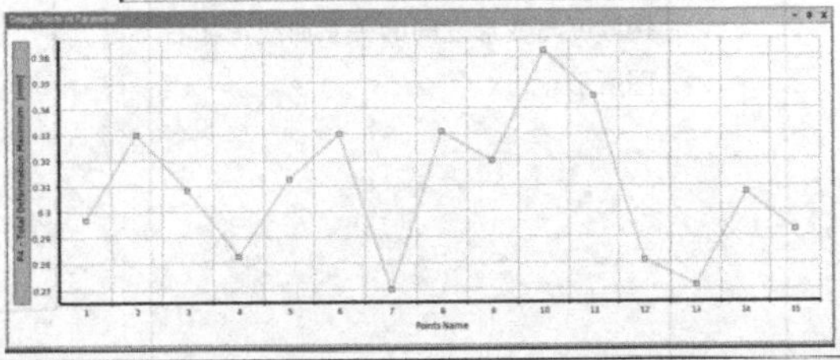

续表

步骤	内容	主要方法和技巧	界面图
24	查看响应曲面	返回 ANSYS Workbench 主界面,在"Response Surface"选项的下拉列表中,用右键单击"Update"命令,在弹出的"Outline of Schematic B3:Response Surface"对话框中,选择"Response"选项,显示等效应力的响应曲面	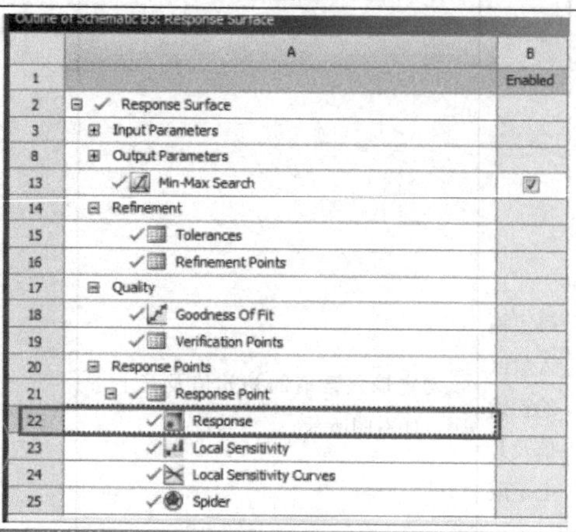 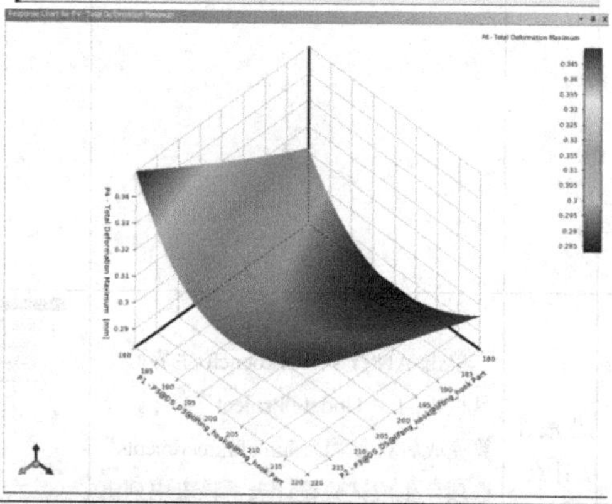
25	查看吊钩厚度与变形之间的关系曲线	单击"Response"选项,在弹出的"Properties of Outline A22:Response"对话框中进行如下设置: (1)在"Mode"对应的文本框中选择"2D"选项。 (2)在"X Axis"对应的文本框中选择"P3-P3@DS_D1@strech@lifting_hook.Part"选项,在图形窗口显示吊钩厚度与变形之间的关系曲线,如右图所示	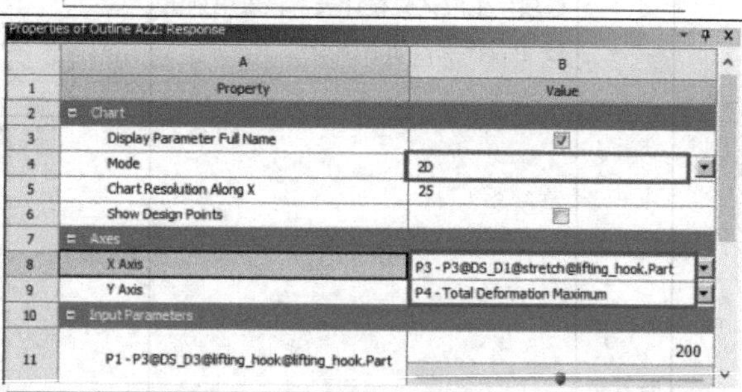 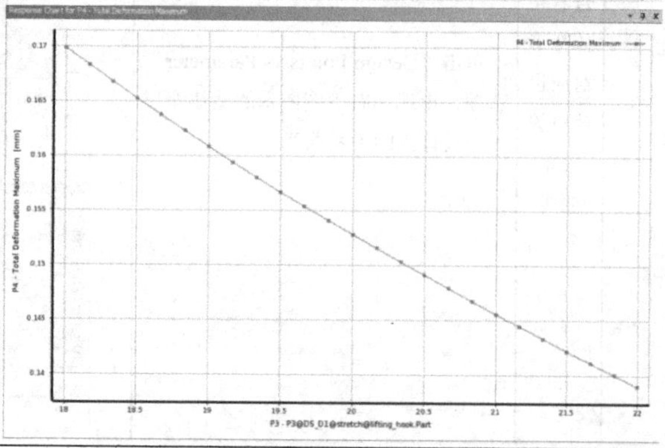

步骤	内容	主要方法和技巧	界面图
26	查看蛛网图	单击"Response Points"选项→"Spider"按钮，显示如右下图所示的蛛网图	Outline of Schematic B3: Response Surface（14 Refinement，15 Tolerances，16 Refinement Points，17 Quality，18 Goodness Of Fit，19 Verification Points，20 Response Points，21 Response Point，22 Response，23 Local Sensitivity，24 Local Sensitivity Curves，25 Spider，New Response Point）
27	查看最小与最大检索表	在步骤 24 所示界面图中，单击"Min-Max Search"选项，可以查看最小与最大检索表，如右图所示	Table of Outline A13: Min-Max Search
28	生成响应点	用右键单击右图所示的"Response Char for P4 - Total Deformation Maximum"图表中的曲面，在弹出的快捷菜单中选择"Explore Response Surface at Point"选项	P4 - Total Deformation Maximum

续表

步骤	内容	主要方法和技巧	界面图
29	生成设计点	用右键单击右图所示的"Response Point 1"选项，在弹出的快捷菜单中选择"Insert as Design Point"选项，生成设计点	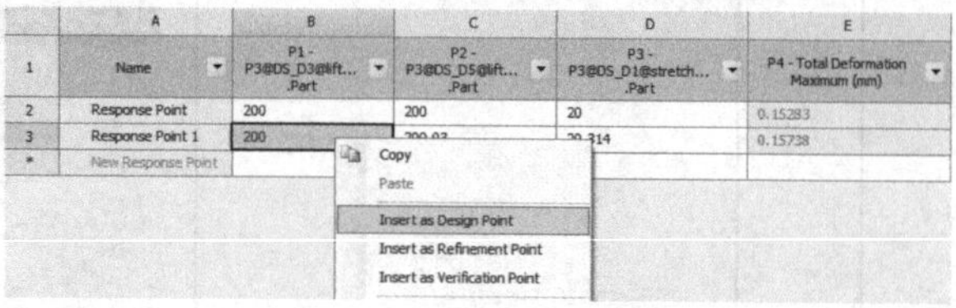
30	设置当前设计点	返回 ANSYS Workbench 主界面，双击"Parameter Set"栏。用右键单击右图所示的"DP1"选项，在弹出的快捷菜单中，选择 "Copy inputs to Current" 命令，设置当前设计点，然后单击快捷菜单中的"Update All Design Points"命令	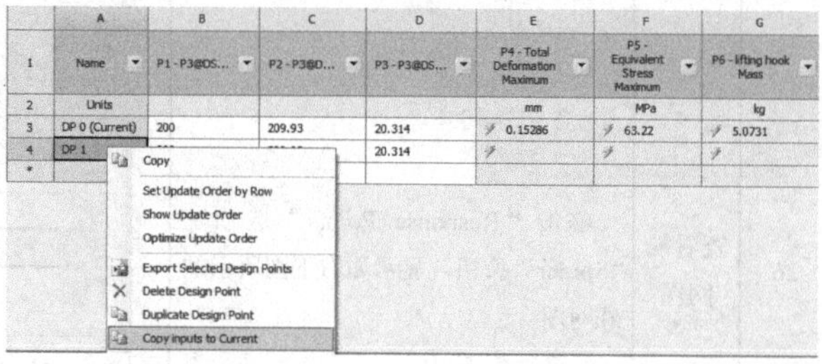
31	更新数据	（1）返回 ANSYS Workbench 主界面，单击工具栏中的"Update Project"命令，更新数据。 （2）双击分析项目 A 栏中的"Results"选项，进入"Mechanical"界面。在该界面中单击"Total Deformation"命令→"Equivalent Stress"命令，显示变形云图和应力云图，如右图所示	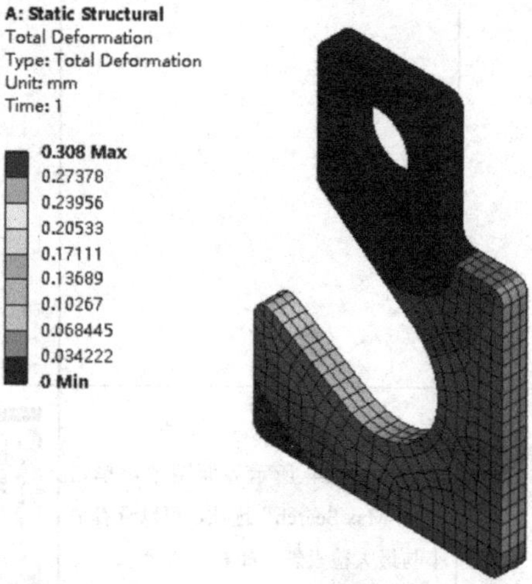 

续表

步骤	内容	主要方法和技巧	界面图
32	保存文件并退出	（1）单击"Mechanical"界面右上角的"关闭"按钮，退出"Mechanical"界面返回 ANSYS Workbench 主界面。 （2）在 ANSYS Workbench 主界面中，单击常用工具栏中的" Save"（保存）按钮，保存文件并命名为"DOE.wbpj"。 （3）单击在 ANSYS Workbench 主界面右上角的"×"（关闭）按钮，完成项目分析	File View Tools Units Extensions Jobs Help New　Ctrl+N Open...　Ctrl+O Save　Ctrl+S Save As... Save to Repository Open from Repository Send Changes to Repository Get Changes from Repository Transfer to Repository Status Manage Repository Project Manage Connections Launch EKM Web Client...

案 例 小 结

本节主要介绍了吊钩响应曲面优化分析基本流程，包括模型导入、网格划分、边界条件设定、后处理等操作。同时，还讲解了响应曲面优化设置及处理方法。

7.2 连杆六西格玛优化分析

7.2.1 六西格玛优化分析

通过 7.1 节介绍的响应曲面优化分析，得出最优的结构设计方案后，还可以运用六西格玛优化分析（Six Sigma Analysis）进行结构的可靠性优化分析。

六西格玛优化分析主要用于评估产品的可靠性，其技术基础是 6 个标准误差理论，以此评估产品的可靠性概率并判断产品质量是否满足六西格玛准则。六西格玛优化分析即统计过程控制，利用统计分析技术，对产品的研发设计及其生产过程进行实时监督与控制，并且能够判断出产品质量的变化是属于随机波动还是异常波动，对所生产的产品质量趋势做出预测，进而估计质量异常波动概率，以便指导管理人员对生产过程各个环节进行及时检查，消除异常波动，使产品质量趋势恢复正常，达到提高产品质量与效率的目的。机械结构或产品的可靠性设计就是分析并计算出所设计结构或产品的失效概率，需要用到数值分析方法、随机理论，因此不仅弥补了传统设计方法的不足，而且能彻底地改进产品的设计水平，提高所设计产品的质量标准，降低产品实际开发成本。

对响应曲面优化后的结构进行六西格玛优化分析，得出各个作为可靠性评判参数的概率密度函数曲线图与累积分布函数曲线图，就可以通过这些函数曲线图清楚地判断优化后的结构是否满足其可靠性要求。

7.2.2 案例设置

在本案例中，连杆小头一端的圆柱孔表面被施加了 1000N 的载荷，大头一端的圆柱孔内表面被施加约束，现在需要对连杆小头一端的内圆柱孔直径（16mm）、大头一端的内圆柱孔直径（38mm）进行参数优化，优化后的输出参数为最大变形、最大应力和最小安全系数。连杆的实体模型如图 7-2 所示。

图 7-2　连杆的实体模型

7.2.3 六西格玛优化分析流程

启动 ANSYS Workbench，进行六西格玛优化分析和计算，具体分析流程见表 7-2。

表 7-2　六西格玛优化分析流程

步骤	内容	主要方法和技巧	界面图
1	设置单位制	（1）启动 ANSYS Workbench，进入用户工作界面。 （2）单击菜单栏中的"Units"按钮，在其下拉列表中选择"Metric（kg,mm,s,℃,mA,N,mV）"选项，设置模型的单位制，如右图所示	
2	创建分析项目	在"Toolbox"（工具箱）项目栏中双击"Analysis Systems"列表下的"Static Structural"选项，即可在项目管理区"Project Schematic"界面创建分析项目 A，如右图所示	

续表

步骤	内容	主要方法和技巧	界面图
3	导入几何模型	在分析项目A栏中的"Geometry"选项上单击右键，在弹出的快捷菜单中选择"Import Geometry"（导入几何模型）选项→"Browse…"选项，如右图所示	
4	添加几何体模型	在弹出的对话框中选择文件路径，导入"Connecting rod"文件。此时，"Geometry"选项后面的图标 ? 变为 ✓，表明已经添加几何模型	
5	打开几何建模界面	右键单击分析项目A栏中的"Geometry"选项，在弹出的快捷菜单中，单击"Edit Geometry in DesignModeler…"命令，打开"DesignModeler"（几何建模）界面	
6	参数化设置	（1）单击"Generate"命令，生成几何模型，即可在图形窗口显示出几何模型。分别单击细节设置窗口"2 Parameters"列表下的2个参数，使其前面显示"P"符号，完成参数化设置，如右图所示。 （2）单击"DesignModeler"界面右上角的"✕"按钮，退出该界面，返回ANSYS Workbench主界面	

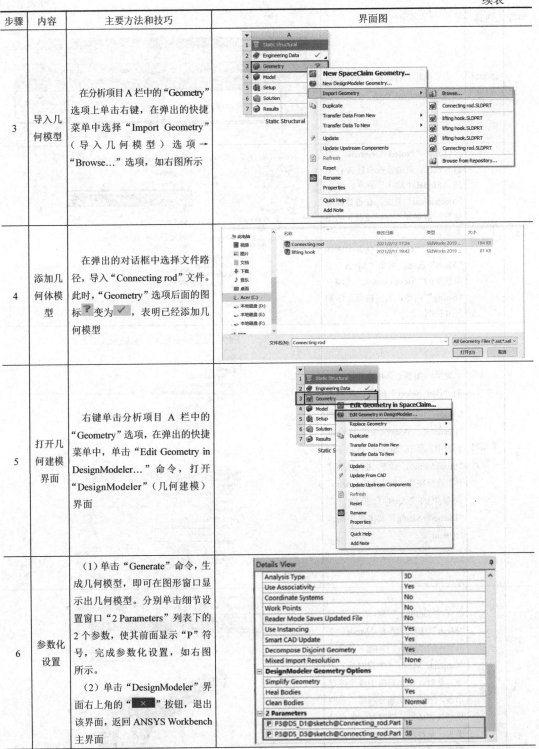

287

步骤	内容	主要方法和技巧	界面图
7	添加材料库	为了简化分析过程,选择的材料为"Structural Steel"	
8	添加尺寸控制	(1)在"Project Schematic"项目管理区,双击分析项目A栏中的"Model（A4）"命令,进入"Mechanical"界面,在该界面可进行网格划分、分析设置、结果观察。 (2)在"Outline"列表中选择"Mesh"选项,单击"Mesh"工具栏中的"Mesh Control"选项→"Sizing"命令,为网格划分添加尺寸控制	
9	单元尺寸设置	先单击图形工具栏选择模式下的"Box Select"按钮,再单击"Body"按钮。在弹出的"Details of'Body Sizing'-Sizing"列表中,单击"Scope"选项下的"Scope Method"命令,框选所有实体。选择完毕,单击"Geometry"选项中的"Apply"按钮,在"Element Sizing"文本框中输入"6.0mm"。	
10	划分网格	在"Outline"列表中选择"Mesh"选项,单击"Mesh"工具栏中的"Mesh"（网格）选项→"Generate Mesh"（生成网格）命令。此时,弹出网格生成进度显示条,表明正在划分网格。在网格划分完成后,进度显示条自动消失。最终的网格划分效果如右图所示	

288

步骤	内容	主要方法和技巧	界面图
11	施加约束	（1）在"Outline"列表中选择"Static Structural（A5）"选项，出现"Environment"工具栏。 （2）先单击"Environment"工具栏中的"Supports"选项→"Cylindrical Support"命令，再单击图形工具栏选择模式下的"Single Select"按钮→"Face"（选择面）按钮。在弹出的"Details of 'Cylindrical Support'"列表中，单击"Scope"选项下的"Scoping Method"选项，选择一个圆曲面。选择完毕，单击"Geometry"选项中的"Apply"按钮，完成约束的施加，如右图所示	
12	施加载荷	先单击"Environment"工具栏中的"Load"选项→"Force"命令，再单击图形工具栏上的选择模式下的"Single Select"按钮，→"Face"（选择面）按钮。在弹出的"Details of 'Force'"列表中，单击"Scope"选项下的"Scoping Method"命令，选择一个圆曲面。选择完毕，单击"Geometry"选项中的"Apply"按钮，把"Define By"选项改为"Components"选项，在"X Component"对应的文本框中输入"1000N"，如右图所示	

步骤	内容	主要方法和技巧	界面图
13	整体变形参数化	（1）在"Outline"列表中选择"Solution（A6）"选项，出现"Solution"工具栏。 （2）单击"Solution"工具栏中的"Deformation"选项→"Total"命令，此时树状图中被插入"Total Deformation"对话框。在对应的细节设置列表中，单击"Maximum"选项前面的方框，使其中显示"P"符号，即可进行参数化设置	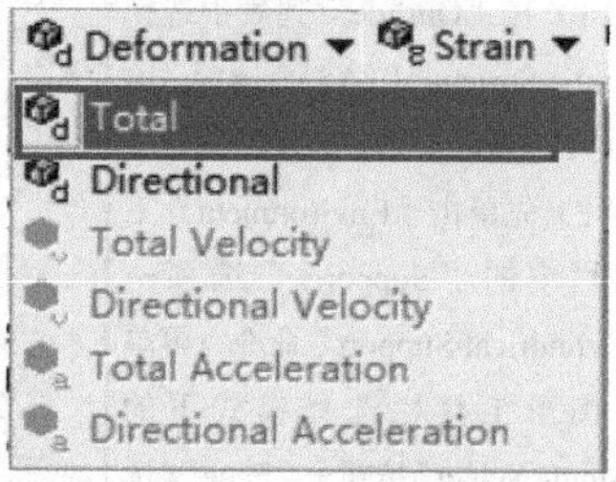 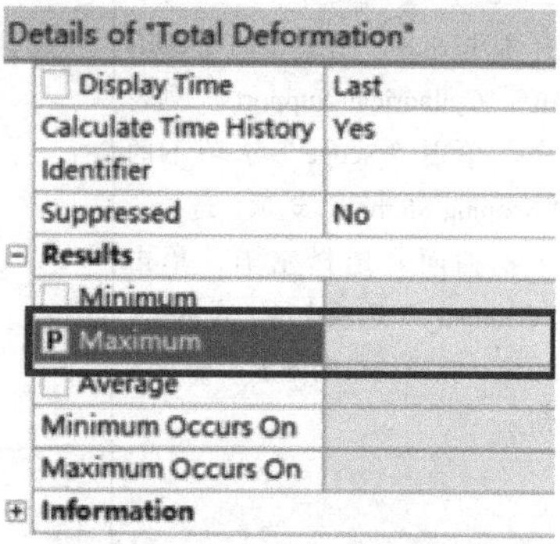
14	应力参数化	单击"Solution"工具栏中的"Stress"选项→"Equivalent（von-Mises）"命令，此时树状图中被插入"Equivalent Stress"对话框。在对应的细节设置列表中，单击"Maximum"选项前面的方框，使其中显示"P"符号，完成参数化设置，如右图所示	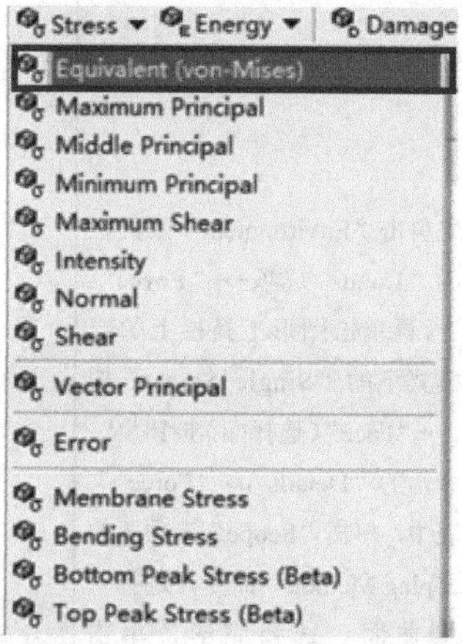 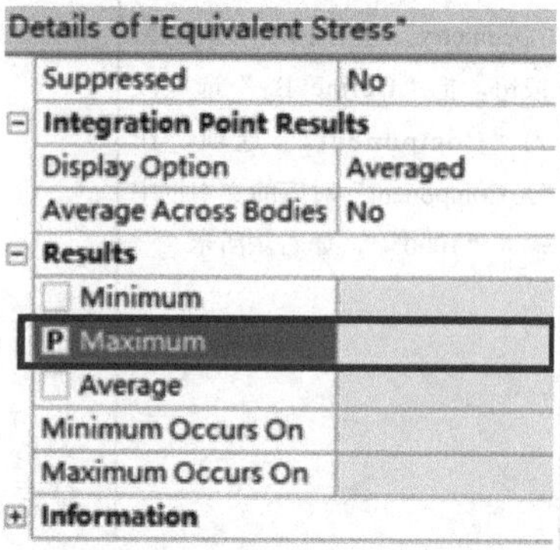

续表

步骤	内容	主要方法和技巧	界面图
15	安全系数参数化	单击"Solution"工具栏中的"Tools"选项→"Stress Tool"命令，在"Outline"列表中单击"Stress Tool"选项→"Safety Factor"选项，在弹出的"Details of 'Safety Factor'"列表中，单击"Result"命令→"Minimum"选项前面的方框，使其中显示"P"符号，即可进行参数化设置，如右图所示	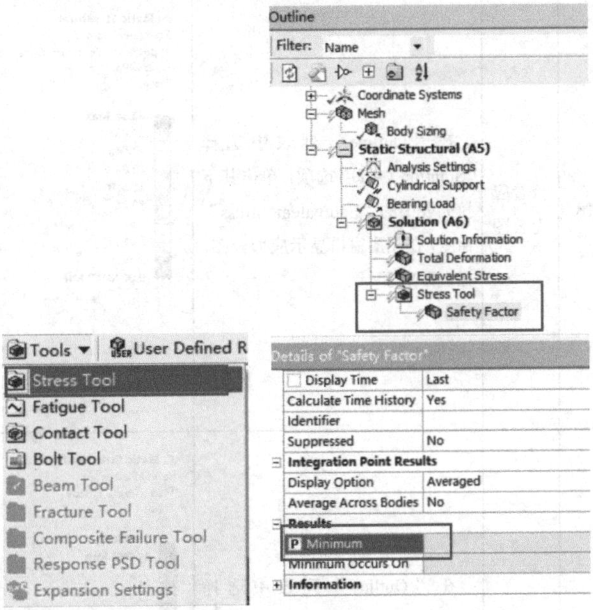
16	求解	单击工具栏中的"Solution"按钮→"Solve"命令，启动求解程序。系统弹出进度显示条，表示正在求解，如右图所示。求解完成后，进度显示条自动消失	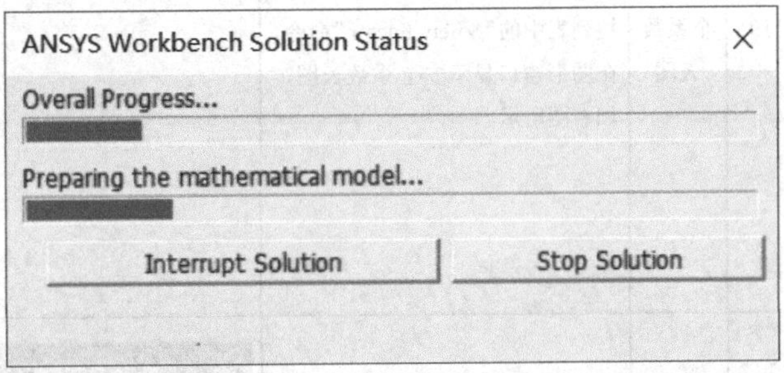
17	查看应变云图	在"Outline"列表中选择"Solution（A6）"选项，单击其下拉列表中的"Total Deformation"命令，在图形窗口显示应变云图，如右图所示	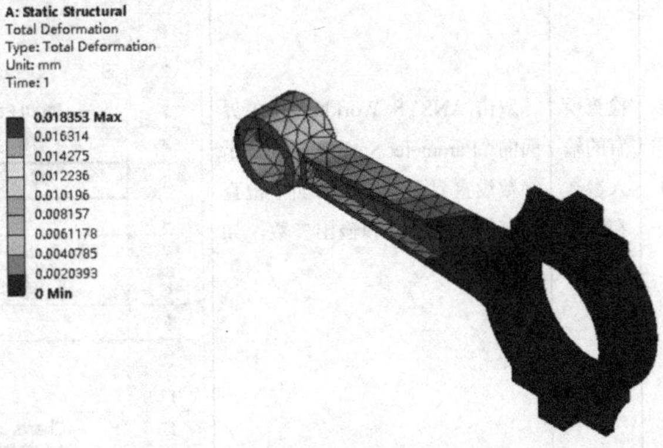

续表

步骤	内容	主要方法和技巧	界面图
18	查看应力云图	在"Outline"列表中选择"Solution（A6）"选项，单击其下拉列表中的"Equivalent Stress"命令，在图形窗口显示应力云图，如右图所示	**A: Static Structural** Equivalent Stress Type: Equivalent (von-Mises) Stress Unit: MPa Time: 1 22.56 Max 20.053 17.546 15.04 12.533 10.027 7.52 5.0134 2.5068 0.0002459 Min
19	查看安全系数云图	在"Outline"列表中选择"Solution（A6）"选项，单击其下拉列表中的"Safety Factor"命令，在图形窗口显示安全系数云图，如右图所示	**A: Static Structural** Safety Factor Type: Safety Factor Time: 1 15 Max 11.082 Min 5 1 0
20	检查所有的输入参数和输出参数	双击 ANSYS Workbench 主界面的"Parameter Set"选项，显示参数设置界面。在该界面中检查所有的输入参数和输出参数，如右图所示	Outline of Schematic B2: Design of Experiments (SSA) （表格内容见下）

Outline of Schematic B2: Design of Experiments (SSA)

	A	B
1		Enabled
2	⚡ Design of Experiments (SSA)	
3	⊟ Input Parameters	
4	⊟ Static Structural (A1)	
5	P2 - P3@DS_D3@sketch@Connecting_rod.Part	✓
6	P1 - P3@DS_D1@sketch@Connecting_rod.Part	✓
7	⊟ Output Parameters	
8	⊟ Static Structural (A1)	
9	P3 - Total Deformation Maximum	
10	P4 - Equivalent Stress Maximum	
11	P5 - Safety Factor Minimum	
12	Charts	

续表

步骤	内容	主要方法和技巧	界面图
21	设置输入参数 P2	单击"P2 - P3@DS_D3@sketch@Connecting_rod.Part"选项,在"Properties of Outline:P3@DS_D3"下拉列表中单击"Standard Deviation"对应的文本框,输入"0.8",如右图所示	**Outline of Schematic B2: Design of Experiments** Rows 1–13: A / B (Enabled) 1 — (Enabled) 2 — Design of Experiments 3 — Input Parameters 4 — Static Structural (A1) 5 — P1 - P3@DS_D3@lifting_hook@lifting_hook.Part ☑ 6 — P2 - P3@DS_D5@lifting_hook@lifting_hook.Part ☑ 7 — P3 - P3@DS_D1@stretch@lifting_hook.Part ☑ 8 — Output Parameters 9 — Static Structural (A1) 10 — P4 - Total Deformation Maximum 11 — P5 - Equivalent Stress Maximum 12 — P6 - lifting hook Mass 13 — Charts **Values** Lower Bound: 180 Upper Bound: 220 Allowed Values: Any **Values** Lower Bound: 180 Upper Bound: 220 Allowed Values: Any **Values** Lower Bound: 18 Upper Bound: 22 Allowed Values: Any
22	设置输入参数 P1	操作方法同步骤 21,在"P1-P3@DS_D1@sketch@Connecting_rod.Part"列表中,单击"Standard Deviation"对应的文本框,输入"0.8",如右图所示	**Outline of Schematic B2: Design of Experiments (SSA)** 1 — (Enabled) 2 — Design of Experiments (SSA) 3 — Input Parameters 4 — Static Structural (A1) 5 — P2 - P3@DS_D3@sketch@Connecting_rod.Part ☑ 6 — P1 - P3@DS_D1@sketch@Connecting_rod.Part ☑ 7 — Output Parameters 8 — Static Structural (A1) 9 — P3 - Total Deformation Maximum 10 — P4 - Equivalent Stress Maximum 11 — P5 - Safety Factor Minimum 12 — Charts **Properties of Outline A6: P1 - P3@DS_D1@sketch@Connecting_rod.Part** Property / Value 5 — Classification : Continuous 6 — Distribution 7 — Distribution Type : Normal 8 — Distribution Lower Bound : -Infinity 9 — Distribution Upper Bound : Infinity 10 — Mean : 16 11 — Standard Deviation : 0.8 12 — Skewness : 0 13 — Kurtosis : 0 14 — Values 15 — Lower Bound : 13.528 16 — Upper Bound : 18.472 17 — Chart 18 — Display Parameter Full Name ☑

步骤	内容	主要方法和技巧	界面图
23	选择响应曲面类型	（1）单击工具栏中的"Preview"命令，预览数据。 （2）单击工具栏中的"Update"命令，更新数据。单击"Show Progress"命令，查看计算进度。 （3）返回"ANSYS Workbench"主界面。 （4）在分析项目 A 栏中，双击"Response Surface（SSA）"选项，在弹出的"Properties of Outline A2：Response Surface（SSA）"列表中，单击"Response Surface Type"对应的文本框，选择"Standard Response Surface - Full 2nd Order Polynomials"选项。选择完毕，单击"Update"命令，更新数据	
24	参数与变形的 2D 关系	在"Outline of Schematic B3：Response Surface（SSA）"列表中，双击"Response"选项，在弹出的"Properties of Outline A20：Response"对话框中，对"Mode"选择"2D"选项，对"X Axis"，选择"P1-P3@DS_1@"选项，对"Y Axis"，选择"P3-Total Deformation…"选项。此时，参数和变形的 2D 关系如右下图所示	

续表

步骤	内容	主要方法和技巧	界面图
25	参数与变形的3D关系	对"Mode",选择"3D"选项,然后按右上图所示,分别设置"X Axis""Y Axis""Z Axis"选项。此时,参数和变形的3D关系如右下图所示	
26	显示局部灵敏度关系	在"Outline of Schematic B3: Response Surface(SSA)"列表中双击"Local Sensitivity"命令,此时显示局部灵敏度关系,如右图所示	

步骤	内容	主要方法和技巧	界面图
27	查看蛛网图	在"Outline of Schematic B3: Response Surface（SSA）"列表中，双击"Spider"选项，出现蛛网图，如右图所示	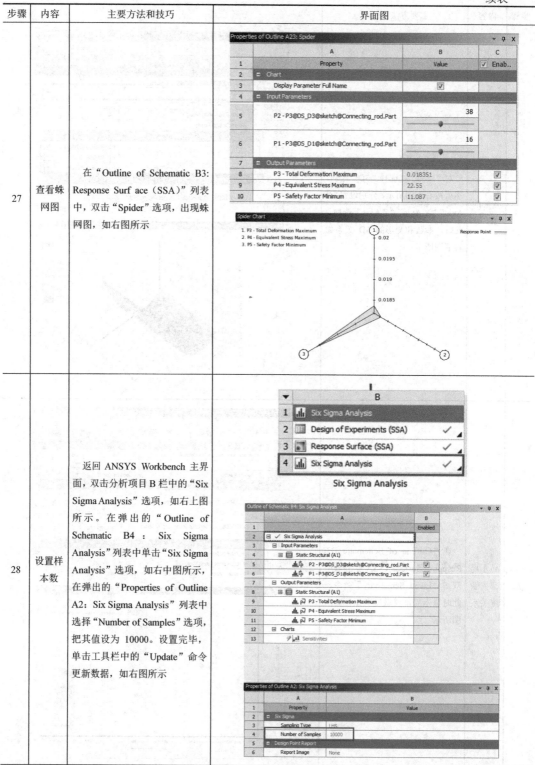
28	设置样本数	返回 ANSYS Workbench 主界面，双击分析项目 B 栏中的"Six Sigma Analysis"选项，如右上图所示。在弹出的"Outline of Schematic B4：Six Sigma Analysis"列表中单击"Six Sigma Analysis"选项，如右中图所示，在弹出的"Properties of Outline A2：Six Sigma Analysis"列表中选择"Number of Samples"选项，把其值设为 10000。设置完毕，单击工具栏中的"Update"命令更新数据，如右图所示	

步骤	内容	主要方法和技巧	界面图
29	六西格玛优化分析函数图	单击"P5"选项→"Safety Factor Minimum"命令，出现概率统计表及分布函数图，如右图所示	
30	保存文件	（1）单击"Mechanical"界面右上角的"X"（关闭）按钮，退出"Mechanical"界面，返回ANSYS Workbench 主界面。（2）在"ANSYS Workbench"主界面单击常用工具栏中的"Save"（保存）按钮，保存文件并命名为"DOE.wbpj"	

案 例 小 结

本节介绍了连杆的六西格玛优化分析功能，包括几何模型导入、网格划分、边界条件设定、后处理等操作。同时，还讲解了六西格玛优化分析设置方法及处理方法。

课 后 练 习

请用 ANSYS Workbench 对图 7-3 所示的连杆模型进行响应曲面优化分析。该连杆模型关于轴对称，长度为 254mm，宽度为 54mm，厚度为 20mm，左右两端圆孔的直径都为 30mm。两个输入参数分别为左端圆孔的内圆直径（30mm）、X 轴方向上所施加的轴承载荷（10000N），三个输出参数分别为最大变形、最大应力和质量。对右端圆孔的内圆柱面施加圆柱面约束，对材料，选择 ANSYS Workbench 中默认的材料，对全部输入参数也选择默认值，试对该连杆响应曲面优化结果进行分析和处理。

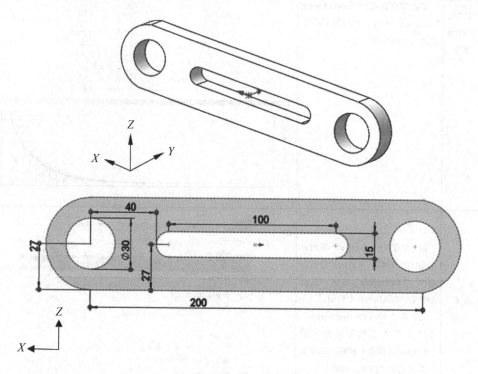

图 7-3　连杆模型

参 考 文 献

[1] 刘笑天. ANSYS Workbench 结构工程高级应用[M]. 北京: 中国水利水电出版社，2015.

[2] 王新敏. ANSYS 工程结构数值分析[M]. 北京: 人民交通出版社，2007.

[3] 张洪伟，高相胜，张庆余，等. ANSYS 非线性有限元分析方法及范例应用[M]. 北京: 中国水利水电出版社，2015.

[4] 付稣昇. ANSYS Workbench 17.0 数值模拟与实例精解[M]. 北京: 人民邮电出版社，2017.

[5] 刘笑天，蒋超奇，江丙云，等. ANSYS Workbench 有限元分析工程实例详解[M]. 北京: 中国铁道出版社，2017.

[6] 严大考. 结构力学与钢结构[M]. 郑州: 黄河水利出版社，2002.

[7] 黄志新. ANSYS Workbench 16.0 超级学习手册[M]. 北京: 人民邮电出版社，2016.

[8] 于兰峰. 起重机优化及有限元讲义[M]. 成都: 西南交通大学，2008.

[9] 尚晓江，孟志华 等. ANSYS Workbench 结构分析理论详解与高级应用[M]. 北京: 中国水利水电出版社，2020.

[10] 王伟达，黄志新，李苗倩，等. ANSYS SpaceClaim 直接建模指南与 CAE 前处理应用解析[M]. 北京: 中国水利水电出版社，2017.

参考文献

[1] 孙亚东. ANSYS Workbench 有限元分析实例详解（静力学）[M]. 北京：人民邮电出版社，2017.
[2] 凌桂龙. ANSYS Workbench 2020 有限元分析从入门到精通[M]. 北京：电子工业出版社，2020.
[3] Zienkiewicz O C. The Finite Element Method: Its Basis and Fundamentals[M]. Butterworth-Heinemann, 2013.
[4] Moaveni S. Finite Element Analysis: Theory and Application with ANSYS[M]. Pearson Education, 2003.
[5] Reddy J N. An Introduction to the Finite Element Method[M]. McGraw-Hill Education, 2005.
[6] Logan D L. A First Course in the Finite Element Method[M]. Cengage Learning, 2011.
[7] Cook R D. Concepts and Applications of Finite Element Analysis[M]. John Wiley & Sons, 2007.
[8] Bathe K J. Finite Element Procedures[M]. Prentice Hall, 2006.